brain

{|}

the body literacy library

brain

내 몸을 읽는 최신 인체 과학

바디 사이언스: 뇌

엘리자베스 R. 리커 지음 | 김영정 옮김

the body literacy library

내 몸을 이해하는 것은 인간의 기본적인 권리다.
이를 통해 우리는 자신을 관찰하고, 배우고, 이해하게 되며,
이 세 가지 단계를 거쳐야 자신을 깊게 이해하고 돌볼 수 있다.

<바디 사이언스 시리즈>에서는 내 몸의 아주 작은 신호에도
귀를 기울이는 법을 배운다. 책 속에는 조금은 쑥스러워
망설였던 질문에 대한 답과, 더 행복하고 건강한 삶을 살기 위해
필요한 우리 몸에 관한 모든 지식이 담겨 있다. 단순히 내 몸의
소리를 듣는 것에서 끝나지 않고 내 몸이 말하고자 하는
메시지를 이해할 수 있어야 자신을 지키는 힘이 생긴다.

이 책과 함께라면 있는 그대로의 나를
사랑하는 법을 배우고 앞으로의 건강과 행복을 위해
현명하고 긍정적인 변화를 만들어 갈 수 있다.

바로 지금부터 시작해 보자.

차례

08	**10**	**40**
들어가며	Chapter 1 뇌 속 들여다보기	Chapter 2 나이에 따른 뇌의 변화
58	**68**	**94**
Chapter 3 나의 뇌 건강 알아보기	Chapter 4 건강한 뇌를 위한 습관	Chapter 5 뇌 기능 개선하기
110	**124**	**146**
Chapter 6 우리를 괴롭히는 것들	Chapter 7 심리학적 질환과 차이	Chapter 8 신경학적 질환과 차이
160	**186**	**194**
Chapter 9 이제는 나아질 시간!	마치며 **188** 참고 자료	찾아보기 **202** 감사의 글

들어가며

우리의 뇌는 눈부시게 아름답고도 신비스러운 경이로움 그 자체다. 하지만 만약 그 신비로운 미스터리를 조금이나마 풀 수 있다면 어떨까? 이 책에서는 신경세포가 전기 신호를 주고받는 오묘한 세계를 탐험하고, 왼손잡이의 뇌가 어떤 점에서 다른지 알아보는 동시에, 알츠하이머병이 나타나기 수십 년 전부터 이 질병과 싸우는 데 호르몬이 어떤 연관이 있을 수 있는지도 살펴보게 된다. 굳이 처음부터 순서대로 읽지 않아도 된다. 호기심이 이끄는 대로, 흥미로운 부분부터 펼쳐 보는 것으로 충분하다.

뇌만큼 개성이 뚜렷한 기관은 없다. 우리는 같은 세상에 살지만 생각하고 행동하며 느끼는 방식은 놀라울 만큼 서로 다르다. 왜 그럴까? 우리 뇌가 각자 전혀 다른 내면의 세계를 만들어 냈기 때문이다. 실제로 우리가 살아온 경험은 뇌 속 신경 연결망에 고유한 패턴을 형성하며, 이 패턴은 지문보다 더 독특하다.

당신이 가장 활기차고, 예리하고, 너그러웠던, 그러니까 최고의 모습을 보여 주었던 순간을 떠올려 보자. 그런 순간은 어떻게 찾아왔을까? 그리고 그런 순간을 더 자주 경험하려면 어떻게 해야 할까? 어떤 선택을 왜 했는지 궁금했던 적이 있거나 내가 정말 얼마나 행복한지 나에게 되묻고 싶었던 적이 있다면 그건 모두 뇌 덕분일 수도 있고, 아니면 뇌 탓일 수도 있다. 그 어떤 기관도 우리가 일하고, 공부하고, 놀고, 다른 사람과 관계를 맺는 방식에 이토록 깊이 영향을 미치지는 않는다. 뇌는 의식을 지휘하는 본부다. 이제 이 책을 길잡이 삼아 그 뇌의 비밀을 알아 가는 여정을 시작해 보자.

지금 우리는 신경과학과 뇌 건강 분야에서 혁명적인 전환기를 지나고 있다. 마침 그럴 때가 되었는지도 모른다. 전 세계적으로 정신 건강과 뇌 건강에 심각한 위기가 닥치고 있기 때문이다.

2019년 한 해에만 약 10억 명이 정신 질환을 앓았으며, 2022년에는 세계보건기구가 뇌 건강 최적화를 위한 정책적 입장을 공식 발표하기도 했다. 다행인 것은 오늘날 공포증과 불안 장애를 치료하는 데 가상현실 기술을 활용할 수 있다는 사실이다. 유전체 분석은 다양한 질환의 원인이 되는 유전자를 찾아내고 있으며, 원격 정신의학(telepsychiatry)은 기존에 치료를 충분히 받지 못했던 사람들을 포함해 훨씬 더 많은 이들이 치료에 접근할 수 있도록 돕고 있다.

스마트폰과 웨어러블 기기는 수면, 기분, 움직임 등의 패턴과 유발 요인을 추적하며 정신 건강 관리에 활용되고 있고, 마음챙김 앱이나 건강한 습관을 일깨워 주는 알림 서비스도 제공하고 있다.

요즘은 거의 매일 뇌와 관련된 뉴스가 쏟아지는 듯하다. 외로움에 시달리는 청년층의 문제를 다루는 보도가 이어지고, 스마트폰과 소셜 미디어가 상당히 산만하고 지배적인 존재가 되면서 우리 모두 집단 ADHD에 걸린 것 아니냐는 우려의 목소리도 들린다. 뉴스 외에도 내 주변에는 친구나 가족이 학습 차이부터 떨리는 증상에 이르기까지 다양한 뇌 건강 관련 문제를 진단받았을 때 두렵고 막막했다고 이야기하는 사람들이 많아졌다.

살다 보면 우리가 어쩔 수 없는 것들이 많지만 뇌 건강이 좋아지면 그 밖의 일은 모두 훨씬 수월해진다. 이 책에서는 뇌를 이해하는 데 필요한 기본 지식뿐만 아니라 오늘 당장 시작할 수 있는, 과학적 근거에 기반을 둔 간단한 실천법도 소개한다. 여러분의 뇌가 스스로에 대해 알아 가면서 무엇에 가장 흥미를 느끼는지 발견했다는 이야기가 들려온다면 필자로서 더없이 기쁠 것이다.

기쁜 소식이 들려오길 기다리고 있겠다.

Chapter 1

뇌 속 들여다보기

뇌에 관한 우리의 지식은 어떻게 얻어진 것일까?

우리를 계속 숨 쉬게 하는 것부터 의미 있는 삶을 살게 하는 것까지, 신경과학자들은
"나를 나답게 존재할 수 있게 하는 것은 결국 뇌를 구성하는 물질이다"라고 주장한다.
하지만 이러한 사실을 어떻게 확신할 수 있었을까?

죽은 뇌와 살아 있는 뇌에서 배우기

뇌를 촬영하고 분석하는 영상 기기가 개발되기 전까지 신경과학자들은 주로 죽은 동물의 뇌 구조를 연구했다. 현미경의 발전으로 뇌 조직 내 개별 세포와 구조를 좀 더 정밀하게 관찰할 수 있게 되었지만 이 방법만으로는 실제 뇌가 어떻게 작동하는지 파악할 수 없었다. 이후 컴퓨터 단층촬영(CT)과 자기공명영상(MRI), 양전자방출 단층촬영(PET)과 같은 영상 기술이 개발되면서 살아 있는 뇌를 촬영해 뇌의 크기와 모양, 기능에 대한 정보를 얻을 수 있게 되었다.

1920년대 과학자들은 살아 있는 뇌를 실시간으로 관찰할 수 있는 뇌 영상 기술을 처음으로 개발했다. 바로 뇌파검사(EEG)인데, 이 기술은 뇌의 전기적 활동이 외부 자극에 따라 어떻게 변하는지를 관찰할 수 있게 해준다. 이후로도 다양한 실시간 뇌 검사 기술이 등장했다.

1970년대에는 자기 뇌파검사(MEG)가 개발되었다. MEG는 뇌의 전기적 활동으로 생성되는 자기장을 측정해 뇌 기능을 분석하는 기술로, 뇌파검사보다 더 정밀한 정보를 제공하지만 훨씬 많은 비용이 든다.

그 밖에 단일광자방출 컴퓨터 단층촬영(SPECT)과 기능적 자기공명영상(fMRI), 기능적 근적외선 분광법(fNIRS)과 같은 기술이 개발되었다. 이 기술들은 뇌의 혈류 변화를 측정함으로써 특정 작업을 수행할 때 활성화되는 뇌 부위를 식별하는 데 활용된다.

사람, 동물, 모의실험

사고나 질병, 기타 불행한 사건은 때때로 '자연 실험'의 기회를 제공한다. 예를 들어 철도 노동자였던 피니어스 게이지는 머리에 철봉이 관통하는 사고를 당하고도 살아남았지만 이후 성격과 충동 조절 능력이 크게 변했다. 이 사례를 통해 전두엽이 성격과 의사결정에 중요한 역할을 한다는 사실을 발견했다.

우리 뇌의 감각 정보 처리 방식과 학습 과정, 기타 인지 과정은 다른 동물들과 유사한 점이 많다. 따라서 과학자들은 동물 실험을 통해 인간이 이러한 과정을 어떻게 수행하는지 이해하고자 한다.

한편 인지과학자들은 게임 형태로 특수 설계된 '신경심리학적 평가 도구'를 활용해 기억이나 주의력, 언어 처리와 같은 정신적 과정을 분석하고 있다. 또한 수학적 모델을 활용한 컴퓨터 가상 실험은 특정 뇌 기능과 행동을 재연함으로써 뇌가 실제로 어떻게 작동하는지를 예측하는 데 도움을 준다.

뇌 영상 기술의 종류

뇌 구조 측정 기술

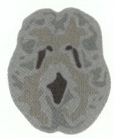

CT

X선을 이용해 신체 구조의 단면 이미지를 보여 주는 기술

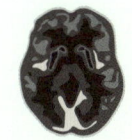

MRI

강한 자석과 전파를 이용해 신체 구조를 상세하게 촬영하는 기술

뇌의 혈류 측정 기술

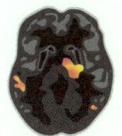

fMRI

MRI에 추가적인 계산 기법을 적용해 뇌의 혈류 변화를 간접적으로 측정하는 기술

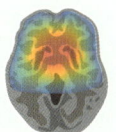

fNIRS

근적외선을 이용해 뇌의 혈류 변화를 측정하는 기술

뇌의 전기적 활동 측정 기술

MEG

특수 센서로 미세한 자기장을 감지해 뇌의 전기적 활동을 분석하는 기술

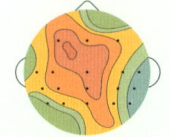

EEG

두피에 부착한 전극을 이용해 뇌의 전기적 활동을 측정하는 기술

방사성 물질 주입이 필요한 기술

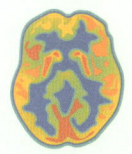

SPECT

3D 스캔을 이용해 혈류 변화와 신체 구조를 모두 시각화하는 기술

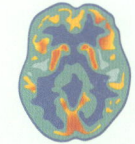

PET

3D 스캔을 이용해 혈류 및 대사 활동을 시각화하는 기술

그 밖의 여러 가지 기술

유전자는 뇌의 구조와 기능을 모두 설계하는 역할을 한다. 뇌 매핑 또는 연결체학(connectomics)은 뇌의 다양한 부분을 연결하는 배선 구조를 연구하는 분야로 유전학과 함께 질병의 근본적인 원인을 밝혀내는 데 중요한 역할을 한다.

또 다른 핵심 도구로는 신경약리학이 있다. 이 분야는 신경전달물질이 균형을 이루지 못할 때 그 비율을 조정할 수 있도록 돕는다. 뇌-컴퓨터 인터페이스(BCI)는 인간의 뇌와 컴퓨터를 연결해 의사소통을 가능하게 하거나 인공 팔다리를 움직이게 한다. 이 외에도 줄기세포 연구를 통해 손상되거나 노화된 뇌세포를 대체할 새로운 세포를 배양할 수 있을 것으로 기대되며, 유전자 편집 기술을 활용해 질병을 유발하는 유전적 요소의 발현 자체를 차단함으로써 질병을 예방할 가능성도 제시되고 있다.

뇌의 구조

인간 뇌의 복잡한 구조는 뇌가 신체에서 수행하는 기능에 맞게 진화해 왔다.
이제 뇌의 각 부분이 담당하는 특정 기능에 대해 살펴보자.

오징어나 침팬지, 까마귀, 코끼리와 같은 동물도 문제를 해결하고 도구를 사용할 수 있지만 인간을 특별하게 만드는 것은 더 크고 비교적 최근에 진화한 신피질일 것이다. 이 영역은 인지적 과제를 수행하는 동안 가장 활발하게 작동하는 신경망이 자리한 곳이다.

대뇌는 고랑과 이랑, 즉 파인 부분과 솟은 부분이 주름 형태로 구성된 것이 특징이다. 이러한 구조는 큰 뇌를 좁은 공간에 담기 위해 자연이 시도한 최적의 방식으로 보인다. 다시 말해 작은 두개골 안에 커다란 신피질을 밀어 넣어 사용할 수 있는 뇌의 표면적을 극대화한 것이다.

그 밖의 영역은 다른 동물의 뇌와 더 유사하다. 그 중 하나가 후뇌로 호흡과 심장 박동, 소화와 같은 기본적인 생명 유지 기능을 관리하는데, 이는 진화적으로 초기 형태의 구조다. 중뇌 또한 구조와 기능 면에서 다른 동물과 유사한 점이 많다. 중뇌는 움직임과 시각의 일부 기능을 포함한 다양한 작업을 관리하고 수면과 각성 상태를 조절한다.

보호층

뇌와 척수는 뇌실이라 불리는 일련의 혈장 저장소와 함께 뇌척수액(CSF)으로 둘러싸여 있다. 뇌척수액은 뇌를 보호하는 역할을 하는 혈장으로 충격을 흡수하는 완충 작용을 하고, 부력을 제공하며, 뇌세포 간 전기·화학적 신호 전달을 위한 최적의 화학적 환경을 조성하는 역할을 한다. 뇌가 포도당이나 아미노산, 산소와 같은 혈액 내 영양소에 접근할 수 있도록 특수한 필터 역할을 하는 혈뇌장벽 또한 체내 혈액에 존재할 수 있는 병원체로부터 뇌를 보호한다.

• 뇌 속의 '작은 사람'

우리 몸의 감각과 움직임은 호먼큘러스라 불리는 뇌의 신경 지도에서 담당하는 영역이 서로 다르다. 이 그림에서 각 신체 부위의 크기는 해당 부위에 얼마만큼의 뇌 처리 능력이 할당되어 있는지를 반영한다.

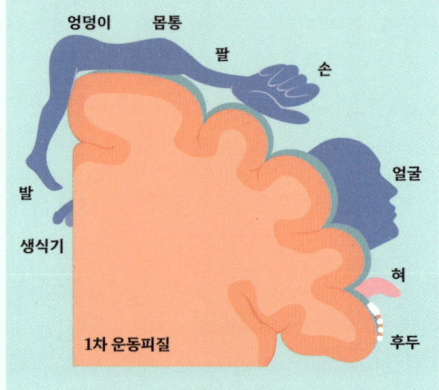

호먼큘러스

대뇌피질의 앞부분 위쪽에는 신체의 특정 부위들을 담당하는 영역이 있다. 이 영역은 작은 사람이라는 뜻에서 '호먼큘러스(신체의 각 부위가 대뇌피질의 특정 영역과 연결되어 있다는 사실을 시각적으로 표현한 그림-옮긴이)'라 불린다. 호먼큘러스에는 신체 각 부위의 감각과 움직임을 관장하는 고유한 뇌 영역이 존재한다. 이때 손이나 입, 얼굴처럼 감각이 예민하고 섬세한 조절이 필요한 부위에는 더 넓은 피질 영역이 할당되며, 감각이 덜 민감한 등과 같은 부위에는 상대적으로 좁은 영역이 할당된다. 이러한 배치는 뇌가 신체 기능의 중요도나 복잡성에 따라 각 기능에 얼마만큼의 뇌 자원을 배분할지 결정하는 방식을 잘 보여 준다.

- **뇌의 여러 영역**

뇌에는 의식적인 사고를 가능하게 하는 영역(예: 신피질)과 호흡이나 혈액 순환처럼 자동으로 이루어지는 기능을 담당하는 영역(예: 후뇌)이 각각 존재한다. 이 두 영역은 서로 협력해 우리가 세상을 경험할 수 있도록 돕는다.

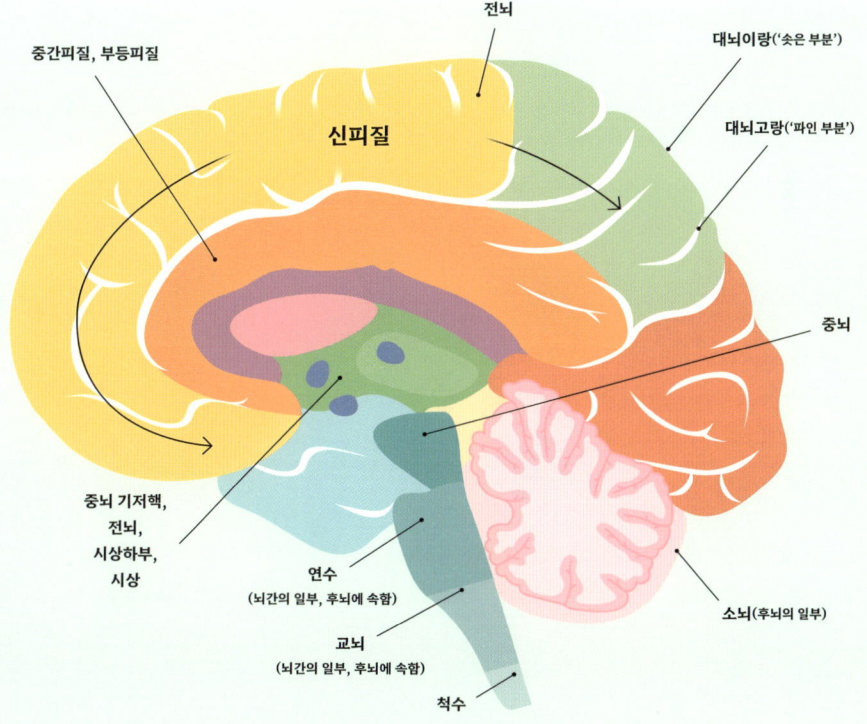

신경가소성

신경가소성은 뇌가 경험 중 특히 도전적인 경험에 적응하기 위해
구조적·기능적으로 변하는 능력을 말한다.

여러 연구에 따르면, 뇌는 역경에 반응해 구조적이고 기능적인 변화를 겪는다. 이러한 변화 덕분에 우리가 다양한 도전에 대응할 수 있는 것이다. 이때 뇌에서는 기존 신경세포가 확장되거나 조정될 뿐만 아니라 새로운 신경세포가 생성되기도 한다. 이러한 뇌의 변화 능력을 신경가소성이라고 한다. 신경가소성이 나타나면 신경세포를 연결하는 시냅스가 체계적으로 강화되거나 약화되는 현상이 관찰되며, 뇌가 스스로 회로를 새로운 패턴으로 재구성하기도 하고, 특정 뇌 조직의 크기가 변하기도 한다. 또한 호르몬이나 신경전달물질의 활동이 체계적으로 변하는 것 역시 신경가소성의 하나로 간주한다. 이러한 변화는 일반적으로 중요한 경험에 대한 반응으로 발생하며, 그 경험은 대개 어떤 형태로든 도전과 관련되어 있다.

신경가소성은 학습처럼 인지적 도전을 해야 하는 건강한 사람들의 뇌 영상 자료를 통해 확인할 수 있으며, 부상에서 회복 중인 환자들의 임상 자료에서도 관찰된다. 아울러 다른 동물들을 대상으로 한 실험에서도 세포 및 분자 수준에서 뇌 변화가 일어난다는 사실이 확인되었다.

신경가소성은 분자 및 단백질 수준의 변화 감지, 신경세포 활동의 측정 등 다양한 방식으로 평가될 수 있으며 이러한 평가 방식 중 일부는 오른쪽에 자세히 소개되어 있다.

• 신경가소성에 따른 시냅스와 신경세포의 변화

심리학자 도널드 헤브는 '함께 발화하는 신경세포는 서로 연결된다'라는 연합 학습 개념을 제시했다. 이러한 연결은 반복을 통해 더욱 강화되며, 사용되지 않으면 약해진다.

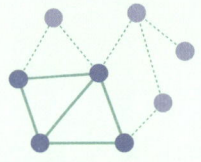

강화된 시냅스

이는 시냅스 안팎에서 분비되는 화학물질의 변화나 시냅스 주변 신경세포의 구조적 변화 때문일 수 있다.

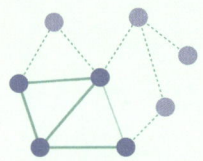

약화된 시냅스

신경전달물질 분비 감소와 수용체 민감도 저하, 신경세포 간 신호 전달 장애가 발생한다.

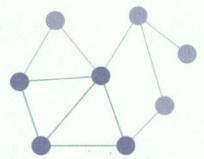

새로운 시냅스

신경전달물질 분비 증가와 신경세포 간의 조화로운 신호 전달, 신경영양인자의 증가가 일어난다.

• 신경가소성을 측정하는 다양한 실험

신경 발생

새로운 신경세포가 형성되는 과정으로, 배아 단계에서 처음 시작되지만 이후 삶의 여러 시기에서도 일어난다.

축삭과 가지돌기 길이

신경세포 말단의 길이를 바꾼다.

가지돌기의 가지화와 형태, 길이

신경세포의 신호 수신 부위인 가지돌기의 분지 양상이 변하면 그 구조와 길이가 신경세포 간 소통 방식에 영향을 미친다.

장기 강화작용(LTP)

특정한 전기적 활동 패턴은 신경전달물질과 단백질의 생성을 자극해 신경 신호를 더 많이 만들어 낸다.

시냅스 단백질

시냅스의 형성이나 소멸에 영향을 미치는 뇌유래 신경영양인자 (BDNF) 및 기타 단백질

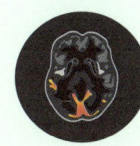

뇌 활동

경험은 자극을 받아 활성화된 뇌 회로를 바꿀 수 있다.

신경가소성을 유발할 수 있는 과제들

뇌졸중 이후 회복 과정을 생각해 보자. 손상된 뇌 부위가 담당했던 기능은 손상되지 않은 주변 영역이 보완할 수 있다. 이러한 '재배선' 과정에는 신경 간 새로운 연결 형성, 전기적 변화 또는 신경세포의 크기나 구조의 변화가 수반될 수 있다. 비록 손상된 조직이 완전히 회복되지 않더라도 뇌는 적응을 통해 어느 정도 기능을 회복할 수 있다.

학교에서 공부하다 머리가 '터질 것 같은' 느낌을 받은 적이 있는가? 실제로 중요한 시험을 앞두고 벼락치기로 공부하는 학생들의 경우 해마와 전두엽피질을 포함한 여러 뇌 영역에서 눈에 띄는 변화가 관찰된다. 강도 높은 심리 치료를 받는 환자들 역시 뇌의 구조적 변화를 겪는다.

일상 속의 신경가소성

일반적인 학습과 기억은 반드시 극적인 상황이 아니어도 일어날 수 있다. 하지만 신경가소성에 따른 뇌의 변화는 쉽게 이루어지지 않는다. 대개 외상이나 손상, 혹은 매일 수 시간씩 여러 주에 걸쳐 계속되는 집중 훈련 같은 상황에서 자주 나타난다.

만약 뇌가 자신을 재구성하고, 신경 회로를 재배선하고, 기능을 대대적으로 재조직하는 정도의 극적인 변화를 원한다면 상당한 노력을 기울여야 한다.

뇌의 전기 활동

우리 뇌는 전기를 통해 활동한다. 뇌는 휴식 중에도 약 20와트 전구와 같은 수준의 전기를 생성하며, 뇌세포는 매초 수백 개의 전기 신호를 만들어 낸다.

전기 신호는 뇌가 빠르게 소통하는 수단이다. 전기는 신경세포의 바깥을 따라 지직거리며 흐르면서 점점 강도가 세진다. 이때 강도가 일정 수준을 넘으면 신호가 다음 신경세포로 전달된다.

전기 신호의 작동 원리

신경세포를 둘러싼 세포막을 따라 수많은 나트륨-칼륨 펌프가 자리하고 있다. 이 펌프들은 신경세포 간 전기 신호의 이동 여부를 조절하며, 이러한 전기 신호를 활동 전위라고 한다. 전기 신호가 세포막에 도달하기 전에는 나트륨-칼륨 펌프가 세포 안에 나트륨 이온보다 칼륨 이온을 더 많이 들어오게 조절함으로써 신경세포의 세포막이 전기화학적 불균형 상태를 유지하게 한다.

하지만 전기 자극이 충분히 누적되어 강해지면 나트륨 이온의 유입이 허용되고 더 많은 나트륨 이온이 신경세포 안으로 들어오게 된다. 이러한 피드백 루프 (결과가 다시 원인에 영향을 미쳐 순환적으로 작용하는 구

- **신경세포와 시냅스**

전기 신호는 신경세포 A의 세포체에서 시작되어 축삭을 따라 가지돌기까지 전달된다. 신경세포 A의 가지돌기는 신경세포 B의 시냅스 말단과 맞닿아 있으며, 이 접점에서 신호가 전달된다. 이어서 신경세포 B에서도 전기 신호가 발생해 축삭을 따라 가지돌기 쪽으로 흐른다.

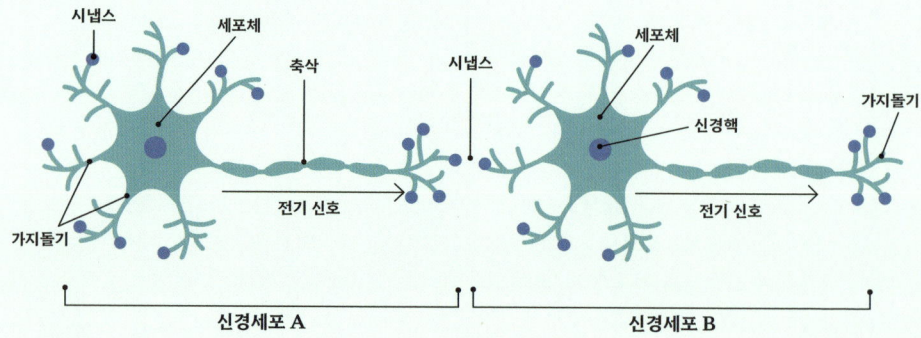

조-옮긴이)를 통해 전기 신호는 파동의 형태로 신경세포의 축삭을 따라 이동한다. 이 신호는 결국 시냅스라는 작은 틈이 있는 신경세포의 끝부분에 도달하는데, 그 너머에는 다음 신경세포가 있다. 이때 활동 전위가 일정 수준을 넘으면 시냅스에서 신경전달물질이 방출되는데, 충분한 양이 방출되면 새로운 전기 신호가 발화되어 다음 신경세포로 전달된다. 한편 틈새이음이라는 특수한 연결 구조를 통해 전기 신호가 시냅스를 거치지 않고 직접 다음 신경세포로 빠르게 전달되기도 한다.

마치 손가락이 뻗어 있는 것처럼 보이는 가지돌기는 이러한 전기 신호, 즉 다른 신경세포가 보내는 메시지를 수신하는 역할을 한다. 시냅스를 통해 전달된 신경전달물질은 다음 신경세포가 신호를 발화하도록 촉진하거나 반대로 억제할 수 있다.

여러 가지 특수 신호

물론 하나의 신경세포가 다른 신경세포와 소통하는 것으로 이야기가 끝나지는 않는다. 우리 뇌는 수십억 개에 달하는 신경세포가 서로 소통하며 작동하는 복잡한 생물학적 우주와도 같은 존재다. 뇌 전체에는 특정 기능을 수행하기 위해 함께 작동하는 신경망들이 곳곳에 존재한다.

예를 들어 기억은 신경세포들이 특정한 발화 패턴으로 신호를 주고받으며 저장된다. 이러한 발화는 신경세포 간의 연결을 강화하며, 이후에도 같은 연결이 다시 활성화될 가능성을 높인다(16~17쪽 참조).

뇌 전체에서는 일정한 주기로 발화하는 신경세포의 전기 활동 패턴이 나타난다. 이러한 패턴을 뇌파라고 하는데, 뇌파는 주파수에 따라 특정한 정신적 또는 감정적 상태와 연결되는 경향이 있다. 예를 들어 베타파는 집중했을 때 흔히 나타나고, 세타파는 몽상에 잠긴 듯 정신이 멍할 때 주로 발생한다.

• 상상만으로 물체를 움직일 수 있을까? •

'뇌-컴퓨터 인터페이스(BCI)'라는 기술로 그렇게 할 수 있다. BCI는 뇌에서 발생하는 전기나 자기, 혈류의 패턴을 EEG, fNIRS 같은 기술을 이용해 읽어 들인다(12~13쪽 뇌 영상 참조). 이렇게 수집된 뇌의 신호는 컴퓨터로 전송되고, 컴퓨터는 이를 해석해 화면 위의 커서를 움직이거나 로봇 팔을 작동시킬 수 있다. 이것이 모두 우리의 생각만으로 가능한 일이다. 움직임을 상상하기만 해도 뇌에서는 실제 움직임과 동일한 영역이 활성화된다. 스스로 손을 움직일 수 없는 하반신 마비 환자의 경우, BCI와 움직임을 상상할 때 활성화되는 뇌의 반응이 결합하면 충분히 로봇 손을 움직일 수도 있는 것이다!

뇌 속의 화학 작용

우리 몸에서 만들어지는 화학 에너지 가운데 20% 이상은 뇌에서 사용된다.
이런 화학물질은 몇 초에 한 번씩 분비되는 것도 있지만 어떤 것들은 생후 10년이
지나서야 비로소 분비량이 늘어나기 시작한다.

전기 시냅스는 화학 시냅스보다 신호 전달 속도가 빠르지만, 지나치게 연속해서 전달되면 점점 약해져 제대로 전달되지 않을 수 있다. 따라서 신경세포 간 장거리 신호 전달에는 주로 화학 시냅스가 사용된다.

뇌에서 작용하는 화학물질

뇌의 시냅스가 신호를 전달하는 데는 다섯 가지 신경전달물질이 핵심 역할을 한다. 이 물질들이 시냅스로 방출되어 주변 신경세포에 수용되면, 신경세포의 신호 발화를 유도하거나 억제할 수 있다. 이 다섯 가지 물질은 세로토닌, 아세틸콜린, 가바(GABA), 도파민, 글루탐산이다. 세로토닌은 많이 분비될수록 마음이 안정되고 기분이 좋아지는 경향이 있다. 아세틸콜린은 각성 상태일 때나 새로운 정보를 학습할 때 활발히 분비된다. 가바는 억제성 신경전달물질로 신체가 진정되는 과정에서 분비가 증가하며, 불안과 스트레스를 완화하는 데 도움을 준다. 도파민은 목표 지향성, 동기 부여, 기대와 관련된 신경전달물질로 보상이 예상될 때 분비된다. 글루탐산은 각성 수준을 높이고 학습과 집중에 도움을 주지만 지나치게 많이 분비되면 불안감을 느낀다. 이 외에도 뇌에서 작용하는 화학물질로는 신경전달물질이자 호르몬으로 작용하는 노르에피네프린과 에피네프린이 있다.

뇌에는 수많은 화학물질이 존재한다. 예를 들어 신경세포에서 활동 전위(18~19쪽 참조)가 생성되는 시기를 결정하는 채널 단백질도 있고, 여러 가지 기능에 관여하는 호르몬들도 있다. 수면을 유도하는 호르몬인 멜라토닌도 그중 하나이며, 스트레스 반응을 조절하는 과정에도 여러 종류의 호르몬이 작용한다. 이에 대한 내용은 마음과 몸의 연결(20~25쪽) 부분에서 자세히 다루고 있다. 또한 사이토카인이라 불리는 특수 분자는 신경세포가 손상되거나 감염이나 신경 퇴행을 겪은 후 회복하는 데 중요한 역할을 하지만 지나치게 많아지면 오히려 해롭다.

마지막으로 뇌가 필요로 하는 막대한 양의 포도당을 공급하기 위한 대사 경로에도 수많은 화학물질이 관여하고 있다.

유전자의 역할

유전자는 세포의 기본 설계도라고 할 수 있는 DNA로 구성되어 있으며, 신경전달물질과 기타 뇌 화학물질의 생성과 발현에 영향을 미친다. 한편 환경 요인에 반응하는 후생유전학은 특정 유전자의 발현 여부를 조절하는 일종의 DNA 편집 시스템처럼 작동한다. 이 모든 화학물질이 함께 작용해 뇌가 어떻게 기능할지를 결정하게 된다.

• 신경전달물질의 화학 구조

중추신경계에 각각 서로 다른 영향을 미치며 인간의 뇌에서 중요한 역할을 하는 신경전달물질들

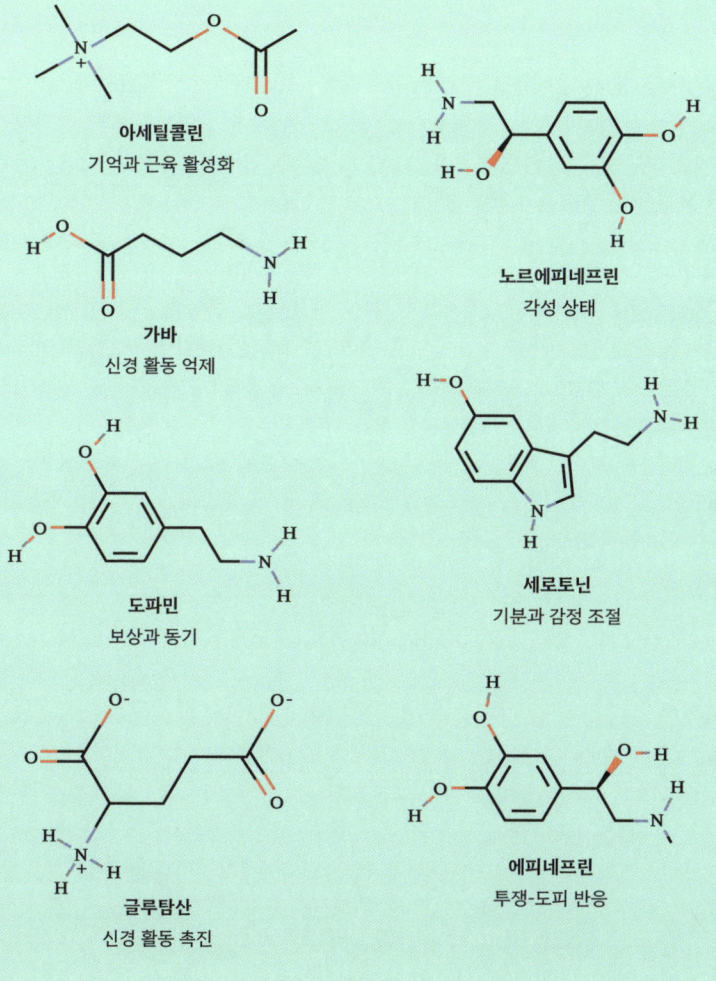

감정, 동기, 보상

가장 최근에 진화한 것부터 훨씬 오래된 체계에 이르기까지 뇌의 다양한 경로들은 우리의 감정과 동기, 무엇을 보상으로 느끼는지를 결정한다. 이제부터 이러한 주요 구조들과 그 기능에 대해 살펴보자.

감정과 동기, 보상에 대한 반응은 모두 뇌의 특정 신경 경로들이 관여한 결과다. 변연계는 감정이나 보상과 관련된 기억을 처리하는 역할을 한다. 첫사랑처럼 감정이 깊이 얽힌 경험을 예로 들 수 있다. 맛있는 음식이나 즐거운 대화처럼 쾌감을 주는 경험은 중변연계 경로를 자극하며, 이로 인해 우리는 그런 경험을 반복하고 싶어지게 된다. 이 경로는 복측피개 영역(VTA)과 전뇌의 측좌핵을 연결한다.

VTA와 전전두피질을 연결하는 중피질 경로는 큰 과제를 마감일까지 나누어 차근차근 진행하는 것처럼 계획하고 집중하는 일에 관여하며, 몸의 움직임을 조절하는 흑색질선조체 경로는 춤이나 운동처럼 정교한 동작을 배우는 데 도움을 준다.

변연계

감정 조절 체계에서 핵심 역할을 하는 변연계는 뇌의 중심부에 자리하며 편도체와 해마, 시상하부 등 여러 하위 구조로 이루어져 있다. 편도체는 생김새 때문에 동양에서는 '납작한 복숭아'를 뜻하는 한자 이름이 붙고, 서양에서는 '아몬드'를 뜻하는 라틴어에서 이름이 유래되었는데, 강렬하거나 중요한 감정적 사건을 처리하고 이에 대한 기억을 형성하는 데 관여한다.

바로 옆에 있는 해마 역시 생김새 때문에 실제 바다 동물인 해마를 뜻하는 라틴어에서 이름이 유래했으며, 감정과 관련된 기억을 포함해 전반적인 기억

• 도파민과 오피오이드 중독 •

세계보건기구에 따르면, 2019년 한 해에만 오피오이드(모르핀, 펜타닐, 헤로인처럼 통증을 줄이고 강한 쾌감을 유발하는 마약성 진통제 계열 약물-옮긴이) 사용으로 전 세계에서 약 50만 명에 달하는 사람이 목숨을 잃었다. 이러한 약물이 도파민을 과도하게 분비시키면 뇌는 이에 적응해 도파민 생산을 줄인다. 이 때문에 사용자가 약물을 끊으려 하면 도파민 수치가 급격히 떨어져 사용자에게 약물에 대한 극심한 갈망과 금단 증상이 나타난다. 최근 연구에 따르면, 도파민은 단순히 보상 체계를 조절하는 것을 넘어 부정적인 상황에서 벗어나려는 동기 부여에 관여하고, 중독과 같은 어려움을 극복했을 때 느끼는 안도감과도 깊은 관련이 있다고 한다.

- **도파민 경로**

결절누두 경로는 마음이 평온해지거나 졸음이 오게 하는 데 도움을 준다. 하지만 도파민은 감정, 동기, 보상과 더 밀접한 관련이 있는 중변연계 경로와 중피질 경로에서 더 큰 역할을 한다. 흑색질선조체 경로 역시 도파민의 영향을 받지만 감정보다는 신체 활동에 더 많이 관여한다.

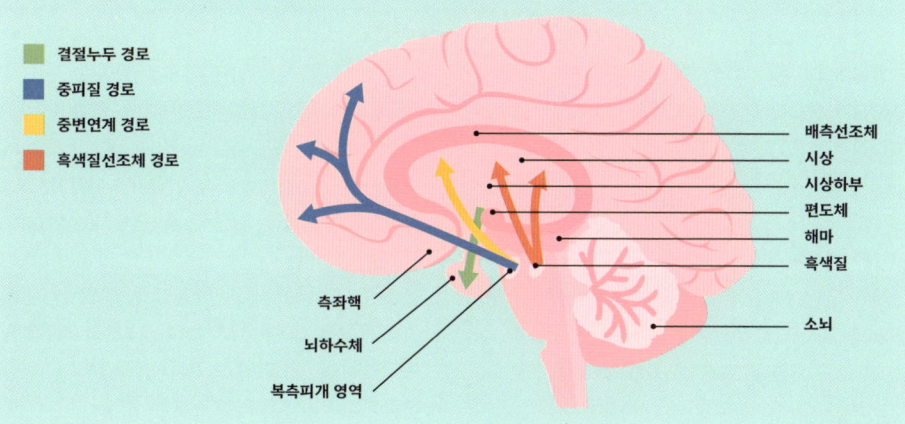

처리에 중요한 역할을 한다. 시상하부는 감정뿐 아니라 갈증, 배고픔, 성적 충동과 같은 본능적인 욕구를 조절한다.

또한 변연계 바깥에는 뇌섬엽이 있다. '섬'을 뜻하는 라틴어에서 이름이 유래된 이 부위는 몸과 감정에 대한 자각, 즉 '내 몸에 일어나는 감각을 인식하는 능력'을 담당하며, 마음과 몸을 연결하는 중요한 역할을 한다. 긴장하거나 마음이 들뜰 때 배가 간질간질한 느낌이 드는 것처럼 특정한 감정이 몸의 특정 부위에서 느껴지는 것은 뇌섬엽의 작용 때문이다. 몸과 마음의 연결, 스트레스에 대한 내용은 24~25쪽에서 더 자세히 다룬다.

동기 부여와 보상

중뇌에 자리한 측좌핵과 VTA는 우리의 동기를 조절하는 핵심 부위다. 측좌핵은 동기를 느끼고 보상을 인식하는 데 관여하며, 즐거운 활동을 반복하게 만드는 강화 작용도 수행한다. VTA는 도파민의 주요 분비원, 즉 '도파민 공장'이라고 할 수 있다. 도파민은 동기를 조절하는 핵심 신경전달물질로, 이 물질이 분비되면 그 원인이 된 행동을 다시 하고 싶어지게 된다. 도파민은 중변연계 경로라고 불리는 손가락 모양의 경로를 따라 전달되는데, 이 경로는 약물이나 알코올 중독과도 관련이 있는 것으로 알려져 있다.

마음과 몸의 연결: 스트레스

이제 스트레스에 반응하는 마음과 몸의 연결 체계를 하나씩 살펴보자. 이 체계들은 작동하는 속도와 방식이 서로 달라 어떤 것은 순식간에, 어떤 것은 수 분에 걸쳐 반응한다. 그리고 피드백을 주고받으며 서로를 조절한다.

스트레스를 받을 때 몸을 빠르게 활성화하는 체계를 교감신경계(SNS)라고 한다. 이 안에는 2개의 하위 체계가 있는데, 하나는 즉각적으로 반응하는 체계이고, 다른 하나는 느리게 작동하는 시상하부-뇌하수체 축이다. 스트레스 유발 상황이 끝난 뒤 몸을 진정시키는 것은 부교감신경계(PSNS)의 역할이다.

스트레스를 받을 때

연설을 앞두고 있다고 상상해 보자. 사람들 앞에 서자 손바닥에 땀이 나고, 목이 조여 오며, 머릿속이 하얘진다. 왜 이런 반응이 나타나는 걸까? 바로 가장 먼저 작동하는 체계, 교감신경계 때문이다.

교감신경계는 생명이 위협받는 상황에서 우리의 생존을 돕는 체계다. 이때 나타나는 대표적인 반응이 바로 '투쟁-도피 반응'이다. 위협적인 상황이 닥치면 교감신경계는 불과 몇 밀리초 만에 심박수를 높이고 혈관을 확장시켜 거기서 도망치거나 맞설 수 있도록 몸을 준비시킨다. 이와 동시에 혈류를 내장 기관에서 근육 쪽으로 재배치한다. 이 과정에서 노르에피네프린이라는 신경전달물질이 척수의 중간 및 하부에서 뻗어 나온 신경섬유를 타고 빠르게 이동하면서 이러한 '투쟁-도피' 메시지를 전달한다.

여기까지는 교감신경계의 첫 번째 하위 체계가 작동한 결과다. 이 반응은 시상하부가 콩팥 위에 있는

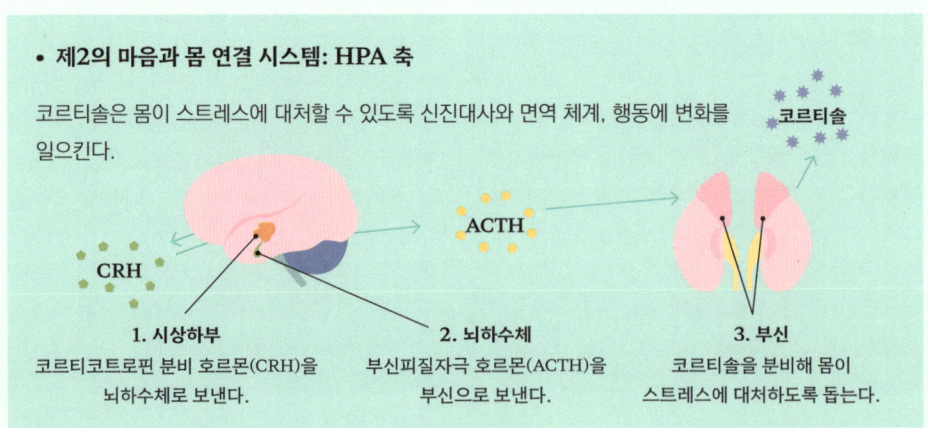

• 제2의 마음과 몸 연결 시스템: HPA 축

코르티솔은 몸이 스트레스에 대처할 수 있도록 신진대사와 면역 체계, 행동에 변화를 일으킨다.

1. 시상하부
코르티코트로핀 분비 호르몬(CRH)을 뇌하수체로 보낸다.

2. 뇌하수체
부신피질자극 호르몬(ACTH)을 부신으로 보낸다.

3. 부신
코르티솔을 분비해 몸이 스트레스에 대처하도록 돕는다.

부신에 신호를 보내 에피네프린을 분비하게 하면서 시작된다. 한편 교감신경계에는 이보다 느리게 작동하는 또 다른 하위 체계가 있다. 바로 시상하부-뇌하수체-부신(HPA) 축이다. 이 체계는 연설을 시작한 지 몇 분 후에 작동하기 시작하는데, 시상하부에서 뇌하수체로 신호가 전달되면 부신이 또 다른 스트레스 호르몬인 코르티솔을 분비한다.

이제 진정할 시간

마지막으로 스트레스를 조절하는 마음과 몸의 연결 체계인 부교감신경계에 대해 살펴보자. 이 체계는 흔히 '휴식과 소화 반응'이라 불리며, 투쟁-도피 반응이 끝난 뒤 신체를 다시 안정 상태로 되돌리는 역할을 한다. 예를 들어 연설을 잘 마쳤다면 이제 몸은 에너지를 절약하는 방향으로 목표를 전환한다. 심박수는 낮아지고, 교감신경계의 작용으로 혈류가 근육으로 쏠리면서 억제되었던 소화 기능이 다시 활성화된다.

면역 체계 또한 다시 가동되어야 하는데, 이 과정에 관여하는 신경전달물질은 아세틸콜린이다. 아세틸콜린은 목 뒤쪽과 엉덩이 위쪽 척수 부위에서 뻗어 나온 신경섬유를 따라 이동한다.

이처럼 스트레스는 마음속에서만 일어나는 문제가 아니라 우리 몸의 여러 부분을 지배하는 생리적인 반응인 것이다.

• **부교감신경계가 몸에 작용하는 방식**

위험이 지나가면 신경섬유가 뇌로 신호를 보내 대사 활동과 면역 체계를 회복해도 안전하다는 메시지를 전한다. 이에 따라 몸에는 다음과 같은 여러 가지 변화가 나타난다.

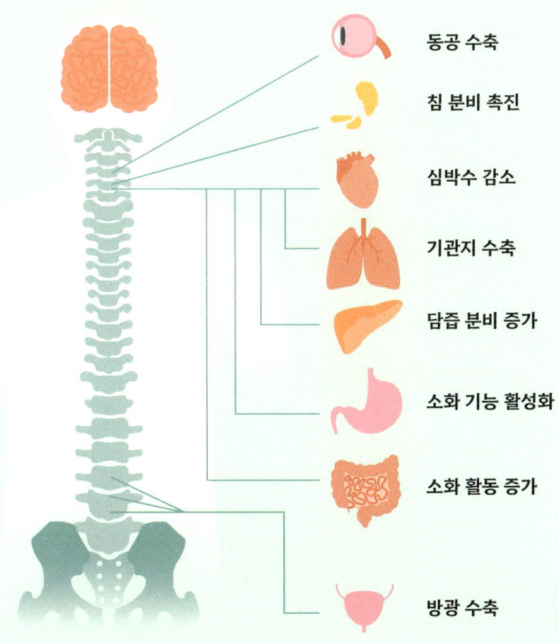

동공 수축
침 분비 촉진
심박수 감소
기관지 수축
담즙 분비 증가
소화 기능 활성화
소화 활동 증가
방광 수축

생체 리듬

자신의 생체 리듬을 잘 이해하면 정신적으로 어려운 과제나 창의적인 작업 혹은 신체적으로 힘든 활동을 언제 수행하는 것이 가장 효과적인지 알 수 있다.

생체 리듬은 우리가 하루를 신경과학적으로 더 똑똑하게 계획하는 데 도움이 된다. 하루주기 리듬 혹은 일일주기 리듬이라는 말을 들어 봤는가? 하루주기 리듬은 몸 자체에서 생성되는 24시간 생체 주기이고, 일일주기 리듬은 빛과 같은 외부 환경에 따라 결정되는 주기를 가리킨다.

우리의 수면-각성 주기는 대략 24~25시간이다. 이는 뇌의 시상하부에 있는 시교차 상핵(SCN)에 의해 조절된다. 시교차 상핵은 생체 시계의 중심으로 햇빛에 따라 초기화되며 멜라토닌, 코르티솔, 인슐린과 같은 호르몬의 작용을 조절한다. 이들은 가장 정신이 맑은 시간, 잠이 드는 시간, 배고픔을 느끼는 시간 등을 결정한다. 이러한 생체 리듬의 정확한 타이밍은 개인의 크로노타입에 따라 달라진다.

• 신체 리듬의 유형 •

하루이내 리듬이란 24시간보다 짧은 주기의 생체 리듬을 의미하며 수면 주기, 심장 박동, 호흡 주기 등이 여기에 포함된다. 이들은 뇌의 여러 부위에 의해 조절되며, 특히 호흡과 심장 박동의 조절은 일부 치료에서 중요한 치료 기법으로 활용된다(86~87쪽 참조).

인프라디안 리듬, 즉 장주기 리듬은 주기가 훨씬 긴 생체 리듬으로, 월경 주기나 임신 등이 여기에 속한다. 이러한 리듬은 시상하부와 뇌하수체 같은 뇌 부위가 관여하는 복합적인 과정이다. 이처럼 장주기 리듬에 따라 변하는 에너지, 기분, 집중력의 변화를 꾸준히 추적하면 자신의 고유한 생체 리듬이 무엇인지 파악할 수 있으며, 그 리듬에 맞춰 활동을 조절하면 삶의 질과 생산성을 높일 수 있다.

아침형 종달새와 저녁형 올빼미

둘 중 어느 쪽에 속하는지는 '생체 리듬 유형'과 관련이 있다. 생체 리듬 유형이란 하루 중 언제 활동적인지를 나타내며, 개인의 생체 리듬 유형과 생체 시계는 수백 개에 달하는 유전자의 영향을 받는다.

'아침형 인간'은 잠에서 깬 직후 몇 시간이 세밀한 사고가 필요한 일에 가장 적합하다. 반면 '저녁형 인간'은 집중력이 가장 잘 발휘되는 시간이 오후에 온다. 창의적인 작업에는 집중력보다는 인지 억제(주의를 산만하게 하는 자극이나 생각을 걸러내고 집중할 대상을 선택하는 뇌의 기능-옮긴이)가 낮아진 상태가 더 효과적인데, 이런 특성 때문에 아침형 인간은 창의적인 일을 해야 하는 일정을 하루 중 늦은 시간대로, 저녁형 인간은 그 반대로 조정하는 것이 좋다.

최고의 신체 능력을 발휘하는 시간과 생체 리듬 유형 사이에 어떤 관계가 있는지는 아직 명확하게 밝혀지지 않았다. 하지만 웨이트 트레이닝이나 단거리 달리기처럼 폭발적인 힘이 필요한 활동은 늦은 오후나 이른 저녁이 가장 효과적이라는 것이 일관된 연구 결과다. 이 시간대에는 체온이 높고 근육이 이완되어 있으며, 화학 반응도 빠르기 때문이다.

신체 리듬이 생활 리듬과 맞지 않을 경우 대처하는 방법에 대해서는 74~75쪽을 참조하라.

- **하루주기 리듬에 따른 신체 활동의 최적 시간대**

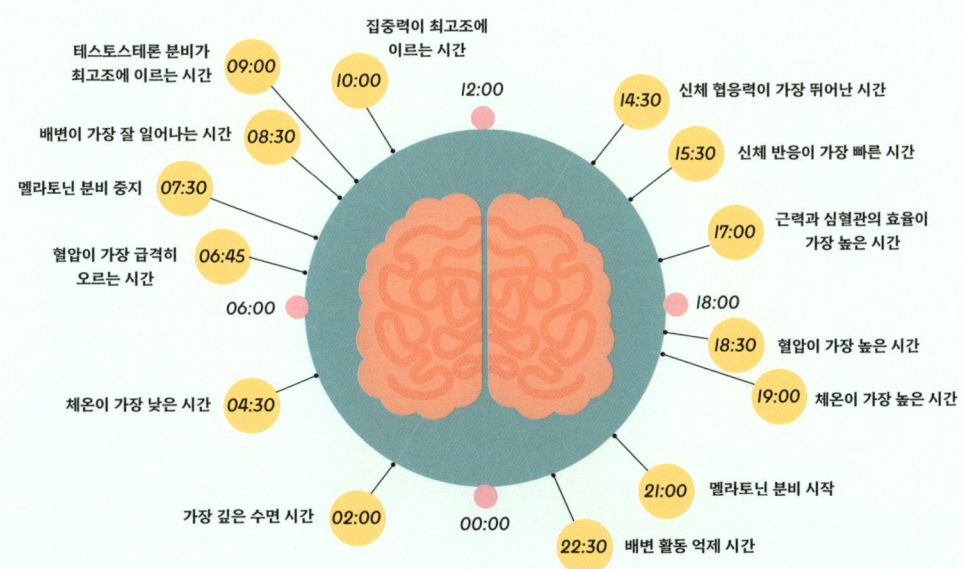

감각과 지각

오감은 주변 환경으로부터 정보를 받아들이고, 뇌는 이 정보를 처리하고
해석해 우리가 세상을 온전히 인식할 수 있도록 한다.

감각은 신체의 감각 기관과 전기 신호, 뇌의 처리 영역이 결합해 일어난다. 예를 들어 시각의 경우, 눈에는 빛에 반응하는 특수한 막대세포와 원추세포가 있어 빛에 의해 자극을 받으면 전기 신호를 생성해 뇌로 보낸다. 감각 기관에서 보낸 전기 신호를 받아들이는 뇌의 핵심 부위는 '시상'으로 뇌 한가운데서 마치 중계소와 같은 역할을 한다.

시상에 새로 들어온 신호는 시각피질이나 청각피질과 같은 감각별 뇌 영역으로 보내져 더 정밀하게 처리된다. 결국 뇌는 이런 다양한 정보의 흐름을 종합해 외부 세계에서 벌어지고 있는 일을 통합적으로 인식할 수 있게 한다.

시각

사물을 보는 과정은 빛과 시각 정보가 눈에 들어오는 것에서 시작된다. 눈으로 들어온 정보의 일부는 시상을 거쳐 전기 신호로 전환된 뒤 머리 뒤쪽 후두엽에 위치한 시각피질로 전달된다. 시각피질은 빛, 색깔, 형태, 움직임 등의 정보를 처리하는 뇌의 중심 영역이며, 여기서 사물이 무엇인지에 대한 정보(예: '저건 새야!')는 복측피개 영역 경로, 즉 '무엇' 경로에서 처리되고, 사물이 어디에 있는지에 대한 정보('새가 나무 위를 날고 있어!')는 등쪽 경로, 즉 '어디' 경로에서 처리된다.

청각

소리는 가장 먼저 귀를 통해 들어온다. 귀로 들어온 정보의 일부는 시상을 거쳐 전기 신호로 전환된 뒤 머리 옆쪽 측두엽에 위치한 청각피질로 전달된다. 청각피질은 소리의 주파수와 세기, 그 외 다양한 구성 요소들을 처리하는 뇌의 중심 영역이다. 언어를 처리하는 과정에서는 이 신호들이 좌반구에 있는 특정 영역, 즉 베르니케 영역과 브로카 영역으로 전달된다. 언어에 관한 더 자세한 내용은 34~35쪽에서 다룬다.

촉각

촉각은 체성감각계에 속한다. 이 체계에 포함되어 압력이나 온도, 진동, 가려움, 통증, 상처 등 다양한 자극을 감지하는 피부의 감각 수용기를 통해 우리는 서로 다른 질감을 구별하거나 가볍게 스치는 자극을 느끼고, 몸의 움직임이나 위치를 공간 속에서 파악할 수 있다. 감각 신호의 일부는 뇌의 시상을 거쳐 두정엽에 위치한 체성감각피질에서 처리된다. 촉각 자극에 따라 우리는 몸이 가려우면 긁는 것처럼 특정한 행동을 한다. 이때 근육의 움직임은 전두엽의 1차 운동피질에서 조절된다.

미각과 후각

코로 맡는 냄새와 혀로 느끼는 맛은 서로 연결되어 있다. 코와 혀로 들어온 정보의 일부는 시상을 거쳐 먼저 맛 정보가 미각피질에서 처리된다. 이 과정을 통해 우리는 단맛, 짠맛, 신맛, 쓴맛, 고기류에서 느껴지는 감칠맛 등을 구별할 수 있게 된다. 미각과 후각 정보는 모두 이마 앞부분에 있는 전두엽의 후각피질에서도 통합적으로 처리된다.

뇌의 착각

우리의 모든 감각은 착각에 빠질 수 있다. 뇌가 처리 능력의 한계 때문에 여러 가지 지름길을 사용해 정보를 최대한 빨리 해석하려고 하기 때문이다. 이러한 지름길 중 하나가 정보를 절댓값으로 저장하지 않고, 상대적인 차이나 변화로 인식하는 방식이다. 다음의 체스판 그림은 이러한 원리가 시각 착시로 나타나는 대표적인 사례다.

촉각 착각에서도 비슷한 원리를 확인할 수 있다. 이는 집에서도 손쉽게 실험해 볼 수 있다. 한 손은 매우 차가운 물에, 다른 손은 매우 따뜻한 물에 1분 동안 담갔다가 두 손을 동시에 미지근한 물에 넣어 보자. 이때 따뜻한 물에 담갔던 손은 미지근한 물이 차갑게, 차가운 물에 담갔던 손은 뜨겁게 느껴질 것이다. 이런 착각은 뇌가 감각 정보를 처리할 때 어떠한 한계를 갖는지 보여 주는 사례다.

- **체스판 착시 현상**

이 체스판의 두 칸은 실제로 같은 색이다. 하지만 주황색 원기둥이 드리운 그림자 때문에 서로 다른 색처럼 보인다. 이처럼 눈은 같은 정보를 보내지만 뇌는 그것을 다르게 해석해 결과적으로 다르게 인식하게 만든다.

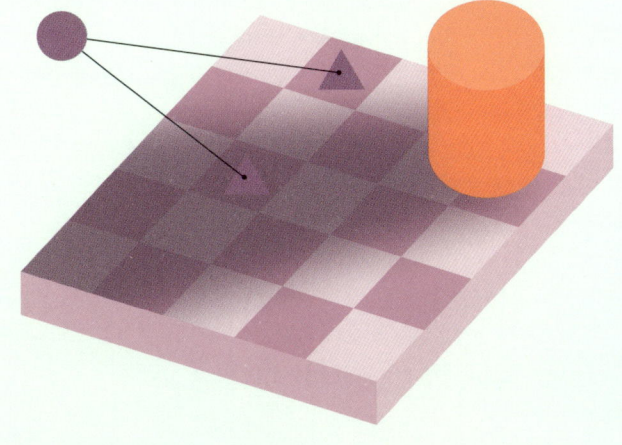

장-뇌 축과 신경계

뇌와 신경계 전체의 건강 상태는 몸의 여러 부위,
특히 '제2의 뇌'라고 불리는 장에서 드러날 수 있다.

수 세기 동안 사람들은 마음과 몸 사이의 관계를 이해하려고 노력해 왔다. 고대 그리스인들은 뇌와 다른 장기들이 다양한 기분이나 삶의 단계와 연결되어 있다고 보는 '네 가지 체액설'을 내놓았고, 그로부터 훨씬 뒤인 19세기 말에서 20세기 초, 정신분석학의 창시자인 프로이트는 심리적 스트레스나 트라우마가 신체적 증상으로 나타날 수 있다는 관점을 널리 알리며 대중화시켰다.

장-뇌 연결

오늘날 과학적 연구에 따르면, 스트레스나 외상은 근육 긴장이나 긴장성 두통, 소화기 문제의 발생률을 높이는 것으로 나타난다. 이러한 현상은 '장-뇌 축'이라 불리는 경로를 통해 여러 생물학적 체계에 나타날 수 있다. 장-뇌 축이란 여러 신경 체계를 통해 뇌와 장이 양방향으로 소통하는 체계로, 이 체계가 작동하는 이유 중 하나는 장이 세로토닌을 포함한 수많은 신경전달물질을 보내고 받는 기관이기 때문이다.

장-뇌 축은 호르몬 조절에도 관여해 신진대사와 기분에 영향을 미치며, 면역 체계에도 작용한다. 그 결과 스트레스나 외상이 심하면 면역 조절 기능이 무너져 감염에 더 쉽게 노출될 수 있다. 스트레스는 심혈관계에도 영향을 미쳐 안정 시 심박수나 혈압, 호흡 속도 등을 높인다.

신경계

뇌와 척수는 중추신경계를 구성하고, 척수에서 몸의 나머지 부분으로 뻗어 나가는 신경들은 말초신경계에 속한다. 우리는 흔히 피부나 근육에서 느껴지는 통증이 해당 부위의 신경에 의해 감지된다고 생각하지만 사실 그 반대의 경우도 가능하다.

예를 들어 허벅지 피부에 갑자기 통증이 느껴지면 처음에는 벌레에게 물렸다고 생각할 수 있다. 그러나 실제로 그 통증은 해당 부위의 피부와 무관하게 척수의 특정 신경에서 시작된 것일 수 있다. 이는 하나의 척수신경이 몸의 여러 부위로 가지를 뻗고 있기 때문이다.

우리의 피부에는 각 척수신경과 연결된 특정 영역이 있는데, 이를 피부분절이라 한다(이미지 참조). 척추의 퇴행성 변화로 인해 척수신경이 눌리면 이 신경과 연결된 피부분절에 저림이나 감각 둔화 혹은 화끈거림, 무언가 기어다니는 듯한 느낌 등 이상 감각이 나타날 수 있다.

• 피부와 뇌의 연결

피부분절은 척수의 특정 신경 뿌리와 연결된 피부 영역을 뜻한다. 이 영역의 신경 신호는 대응되는 척수신경(종종 주변 신경도 포함)을 통해 뇌를 오간다.

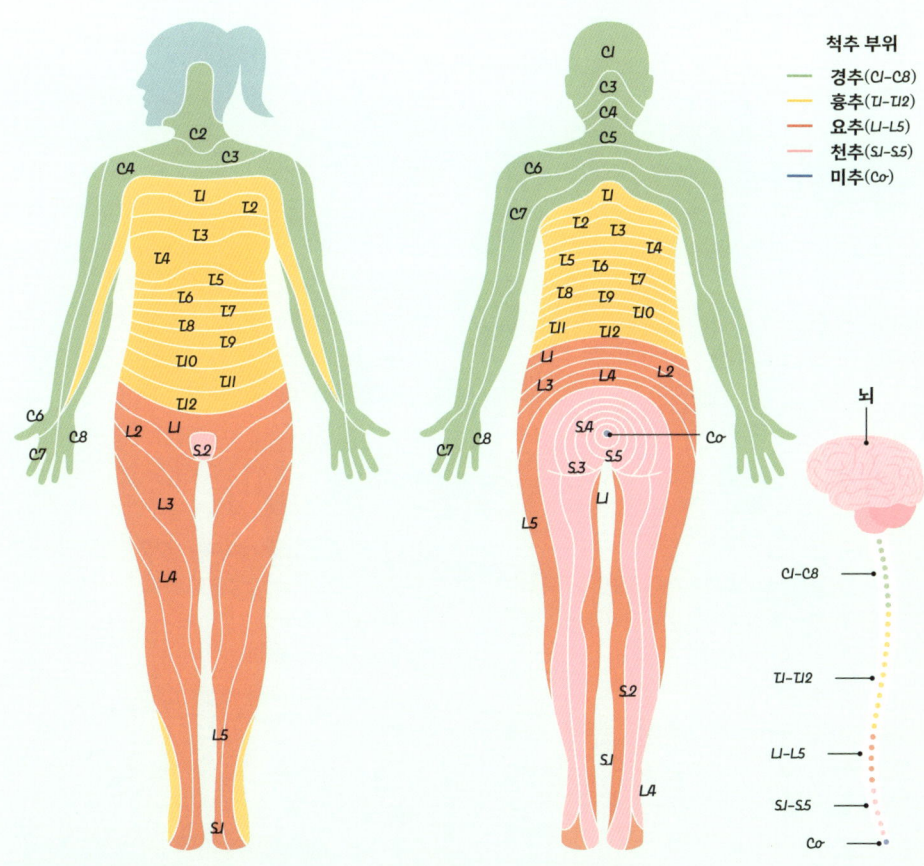

감각 정보는 몸과 척수, 뇌 사이를 오간다.
척수의 각 구간은 몸의 특정 부위와 연결되어
그 부위의 정보를 주고받는다. 예를 들어
복부는 흉추(T1~T12, 노란색)와 연결되어 있다.

주의력, 학습, 기억

주의력과 학습, 기억은 여러 뇌 영역이 함께 작용하는 복합적인 과정이다.
이 과정에는 망상 활성계(RAS)와 시상, 전두엽, 두정엽이 관여하며
감각 정보 처리를 전담하는 뇌 영역들도 참여한다.

주의력

주의력은 중요한 정보에 선택적으로 집중할 수 있는 능력이다. 이는 불필요한 정보를 걸러내고 집중 상태를 유지하거나 의도적으로 집중 대상을 바꾸는 데 도움을 준다. 주의력은 여러 뇌 영역이 협력해 발휘되며, 여기에 참여하는 주요 구조로는 망상 활성계, 시상, 두정엽, 전두엽이 있다.

- 각성 상태 – 뇌간에 위치한 망상 활성계는 우리가 맑은 정신으로 자극에 반응할 수 있는 상태를 유지하도록 한다.

- 감각 정보 수용 – 뇌 깊은 부위에 있는 시상은 후각을 제외한 모든 감각 정보를 받아들인 후 그중 중요한 정보에 집중할 수 있도록 돕는다.

- 정보 선별과 선택 – 머리 윗부분에 있는 두정엽은 관련 있는 정보에 주의를 집중하고, 그 외의 자극은 무시하도록 한다.

- 집중 방향 설정과 유지 – 전두엽은 계획 수립과 의사 결정, 주의 분산 요소 통제와 같은 실행 기능을 담당한다.

학습과 기억

학습과 기억은 새로운 정보나 기술, 절차, 행동 등을 획득하고 부호화해 저장한 뒤 이를 인출하고 공고히 하는 일련의 과정을 의미한다. 이 과정에는 전두엽의 바깥층과 해마, 편도체, 전전두피질, 기저핵, 소뇌 등 여러 뇌 영역이 관여한다. 학습과 기억의 유형에 따라 여러 가지 신경망도 동원되는데, 예를 들어 언어를 이해하는 일은 전두엽과 측두엽의 협력으로 이루어진다.

- 획득 – 전두엽의 바깥층에는 감각 기관에서 전달된 정보를 받아들이고 처리하는 영역이 있다. 시각피질, 청각피질, 기타 감각피질이 여기에 해당하며 학습과 기억의 중계소 역할을 하는 해마도 이 과정에 관여한다. 특히 편도체는 강렬한 감정이 수반되는 학습이나 기억에 중심 역할을 한다.

- 부호화 – 해마와 편도체는 기억을 형성하고 공고히 하는 데 관여한다. 일반적으로 편도체는 감정이 강하게 얽힌 정보를, 해마는 비교적 감정적 요소가 적은 정보를 다룬다. 주의 집중과 실행 기능을 조절하는 전전두피질은 중요한 정보를 선별하고 의미 있는 방식으로 구성하는 데 핵심적인 역할을 한다.

• 기억이 형성되는 여러 뇌 영역

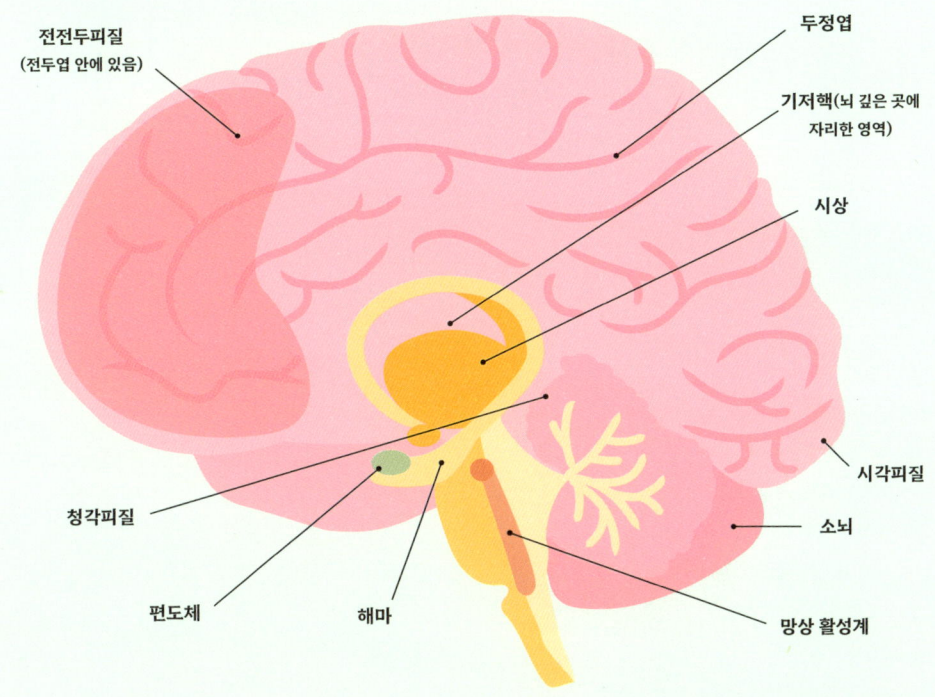

- **저장** – 기억은 뇌 전반에 저장되지만, 특히 해마와 전두엽에서 활발하게 저장된다. 이 과정은 주로 신경세포 간 연결을 강화하는 장기 강화(LTP)를 통해 이루어진다. 한편 절차적 기억이나 운동 기반 기술은 기저핵과 소뇌에서 저장된다.

- **인출과 공고화** – 기억을 인출하고 이를 공고화하는 일은 대개 해마와 전전두피질에서 이루어진다. 해마는 마치 색인처럼 작용해, 뇌의 다양한 영역에 저장된 기억을 찾는 데 도움을 주는 동시에 기억을 더욱 안정화하거나 장기 저장소로 옮기는 역할도 한다. 전전두피질은 과거의 경험을 의식적으로 떠올리거나 서로 다른 기억 조각을 통합해 하나의 의미 있는 기억으로 재구성하는 데 관여한다. 또한 이 영역에 장기적으로 저장되는 기억도 일부 있다. 절차적 기억이나 움직임 기반의 기술을 인출하거나 공고화할 때는 기저핵과 소뇌가 활성화된다.

읽기, 쓰기, 셈하기

뇌는 어떻게 글을 읽고, 쓰고, 숫자를 이해할까?
이제 이 인간 고유의 능력들이 뇌에서 어떻게 처리되는지 살펴보자.

글 읽는 뇌

읽기 과정에서 뇌는 세 가지 주요 단계를 거친다. 첫 번째 단계는 시각 정보 처리 단계다. 눈이 뇌의 후두부에 위치한 1차 시각피질로 신호를 보내면, 여기서 글자와 단어의 색과 형태를 분석한다. 두 번째 단계는 음운(소리) 처리 단계다. 귀 바로 위 두개골 아랫부분에 위치한 측두엽이 시각피질에서 전달된 정보를 소리로 변환하는 역할을 담당한다. 세 번째 단계는 언어 처리가 이루어지는 단계다. 이 과정 역시 주로 좌뇌의 측두엽에서 이루어지는데, 먼저 글자가 모여 단어가 되면 뇌가 이를 인식하고 의미를 이해하게 된다.

난독증은 단어를 인식하고 이해하는 데 어려움을 겪는 학습 차이다. 난독증이 있는 사람은 읽기에 중요한 뇌 영역, 예를 들어 측두엽 등에 회색질의 양이 적을 수 있다. 아울러 이러한 주요 영역의 신경세포 연결 방식이 일반적인 패턴과 다를 수 있으며, 소리나 시각 정보를 식별하고 처리하는 능력에서도 차이가 나타난다.

• 뇌의 '읽기' 회로

먼저 '고양이'라는 단어가 1차 시각피질을 활성화한다. 이어서 철자 처리 영역이 글자와 단어를 인식하고, 이 정보가 음운 회로로 전달되어 소리와 연결된다. 마지막으로 의미 회로에서 단어의 개념이 추출된다.

- 🟢 1차 시각피질
- 🟡 철자 처리 영역(글자와 글자 묶음, 단어 전체를 인식)
- 🟠 음운 처리 영역(단어의 발음과 조음을 돕는 기능)
- 🔵 단어의 뜻을 이해하고 개념을 떠올리는 과정

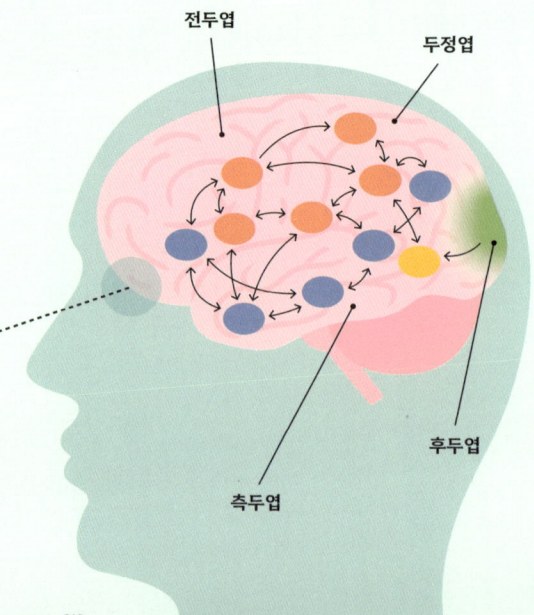

글 쓰는 뇌

글쓰기도 세 단계로 이루어지며, 전두엽이 이 과정에 모두 관여한다. 세 가지 단계는 먼저 글로 쓸 생각과 아이디어를 떠올리고, 이를 언어로 표현한 다음, 손과 손가락의 움직임을 조절해 실제로 글을 쓰는 것이다.

난서증은 철자, 문법, 손글씨 등에 어려움을 겪는 학습 차이다. 이 경우 미세 운동 조절 능력이 부족해 글씨를 알아보기가 어렵다. 또한 계획을 세우거나 생각을 조직하고, 여러 가지 생각을 동시에 유지하는 작업 기억에도 어려움을 겪을 수 있으며, 철자를 사용하거나 어휘를 선택하는 데도 문제가 생긴다.

계산하는 뇌

계산이나 수학을 할 때도 세 가지 주요 단계가 작용한다. 첫 번째는 숫자를 인식하는 단계로 두정엽에서 이루어진다. 두정엽은 정수리 아래에 있는 부위로 숫자를 인식하고 수량을 파악하는 역할을 담당한다. 두 번째는 산술 처리 단계. 두정엽 안쪽에 있는 두정엽내고랑이라는 구조가 1+1, 2+3과 같은 연산을 처리하고 수행하는 기능을 담당한다. 세 번째는 작업 기억이다. 연산을 하려면 숫자를 잠시 기억하고 있어야 하는데, 이를 담당하는 부위가 전전두피질이다.

난산증은 수학, 특히 숫자를 이해하거나 다루는 데 어려움을 겪는 학습 차이다. 이 경우 숫자 감각에 중요한 두정엽을 포함한 뇌 영역에 회색질의 양이 적거나 신경세포 간 연결 방식이 일반인과 다를 수 있다. 그 결과 수학적 작업의 처리 효율이 떨어지고 연산 속도가 느려질 수 있다.

> 난산증이 있으면 머릿속에서 숫자를 떠올리거나,
> 숫자를 시각적으로 그려 보거나,
> 수와 공간의 관계를 상상하며 수 개념을 다루는 데
> 어려움을 겪을 수 있다.

신경다양성과 내면세계

같은 일이라도 사람들 모두가 동일한 방식으로 경험하는 것은 아니다.
겉으론 그렇게 보여도 세상을 감지하고, 처리하고, 의미를 부여하는 방식,
즉 각자의 내면세계는 놀랄 만큼 다를 수 있다.

긴 역사를 돌아보면 인간은 자신과 다른 사람들을 이해하고 받아들이는 데 늘 어려움을 겪어 왔다. 이러한 경향은 피부색이나 눈동자, 얼굴 모양, 키와 같이 겉으로 드러나는 차이를 마주할 때 더욱 두드러진다. 하지만 인간에게는 우리가 잘 알지 못하는 훨씬 더 깊은 차이가 존재할지도 모른다. 현대 신경과학은 이제 막 우리 두 귀 사이, 뇌 속에 펼쳐진 미지의 영역을 밝혀내기 시작했다. 모든 뇌는 같지 않으며 전혀 다르다. 이러한 다양성을 설명하기 위해 등장한 새로운 개념, 그것이 바로 '신경다양성'이다.

장애가 아닌 차이로 이해하기

일부 공동체들은 신경다양성에 대해 더 많은 존중과 이해, 가치를 부여해 줄 것을 꾸준히 요구해 왔다. 자폐 스펙트럼 장애(134~135쪽 참조) 공동체는 자신의 경험을 단순한 의학적 질환이나 장애로만 보지 말아 달라고 한다. 오히려 자신의 신경적 특성이 고유한 장점을 지니고 있으며, 자신들의 세계관이 비록 기존 방식과 다르더라도 그에 상응하는 가치와 정당성을 가지고 있다고 주장한다.

주의력결핍 과잉행동 장애(130~131쪽), 양극성 장애(138~139쪽), 난독증(34~35쪽) 등 다양한 학습 특성을 지닌 사람들과 그 공동체 역시 더 많은 이해를 요구하고 있다(132~133쪽 참조). 신경다양성에 대한 과학적 연구가 진전되면서 이러한 주장은 점점 더 사회적 설득력을 얻고 있다. 예를 들어 학습 차이를 지닌 사람들은 통계적으로 영재나 재능 우수 집단에 속할 가능성이 더 높은 경향이 있다.

난독증이 있는 사람들은 시각 정보 처리 능력에서 강점을 보여 천체물리학 같은 분야에서 특정 물체를 탐지하는 데 유리할 수 있고, 양극성 장애가 있는 사람들은 질환이 발현되기 전 학업적으로 매우 뛰어난 성과를 보이는 사례가 일반인보다 많다. 마찬가지로 과학·기술·공학·수학(STEM) 분야에서는 자폐 스펙트럼에 속한 이들의 비율이 상대적으로 높게 나타난다. 하지만 현재 의료나 교육 체계에서는 이들 집단이 가진 구조적·기능적 뇌 차이가 '장애' 또는 '질환'으로 분류되고 있다. 그리고 이 모든 특성은 유전적 소인과도 밀접한 관련이 있는 것으로 보인다.

공감각자와 내향인

공감각은 서로 다른 감각이 뒤섞여 인식되는 현상이다. 공감각을 지닌 사람은 음악을 들을 때 색이 보이기도 하고, 모양을 보고 맛을 느끼거나 글자나 숫자를 볼 때 특정한 색이 함께 떠오르기도 한다. 공감각자는 뇌의 감각 관련 주요 영역들이 서로 더 많이

• 공감각자의 뇌

수와 관련해 동일한 과제를 수행할 때 일반인(왼쪽)과 숫자-색 공감각자(오른쪽)의 뇌를 비교한 것이다. 해당 과제를 수행할 때 공감각자의 뇌는 시각 영역이 더 많이 활성화되고 있다.

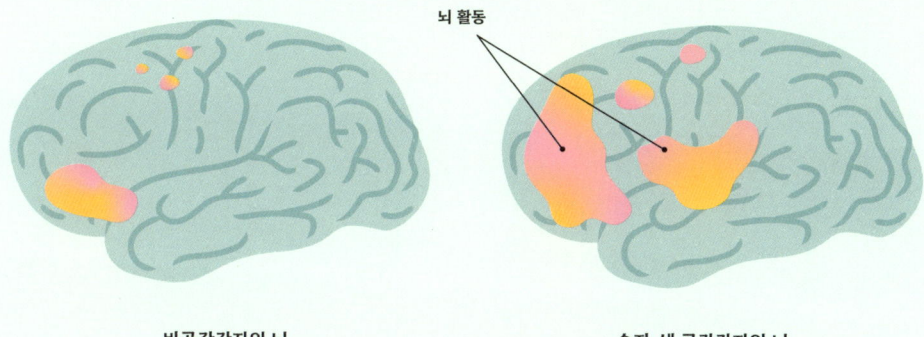

비공감각자의 뇌 　　　　　숫자-색 공감각자의 뇌

연결되어 있는 것으로 보인다. 이러한 특성에는 여기에서 설명된 다른 차이들과 마찬가지로 창의성이 더 뛰어날 것 같은 장점과 과자극과 같은 단점이 함께 존재할 수 있다.

내향적인 사람은 혼자 있는 시간에서 에너지를 얻는 반면, 외향적인 사람은 사람들과 어울리는 활동에서 에너지를 얻는 경향이 있다. 하지만 이들은 단순한 성향의 차이를 넘어 실제로 뇌 구조에서도 차이를 보인다. 최근 뇌 영상 연구들을 종합적으로 분석한 결과에 따르면, 외향인 뇌의 경우 6개의 핵심 뇌 영역에서 회색질의 양이 일반인과 달랐다. 또한 나이와 성별에 따라 외향성이 뇌에 나타나는 방식도 달라지는 것으로 나타났다.

인간이라는 종 안에서 점점 더 다양한 신경다양성 사례들이 밝혀지면서 우리는 이러한 차이를 이해하고 수용하는 것을 넘어 기꺼이 존중하고, 어쩌면 그 가치를 인정하는 태도까지 배워야 할 것이다.

> 전형적인 신경 발달을 보이는 사람들과 비교할 때 신경다양성을 지닌 사람의 독특한 정신 작용에는 장점과 단점이 모두 존재한다.

많이 하는 질문들

우리는 정말 뇌의 10%만 사용할까?

아니다. 뇌는 거대한 도시처럼 각 영역이 저마다의 역할을 하며 24시간 내내 활발하게 움직인다. 심지어 수면 중에도 작동한다. 예를 들어 오늘 저녁 식사를 계획한다고 했을 때, 이 작업에는 계획을 담당하는 전두엽의 신경 회로와 과거에 즐겼던 식사를 떠올릴 때 활성화되는 대뇌 변연계의 일부 영역이 함께 작동한다. 이 모든 일이 벌어지는 동안에도 당신은 여전히 깨어 있고 숨을 쉬며 심장은 멈추지 않고 뛴다. 이처럼 생명 유지에 필요한 기능들은 뇌간과 후뇌가 조용히, 그러나 쉬지 않고 수행하고 있다. 따라서 설령 저녁 식사를 계획하는 데 뇌의 10%도 안 썼다 하더라도 나머지 뇌는 당신을 여전히 살아 있게 하기 위해 바쁘게 일하고 있을 것이다.

•

정말 '좌뇌형 인간'과 '우뇌형 인간'이 있을까?

꼭 그렇지는 않다. 우리 주변에는 논리적인 사고를 잘하는 사람도 있고, 직관적인 감각이 뛰어난 사람도 있다. 어떤 사람은 자신을 '수학형 인간'이라고 하고, 어떤 사람은 '예술형 인간'이라고 말하기도 한다. 실제로 뇌에는 기능 국소화와 좌우 기능 분화가 존재한다. 예를 들어 언어 처리와 관련된 많은 영역이 뇌의 왼쪽에 몰려 있는 것은 사실이지만 그렇다고 해서 예술적인 사람은 모두 우뇌형, 논리적인 사람은 모두 좌뇌형이라는 주장은 과학적으로 근거가 부족하다. 2013년 한 연구에서는 성격 검사를 받은 사람 1,000여 명의 뇌를 촬영해 그들의 뇌 신경망의 강도와 성격 유형 간의 연관성을 분석했다. 그 결과 사람의 성격과 뇌의 어느 쪽이 더 발달했는지는 유의미한 관계가 없다는 사실이 밝혀졌다.

•

신경가소성이 일어나는 동안 뇌는 실제로 변할까?

그렇다. 신경가소성은 성인의 뇌도 경험이나 손상에 반응해 실제로 변할 수 있음을 의미한다. 뇌 영상 및 기타 물리적 방법들을 통해 뇌가 신경세포들 사이에 새로운 연결을 형성하고, 일부 뇌 영역에서는 아예 새로운 신경세포가 생성되기도 한다는 사실이 밝혀졌다.

마음 읽기가 정말 가능할까?

그렇다. 다만 제한적으로 가능하며 뇌 촬영 장치와 데이터, 인공지능을 활용해야 한다. 10여 년 전, 뇌 촬영 장치에 들어간 사람이 꽃을 보고 있는지 얼굴을 보고 있는지를 뇌 영상만으로 구분할 수 있었다는 연구 결과가 보고되었다. 2023년에는 한 사람에게 다양한 이미지와 단어를 보여 주며 뇌 영상을 수집한 뒤 AI를 훈련시켜 뇌 영상만 보고도 그 사람이 실제로 보고 있던 것과 유사한 이미지나 단어를 생성해 내는 정교한 연구가 이루어졌다. 또 다른 연구에서는 AI가 사람의 감정 상태를 예측하기도 했다. 이러한 기술은 몸이 마비된 사람이 의사를 표현하는 방식 및 꿈의 해석, 그 외 다양한 영역에서 새로운 가능성을 열어 줄 것으로 기대된다.

·

왼손잡이는 뇌가 다르다는 의미일까?

그럴 가능성이 있다. 전체 인구의 약 90%는 오른손잡이고, 약 9%는 왼손잡이, 나머지 1%는 양손잡이다. 일반적으로 뇌의 오른쪽 반구는 신체의 왼쪽을, 왼쪽 반구는 오른쪽을 관장한다. 그렇다면 오른손잡이는 주로 왼쪽 뇌, 왼손잡이는 주로 오른쪽 뇌를 사용할까? 오른손잡이의 약 95%는 실제로 왼쪽 뇌가 더 발달해 있지만, 그 반대가 항상 성립하는 것은 아니다. 왼손잡이들도 왼쪽 뇌가 우세한 경우가 많다. 실제로 오른쪽 뇌가 더 발달한 사람 중 단지 3분의 1만이 왼손잡이다. 이는 많은 오른손잡이의 뇌 구조가 왼손잡이와 유사하게 나타날 수 있다는 뜻이다. 뇌 영상 연구에 따르면, 양손잡이는 일반적인 오른손잡이나 왼손잡이보다 뇌의 양쪽을 모두 더 많이 사용하는 경향이 있는 것으로 나타났다.

·

난독증에 '치료법'이 있을까?

있다고도, 없다고도 할 수 있다. 먼저 '있다'고 하는 이유는 일부 교육 방법이 상당히 효과적이기 때문이다. 소리와 글자, 단어를 연결하는 음운 인식과 음소 교육을 중심으로 한 교수법이나 텍스트 음성 변환 도구 등을 활용한 학습이 많은 도움을 줄 수 있다. 하지만 '없다'고 하는 이유는 난독증이 단순히 장애로만 보이지 않기 때문이다. 점점 더 많은 전문가가 난독증을 단순한 학습 장애가 아니라, 약점은 있지만 고유한 강점도 지닌 신경학적 다양성의 한 형태로 보고 있다.

Chapter 2

나이에 따른 뇌의 변화

태아기와 영아기

인간의 뇌는 태아 시기부터 놀라운 속도로 변화하기 시작한다.
실제로 출생부터 만 3세까지는 매초 약 100만 개의 신경 연결이 생성된다.

태아의 뇌 발달 과정

임신 첫 3분기에 태아의 뇌는 눈부신 속도로 발달한다. 처음에는 올챙이처럼 보이던 구조가 신경관으로 변하며, 신경관은 여러 차례 분화해 새로운 신경세포를 만들어 낸다. 두 번째 3분기에는 신경세포들이 제자리를 찾아 정착하며, 이후 더 정교한 뇌 구조를 형성해 간다. 세 번째 3분기에는 신경세포가 성숙하고, 신경세포 사이에 신호 전달을 위한 연결이 형성되며, 신경 전달의 효율성이 높아진다. 예를 들어 이 시기에는 태아의 뇌 주요 부위에 수초(미엘린)가 형성되는데, 이것은 흰색의 지방질 물질로 신경세포를 감싸 전기 신호가 더 빠르게 전달되도록 돕는 절연체 역할을 한다.

아기의 뇌 발달과 감각 정보

이후에도 뇌는 놀라운 속도로 계속 발달한다. 생후 몇 개월 동안 아기의 뇌는 새로운 감각 정보들을 받아들이기 시작해 시각 정보, 소리, 촉감, 냄새 같은 자극들이 뇌 발달에 점차 통합된다. 이 시기의 아기들은 사람의 얼굴을 찾고 반응하기 시작하며, 입과 손을 통해 주변 환경을 탐색한다.

'제4의 3분기'라 불리는 생후 0~3개월에는 아기에게 중요한 초기 행동 반응이 나타나기 시작한다. 예를 들어 모로 반사는 갑작스러운 소리나 자극에 대한 반응으로, 등을 제치고 팔을 벌렸다가 무언가를 끌어안듯이 모으는 행동을 하는 것이다. 또 다른 예로는 먹이찾기 반사가 있는데 뺨이나 입 주변에 무언가 스치면 그것을 빨려고 고개를 돌리며 입을 벌리는 것이다. 이 반사는 아기가 젖을 잘 찾고 빠는 데 도움을 준다. 빨기 반사는 입술이나 입천장이 자극을 받으면 아기가 본능적으로 빠는 행동을 하는 것이다.

생후 첫해의 발달 과정

건강한 뇌 발달은 아기마다 차이가 있지만 일정하게 나타나는 발달 단계가 있다. 특히 생후 첫 몇 달 동안은 이러한 변화가 여러 측면에서 뚜렷하게 드러난다. 소아과 의사와 영유아 보육 전문가는 이를 아기의 건강을 평가하는 지표로 삼는데, 만약 아기가 이런 단계들을 밟지 못한다면 보이지 않는 어려움을 겪고 있을 수 있다. 따라서 이는 도움이 필요하다는 신호가 된다.

생후 3~6개월: 근육 조절 능력이 발달하면서 손을 뻗고, 물건을 잡고, 몸을 뒤집고, 도움을 받아 앉을 수 있게 된다.

생후 6~9개월: 양육자와 더 활발하게 상호작용하고,

물건이 눈에 보이지 않아도 여전히 존재한다는 개념인 '대상 영속성'을 이해하기 시작한다. 말하기의 전 단계인 옹알이를 시작한다.

생후 9~12개월: 엉덩이를 밀며 이동하거나 일부는 걷기 시작한다. 지지대를 잡고 일어서기도 하며, 주변 환경을 탐색하기 시작한다. 간단한 명령어나 몸짓을 이해하는 아기도 있다.

생후 첫해 동안 아기가 양육자와 애착을 형성하는 과정은 매우 중요하다. 이는 훗날 사회적 행동이나 성격 형성에도 영향을 줄 수 있다. 이 시기에 아기는 웃는 법을 배우기 시작하고, 뇌 안에서는 임신 3분기부터 시작된 수초화 과정이 계속 진행된다.

• **태아기의 뇌 발달**

수정 후 몇 주가 지나면 뇌가 발달하기 시작한다. 이 시기에도 이미 여러 뇌 구조를 확인할 수 있지만 아기가 성장함에 따라 크기에는 상대적인 변화가 생긴다. 예를 들어 대뇌는 시간이 지나면서 다른 구조들보다 훨씬 더 크게 발달한다.

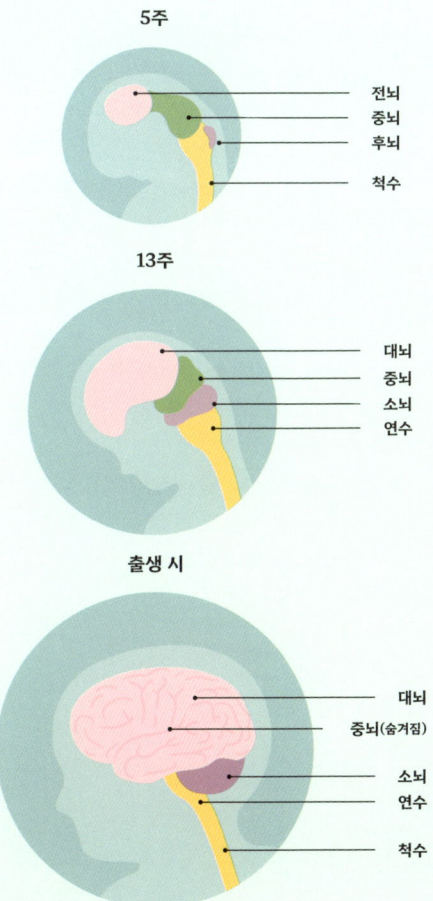

• **아기와 수면** •

신생아와 아주 어린 아기의 수면 패턴은 성인과 다르다. 그 이유 중 하나는 위장이 아직 작아 한 번에 많은 양의 음식을 저장할 수 없기 때문에 보통 몇 시간마다 깨어 음식을 섭취하려는 것이다. 하지만 생후 3개월에서 1년 사이가 되면 위장과 뇌가 충분히 성장하면서 밤새 깨지 않고 푹 자는 수면 패턴이 형성되는 경우가 많다.

아동과 청소년의 뇌

뇌는 성장 단계마다 고유한 변화를 겪는다. 그 변화는 현미경으로만 볼 수 있는
세포 수준의 변화에서부터 완전히 새로운 행동의 등장에 이르기까지 매우 다양하다.

뇌 발달은 출생 시부터 20대 초반까지 몇 가지 단계로 뚜렷하게 나뉜다.

어린이의 뇌 발달 단계

영아기(출생~3세): 뇌 성장 속도가 가장 빠른 시기다. 신경세포 사이의 새로운 연결인 시냅스가 빠르게 형성되고, 사용되지 않는 시냅스는 가지치기를 통해 제거된다. 감각 기능도 본격적으로 발달하기 시작한다.

유아기(2~6세): 뇌의 앞부분, 즉 전전두피질이 크게 발달한다. 이 부위의 성숙은 집행 기능의 발달을 돕는데 여기에는 충동 조절도 포함된다. 충동 조절은 유아가 처음에는 어려워하지만 점차 익히게 되는 능력이다. 또한 언어 능력이 급속도로 발달한다.

아동기(6~12세): 또래 친구들과 어울리며 사회적 관계를 배우고 확장해 간다. 인지 능력이 눈에 띄게 성장하며 특히 처리 속도와 기억력, 문제 해결 능력이 크게 향상된다.

청소년기(12~18세): 사춘기가 시작되며 호르몬 변화가 뚜렷하게 나타난다. 12~14세에는 인지 처리 속도와 작업 기억 능력이 눈에 띄게 향상되지만 두뇌의 앞부분이 아직 완전히 발달하지 않아 충동 조절이나 의사 결정 능력이 다소 미숙할 수 있다. 청소년기의 뇌는 감정 조절 능력과 자아 정체성 형성에 초점을 맞추며 점차 발달해 나간다.

• **청소년기 뇌의 대표적 변화**

전전두피질(PFC)은 꾸준히 발달하는 반면 선조체는 청소년기에 발달이 정점에 이른 뒤 성인기로 접어들면서 발달 속도가 느려지고 점차 안정화된다.

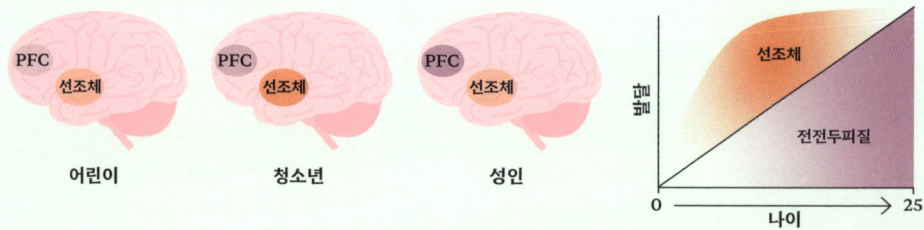

청년기 (18~25세): 뇌는 여전히 발달 중이다. 특히 전전두피질은 이 시기 말에 이르러서야 비로소 성숙해진다. 이 영역은 주의력을 유지하고, 충동적인 행동을 조절하며, 상황에 맞는 결정을 내리는 데 도움을 준다. 시간이 지남에 따라 개인의 성격과 자아 정체성을 형성하고, 감정을 적절히 조절하는 데도 중요한 역할을 한다. 이 시기에는 뇌의 신경가소성도 여전히 활발하게 유지되는데, 특히 사용되지 않는 시냅스를 제거하는 가지치기 과정이 지속적으로 이루어진다.

어린 뇌에 도움이 되는 것과 해로운 것

영양: 뇌가 건강하게 발달하려면 양질의 음식을 적절히 섭취하는 것이 중요하다. 일반적으로 모든 연령대에서 가공식품이나 영양제보다는 자연 그대로의 음식이 가장 좋은 선택이 된다. 철분, 요오드, 아연, 콜린 등이 부족한 식단은 특히 초기 뇌 발달에 치명적인 영향을 미친다. 이러한 영양 결핍은 뇌 용적 감소와 신경 연결성 저하로 이어질 수 있다. 한편 비만은 인지 저하나 염증 반응 증가, 산화 스트레스 증가와도 관련이 있는 것으로 보고되고 있다.

교육과 자극: 발달 시기에 맞춰 인지·사회적 자극을 충분히 받을수록 유아의 뇌는 더 건강하고 효과적으로 발달한다. 특히 언어 자극이 풍부할수록 언어 능력도 더 잘 발달한다. 예를 들어 언어와 읽기 관련 자극을 충분히 받지 못한 아이는 해마 발달이 일반적인 경로와 다르게 나타날 수 있다. 또한 전전두피질은 문제 해결과 같은 인지적 도전을 통해 성장하고, 변연계는 정서적·사회적 자극이 부족하면 정상적인 발달 경로에서 벗어날 수 있다.

> **• 뇌 성장을 위한 음식 •**
>
> 생후 첫해 주된 영양 공급원은 모유나 분유다. 여기에는 오메가-3 지방산과 콜린, 철분, 요오드 등 뇌 발달에 중요한 성분들이 함유되어 있다. 2~6세에는 비타민 D나 아연, 칼슘, 단백질과 같은 영양소와 과일, 채소, 통곡물이 특히 중요하다. 6~12세에도 미량 영양소들이 계속 필요한데, 특히 철분이 중요하다. 이에 더해 비타민 B군과 비타민 C의 필요성도 점점 커진다. 청소년기에는 더 많은 열량이 필요하며, 단백질과 오메가-3 지방산, 비타민 B12가 충분히 공급되어야 한다. 또한 생식 건강을 위한 엽산과 신경세포 건강과 신경 기능, 수초화에 관여하는 비타민 E와 K도 반드시 필요하다.

관계의 질: 어린 시절에 안정적인 관계를 형성하는 것은 매우 중요하다. 특히 생후 1년 동안 적어도 한 명의 보호자와 애착을 형성하는 일은 전 생애에 걸쳐 정서적 안정과 삶의 질을 예측할 수 있는 매우 중요한 요소다. 반면 보육 시설처럼 보호자가 부족한 환경에서 자라는 아이들은 스트레스 호르몬 수치에 변화가 생기고, 주의력과 감정 조절에 있어 비정상적인 패턴을 보일 수 있다. 하지만 아이의 뇌는 매우 회복력이 높아서 적어도 한 사람과 긍정적인 관계를 맺는 것만으로도 건강하게 발달할 수 있다.

생식과 뇌

사춘기와 임신, 출산, 양육은 삶의 주요 전환기로서
매 시기 뇌에 크고 뚜렷한 변화가 일어날 수 있다.

뇌는 사춘기와 생식, 양육에 대비해 스스로 변화한다. 사춘기에는 시상하부-뇌하수체-생식샘(HPG) 축이라 불리는 과정이 본격적으로 작동하기 시작하며, 이후에도 이 축은 생식 과정을 계속 조절한다. 이 과정은 뇌하수체와 신호를 주고받는 시상하부에서 시작된다. 뇌하수체와 생식샘에 작용하는 호르몬을 분비하고 생식샘에서는 여성의 경우 난자, 남성은 정자가 생성된다.

사춘기 여성과 남성의 뇌 변화

사춘기 동안 여성은 에스트로겐 수치가 크게 증가한다. 신경세포의 가지돌기 수를 늘려 신경세포 간 연결을 촉진하는 이 호르몬이 증가하면 기억력과 학습력이 향상될 수 있다. 에스트로겐은 또한 감정 처리, 사회적 행동, 기분 조절과 관련된 여러 뇌 영역의 발달을 돕는다고 알려져 있다. 이 시기 남성은 테스토스테론 수치가 증가하는데, 이 호르몬은 뇌에서 신호 전달을 담당하는 축삭의 성장을 촉진한다. 테스토스테론은 공격성과 성 행동, 위험 감수 행동과 관련된 뇌 영역의 발달에도 영향을 미치는 것으로 보인다. 이 외에도 사춘기 동안 여성은 해마가 약간 더 크게 발달하는 경향이 있으며, 남성은 감정 반응과 경계 반응에 관여하는 편도체가 더 크게 발달하는 것으로 보고된다.

임신과 뇌

임신 중에는 태아의 뇌에서 새로운 신경세포 생성을 촉진하고 기존 신경세포의 생존 기간을 연장해 뇌의 신경가소성을 높이는 역할을 하는 '신경영양인자'가 더 많이 생성된다. 이러한 변화는 출산을 앞두고 배우고 기억해야 할 새로운 정보가 많은 임신부에게 유리하게 작용한다. 또한 임신 중 여성의 뇌는 옥시토신이라는 신경전달물질에 대한 민감성이 증가하는데, 이는 아기와의 애착 형성에 대비한 생물학적 준비 과정으로 여겨진다.

출산 이후 새로 부모가 된 사람의 뇌는 옥시토신, 프로락틴, 코르티솔 등 다양한 호르몬의 영향을 크게 받는다. 아울러 이 시기에는 해마의 부피가 커지고, 편도체의 부피는 줄어드는 경향이 있으며, 그 외에도 사회적 상호작용, 유대감, 돌봄 행동과 관련된 뇌 영역에서 회색질의 부피 변화가 관찰된다.

부모가 되어 가는 뇌

임신 후기에는 신체 부담이 커지면서 많은 임신부가 평소보다 인지 과제를 더 어렵게 느끼곤 한다. 이후 아기가 태어나고 몇 주, 때로는 몇 달 동안 초보 부모들은 아기를 돌보느라 극심한 수면 부족에 시달리게 된다. 수면 부족의 영향을 다른 요인들과 명확히 구

- **남성과 여성의 전형적인 뇌라는 것이 실제로 존재할까?**

수백 명의 참가자를 대상으로 한 뇌 영상 연구에 따르면, 모든 구조에서 전형적인 남성형 특성을 보이는 뇌는 극히 일부에 불과했고, 여성형의 경우도 마찬가지였다. 오히려 전체의 3분의 1 이상은 남성형과 여성형 구조가 섞여 있는 혼합형 뇌를 가진 것으로 나타났다.

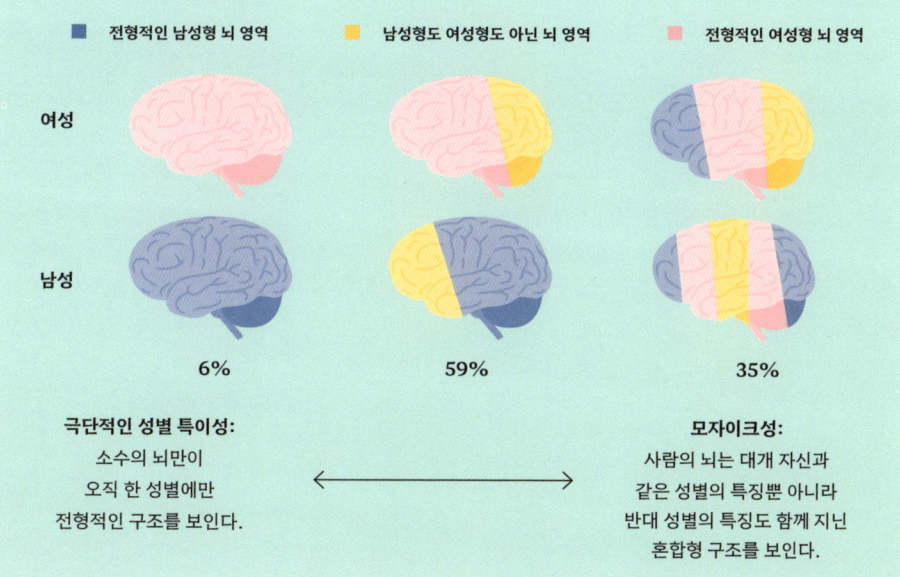

분하기는 어렵지만 이 시기에는 부모 모두 생리적 변화를 겪게 된다. 옥시토신과 프로락틴 수치가 뚜렷하게 달라지고, 편도체와 전전두피질의 활성도가 증가하는 것이다. 특히 신생아를 돌보는 엄마의 경우 특정 뇌 영역이 축소되기도 하지만 걱정할 만한 변화는 아니다. 회색질이 감소하는 것은 기능이 저하된다는 의미보다는 신경망의 재구성과 정보 처리의 효율성 증가, 돌봄 감수성과 계획 세우기, 문제 해결에 관련된 회로의 정비를 뜻할 수 있다.

양육 경험이 많은 부모의 뇌는 처음 부모가 된 사람이나 부모가 아닌 사람의 뇌와는 다르게 구성된 것으로 보인다. 예컨대 해마는 점차 커지지만 편도체는 작아지는 식이다. 자녀와의 유대감은 옥시토신뿐 아니라 보상과 관련된 신경전달물질인 도파민의 분비도 촉진하는데, 이것이 부모가 장기적으로 자녀와의 유대감을 지속하고 강화하는 데 도움을 주는 것으로 보인다.

중년의 뇌

중년기에 접어들면서 머리가 예전만 못하다고 느낄 수 있다. 어느 정도는 사실이지만
일부 뇌 기능은 오히려 아직 정점에 도달하지 않은 상태이기도 하다.

뇌 노화에 관한 다소 아쉬운 소식부터 살펴보자. 연구에 따르면, 뇌의 지각 속도는 보통 40~60세 사이에 서서히 느려지기 시작한다. 이는 주변 세계를 보고, 듣고, 느끼는 속도에 영향을 줄 수 있다. 게다가 즉시 기억해 내는 능력과 작업 기억도 눈에 띄게 떨어진다. 작업 기억이란 문제를 해결하거나 생각을 정리할 때 여러 정보를 잠시 기억했다가 활용하는 능력을 말한다. 게다가 여러 개념을 동시에 다루며 사고해야 하는 추론 능력도 노화에 따라 일부 변화를 겪는 것으로 알려져 있다.

나이가 들면서 향상되는 뇌 기능

이제 좋은 소식을 살펴보자. 40세 이후에도 몇몇 인지 능력은 수십 년간 거의 변하지 않으며, 일부 연구에서는 뇌 기능 저하가 시작되는 시점을 60세 이후로 보기도 한다. 게다가 일부 능력은 중년기와 노년기에도 계속 눈에 띄게 발달한다. 언어 능력과 수리 능력은 나이가 들어서도 발달할 수 있으며, 산술 능력은 50대 중반, 어휘력은 60대 후반~70대 초반에 절정에 이른다(54~55쪽 참조). 감정 표현을 정확하게 읽어내는 능력 또한 60대에 최고조에 달하는데, 다만 얼굴 인식 능력은 시력 저하나 정보 처리 속도 감소로 저하될 수 있다. 뿐만 아니라 중년기에는 다음과 같은 능력들도 발달하는 경향을 보인다.

판단력(특히 사회적 상황에서 무엇이 가장 중요하고 가치 있는지를 빠르고 정확하게 파악하는 능력), 의사 결정 능력(여러 선택지 중에서 가장 바람직한 결과를 낼 가능성이 큰 것을 선택하는 능력), 감정 조절 능력(회복 탄력성을 기르고 격하거나 부정적인 감정을 효과적으로 다루며, 긍정적인 감정에 더 주의를 기울이게 되는 능력).

중년의 뇌 변화

뇌 영상 기법과 다양한 실험실 검사를 통해 중년기 인간의 뇌에서 여러 가지 변화가 나타나는 것이 확인되고 있다. 특정 뇌 부위의 크기나 부피 변화, 여러 뇌 영역 간 연결 방식의 변화, 어떤 과제를 수행할 때 주로 활성화되는 뇌 영역의 변화, 일부 신경전달물질의 분포 변화(도파민의 감소와 관련 가능성) 등을 예로 들 수 있다. 이 가운데 가장 두드러진 변화는 호르몬의 분비 방식이 변화하는 것이다. 특히 여성의 경우 중년기에 겪는 호르몬 변화는 매우 극적일 수 있는데, 이는 성별에 따라 중년기의 뇌가 서로 다르게 변화할 수 있음을 시사한다. 남성과 여성의 중년기 뇌 변화가 어떻게 다른지는 50~53쪽에서 자세히 다룬다.

• **인지 능력별 절정 시기**

인지 능력마다 절정에 이르는 시기가 다르다. 가장 이른 시기에 정점을 찍는 것은 정보 처리 속도로 보통 20세 전후에 최고에 이른다. 반면 가장 늦게까지 발달하는 어휘력은 일반적으로 70세 전후에 절정에 이른다.

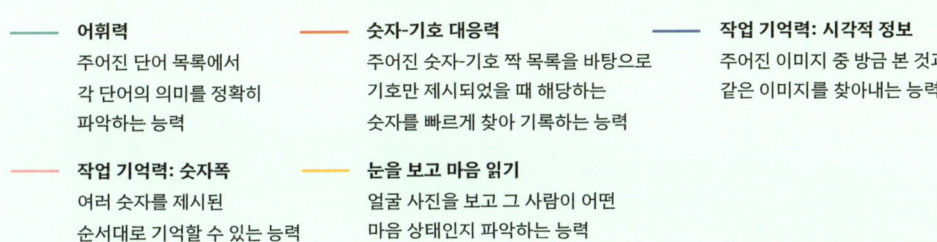

— **어휘력**
주어진 단어 목록에서 각 단어의 의미를 정확히 파악하는 능력

— **숫자-기호 대응력**
주어진 숫자-기호 짝 목록을 바탕으로 기호만 제시되었을 때 해당하는 숫자를 빠르게 찾아 기록하는 능력

— **작업 기억력: 시각적 정보**
주어진 이미지 중 방금 본 것과 같은 이미지를 찾아내는 능력

— **작업 기억력: 숫자폭**
여러 숫자를 제시된 순서대로 기억할 수 있는 능력

— **눈을 보고 마음 읽기**
얼굴 사진을 보고 그 사람이 어떤 마음 상태인지 파악하는 능력

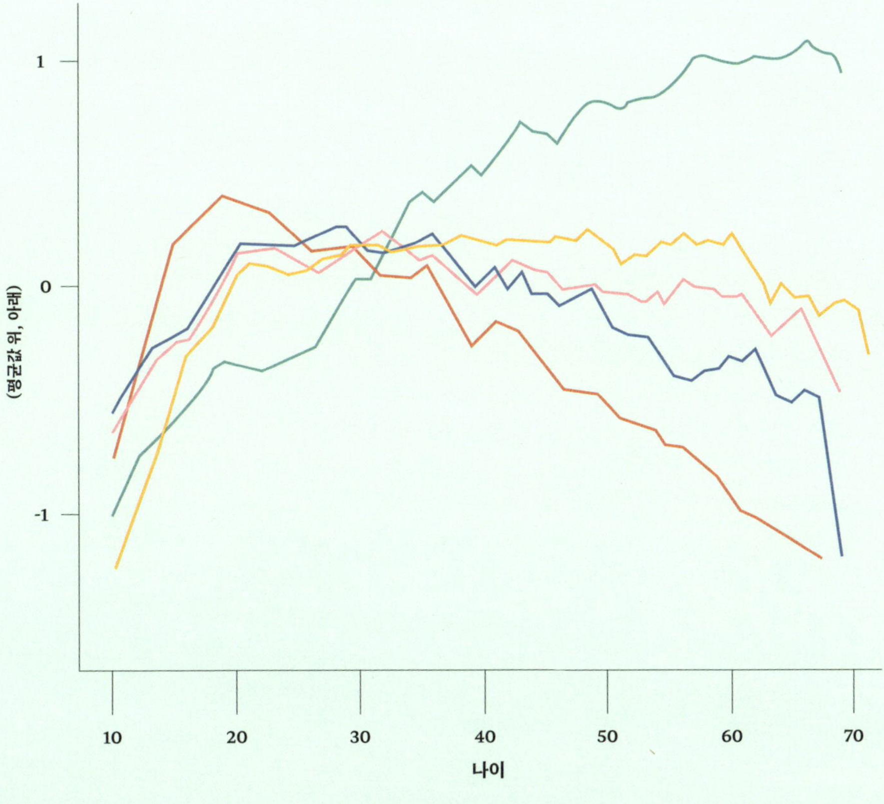

폐경기

여성이 신체, 특히 뇌를 포함한 여러 부위에서 다양한 변화를 겪는 시기다. 폐경기에 겪는 이러한 변화는 때로 부담스럽게 느껴지지만 다양한 치료법이 그 영향을 낮출 수 있다.

40대 중반~50대 초반에 접어든 여성들은 에스트로겐과 프로게스테론 수치가 불규칙하게 변하고 점차 감소하기 시작하며, 생리 주기 또한 불규칙해진다. 폐경 전후기라고 하는 이 시기에는 몇 년 동안 안면홍조, '뇌안개(brain fog)'라고 하는 머리가 멍한 느낌 등 다양한 증상이 나타날 수 있다. 그리고 12개월 연속 생리를 하지 않으면 폐경으로 간주하는데, 보통 50대 초반에 이루어진다.

폐경 증상

폐경기에 접어든 여성은 안면홍조, 머리가 멍한 느낌, 야간 발한, 수면 장애 등을 경험할 수 있다. 집중력과 기억력이 떨어지고, 기분을 조절하기 어려워지기도 한다. 폐경 이후에는 노화 속도가 빨라지며 심장 질환이나 일부 암, 골다공증의 발병률이 증가하는 경향을 보인다. 최근 뇌 영상 연구에 따르면, 폐경기 여성의 뇌에서 일시적이지만 기능에 영향을 줄 수 있는 변화들이 관찰되었다. 그 예로는 회색질과 백색질 부피의 단기적 감소, 기억과 관련된 뇌 영역의 활동 저하 등이 있다.

여성은 남성보다 알츠하이머병에 걸릴 확률이 두 배가량 높다. 이는 평균 수명이 더 길기 때문이기도 하지만 최근 연구에 따르면 폐경이 일부 원인으로 작용할 수 있다고 한다. 아포지단백 E4형 유전자와 같은 알츠하이머에 취약한 유전적 소인을 지닌 여성의 경우 폐경기에 뇌 속 플라크 축적이 더 빠르게 진행된다.

• 폐경기를 거치며 나타나는 뇌 기능의 변화

폐경 전과 폐경 전후기, 폐경기에 있는 여성들의

폐경 전

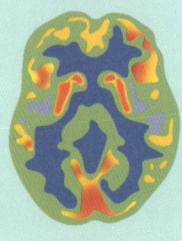

폐경 전 여성의 뇌 영상이다. 이 뇌는 여러 부위, 특히 전두엽의 혈류량이 높은 것으로 나타난다.

폐경 전후기

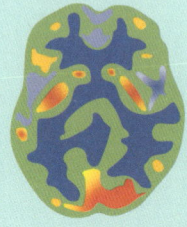

여러 부위에서 혈류가 감소하는 상태다. 특히 전두엽의 혈류 감소가 두드러진다.

다행인 것은 폐경으로 겪는 많은 변화는 일시적이며, 폐경 후 여성의 뇌는 이전 수준의 기능을 다시 회복한다는 사실이다. 이 과정에서 뇌는 혈류를 증가시키고, 대사를 최적화하며, 회색질 부피를 다시 늘리는 방식 등으로 스스로를 보완한다. 아울러 운동을 늘리고 식단을 개선하는 등 생활습관을 바꾸면 폐경기 불쾌한 증상을 완화하는 데 도움이 될 수 있다.

호르몬 대체 요법의 효과

일부 초기 연구에 따르면, 호르몬 대체 요법(HRT)이 알츠하이머병의 유전적 위험 인자를 지닌 여성의 뇌 건강을 향상시키는 데 도움이 된다. 유럽에서 대규모로 진행된 연구에서는 호르몬 대체 요법이 이와 같은 고위험군 여성의 뇌 용적 증가와 인지 기능 향상과 관련이 있는 것으로 나타났다. 반면 유전적 위험 인자가 없는 여성의 경우 이러한 효과가 관찰되지 않았다. 따라서 호르몬 대체 요법이 뇌 건강에 미치는 영향에 대해서는 더 많은 연구가 필요하다.

하지만 모든 연구 결과가 긍정적인 것은 아니다. 덴마크 여성 수천 명을 대상으로 한 관찰 연구에서는 호르몬 대체 요법을 받은 여성의 치매 발생률이 더 높게 나타났으며, 이는 비교적 이른 나이에 치료를 시작하더라도 마찬가지였다.

이와 관련해 호르몬 대체 요법의 효과는 시작 시기에 따라 달라질 수 있다는 가능성도 제기된다. 여러 연구에 따르면 폐경 초기에 호르몬 대체 요법을 시작하면 폐경 증상을 완화하고 뇌 건강을 유지하는 데 도움이 될 수 있다. 반면 한 연구에서는 폐경 후 5년이 지나 호르몬 대체 요법을 시작한 여성에게서는 알츠하이머병 뇌 표지자 수치가 증가한 것으로 나타났다. 따라서 호르몬 대체 요법을 고려할 경우 자신에게 가장 적절한 시작 시점을 의사와 상의하는 것이 중요하다.

폐경 시기가 늦을수록 건강 지표가 더 좋은 경향이 있다는 연구 결과도 있다. 이에 따라 최근에는 폐경의 시작을 늦추는 호르몬 활성제에 대한 연구도 활발히 진행되고 있다.

뇌를 촬영한 영상은 시기별로 뇌 활동 수준이 어떻게 달라지는지 보여 준다.

초기 폐경기

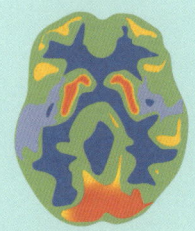

후기 폐경기

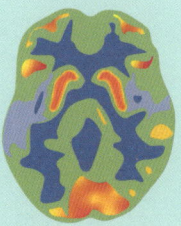

폐경 이후의 뇌를 보여 주는 두 이미지는 뇌 활성도가 상당 부분 회복된 상태임을 보여 준다. 폐경 이전의 뇌와 더 유사한 모습이다.

남성의 갱년기

**중년기에 급격한 호르몬 변화를 겪는 것은 여성만이 아니다.
남성 또한 변화를 겪지만 진행 속도는 훨씬 느리다.**

남성의 테스토스테론은 평균적으로 35세 이후 매년 약 1%씩 서서히 감소한다. 하지만 30세경부터 감소가 시작된다는 연구 결과도 있고, 40세경부터라는 연구 결과도 있다. 이러한 변화를 흔히 '남성 갱년기'라고 하며, 의학적으로는 '후천성 남성 호르몬 결핍' 혹은 '연령 관련 저테스토스테론'이라고 한다. 하지만 남성은 고령이어도 대부분 여전히 의학적으로 '정상' 범위에 속하는 테스토스테론 수치를 유지한다. 실제로 저테스토스테론 범주에 속하는 남성은 약 10~20% 정도에 불과하다.

신체 및 신경학적 변화

그렇다 해도 남성들 또한 중년 이후 변화를 체감하는 경우가 많다. 대표적인 변화로는 성욕 및 성적 활동

• 나이에 따른 남성의 테스토스테론 수치 변화

일반적으로 남성의 테스토스테론 수치는 30세나 40세 이후 매년 약 1~2%씩 감소한다.
처음 수치가 300~1,000ng/dL였다면 이후 140~470ng/dL까지 낮아질 수 있다.

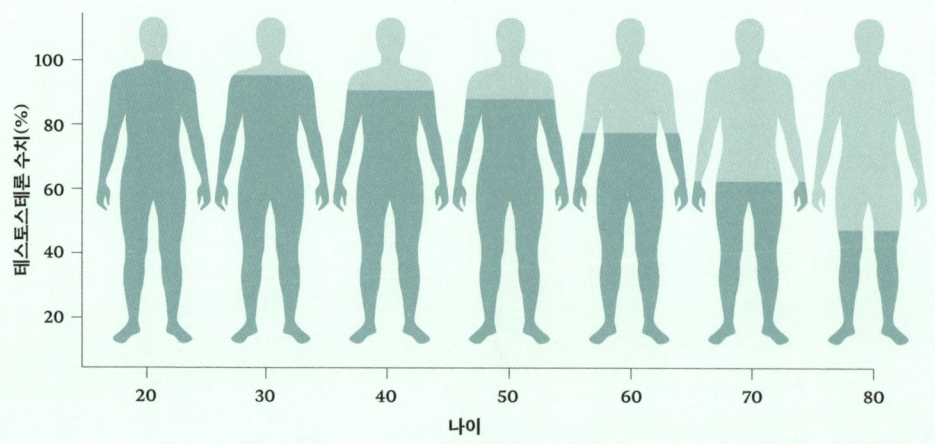

감소, 안면홍조 등이 있으며 골밀도 감소, 근육량 저하, 에너지 및 의욕 저하 등도 관찰된다. 이러한 변화는 특정 약물 복용이나 높은 체질량지수(BMI) 등 다른 원인으로도 발생할 수 있으므로 혈액 검사를 통해 정확한 원인을 확인하는 것이 좋다. 뇌에 관해서는 일부 예비 연구에서 회색질과 백색질, 특정 인지 기능, 특정 신경전달물질의 변화가 있을 수 있다는 결과가 보고되었다. 대체로 남성은 인지 능력이나 기분, 의욕, 전반적인 활력, 심지어 수면 문제 등 다양한 정신적 변화를 경험할 가능성이 높다.

하지만 변화가 모두 부정적인 것은 아니다. 위험 추구 성향이 강한 일부 젊은 남성은 테스토스테론 수치가 감소함에 따라 위험 회피 성향이 증가할 수도 있다. 감정 조절이나 사회적 상호작용이 어려웠던 젊은 남성들에게는 테스토스테론 감소가 오히려 도움이 될 수도 있다.

치료 및 관리법

폐경과 마찬가지로 남성 갱년기 또한 호르몬 치료와 생활습관 개선을 통해 관리할 수 있다. 2018년과 2020년 각각 내분비학회와 미국 내과학회는 성기능 장애가 있거나 저테스토스테론의 징후 및 증상이 확인된 경우 테스토스테론 치료를 권고한 바 있다. 다만 테스토스테론 대체 요법이 비교적 안전한 편이라 해도 반드시 의료진과 상담을 통해 이 치료법이 자신에게 적합한지와 잠재적인 부작용과 위험성은 무엇인지 확인해야 한다.

생활습관을 바꾸면 테스토스테론 저하로 인한 증상을 완화하는 데 큰 도움이 될 수 있다. 적절한 운동과 균형 잡힌 식단, 충분한 수면, 스트레스 관리 등 구체적인 프로그램을 바탕으로 꾸준히 실천하는 것이 중요하다.

이러한 변화가 남성 갱년기로 인해
발생한 것인지, 아니면
단순히 노화 과정의 일부인지는
아직 명확하게 밝혀지지 않았다.

노년의 뇌

**나이가 든다고 해서 반드시 뇌 기능이 저하되는 것은 아니다.
실제로 건강을 잘 유지한다면 일부 능력은 노년기까지도 계속 향상될 수 있다.**

처리 속도와 인지 유연성, 일부 실행 기능 영역은 나이가 들수록 저하되는 경향이 있지만 일부 정신 기능 영역은 오히려 시간이 지남에 따라 향상된다. 실제로 노년기의 뇌가 젊은 뇌보다 더 뛰어난 성과를 보이는 영역도 있다. 예컨대 복잡한 사회적 상황에서 타인의 감정을 정확하게 파악하는 능력과 특정 유형의 문제를 해결하고 의사를 결정하는 능력이다. 결정지능, 즉 평생에 걸쳐 축적된 사실이나 일반 지식, 기술 등을 기억하고 활용하는 능력은 평생 계속 향상되는 경향이 있다.

- **인지 노화의 경로**

유전적·발달적·환경적 요인이나 신체적 외상이 뇌의 노화를 가속할 수 있다(파란색/분홍색 선). 반면 위험 요인이 적거나 외상에 대한 회복력이 있는 사람들은 노화로 인한 뇌 질환이 노년기에 들어서야 나타난다(노란색/회색 선).

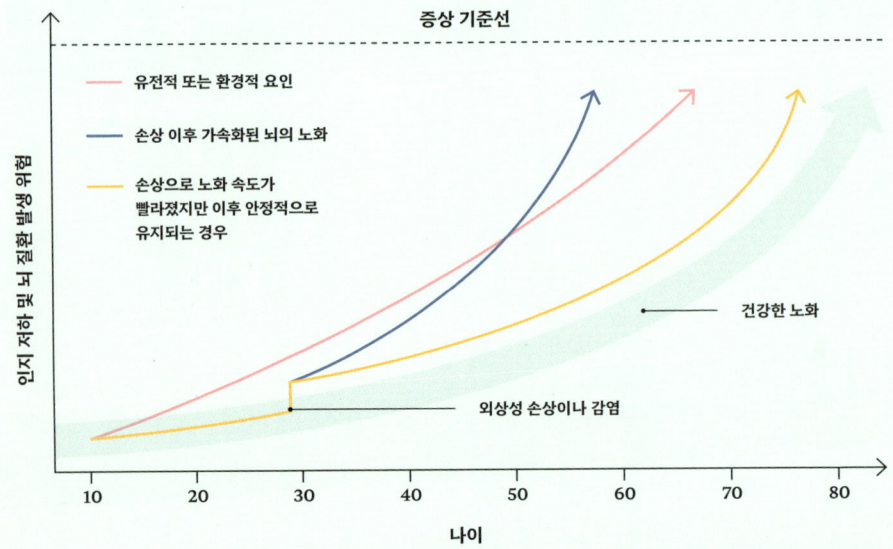

또 다른 긍정적인 소식은 노화는 모두에게 똑같이 나타나는 현상이 아니라는 점이다. 실제로 인지 능력의 개인차는 청년기보다 노년기에 더 크게 나타난다. 어떤 사람들은 나이가 들어도 정신적 예리함이 거의 저하되지 않는다. 수천 명을 대상으로 한 여러 연구에서도 시간이 지나면서 벌어지는 이러한 인지 능력의 차이가 매우 지속적으로 관찰되어, 과학자들은 이 현상을 '노년기 인지 기능의 개인차 확대'라고 설명하기도 했다.

변화를 겪는 노년기의 뇌

노화에 따라 뇌는 구조적 변화와 기능적 변화를 겪게 된다. 그 결과 처리 속도가 느려지고 오류가 발생할 가능성이 커지는 경향이 있다.

먼저 구조적 변화부터 살펴보면, 뇌 영상 연구에서 뇌 용적, 특히 전전두피질이 줄어드는 것이 확인되었다. 이는 신경세포와 신경아교세포의 손실 때문으로 추정된다. 백색질의 양도 감소하는데, 이는 신경세포를 감싸는 지방질 코팅인 수초가 감소해서다.

기능적 변화 측면에서는 뇌로 가는 혈류량이 감소하며, 신경세포 간 신호 전달 방식과 빈도, 속도에도 변화가 생긴다. 시냅스 가소성, 즉 신경세포 간 새로운 연결을 형성하고 기능을 조정하는 능력 또한 나이가 들수록 점차 떨어진다. 아울러 특정 신경전달물질은 시간이 지나면서 분비되는 양이 달라지기도 한다.

뇌가 덜 늙는 비결

80세가 넘어서도 중장년층 수준의 인지 능력을 유지하는 사람들을 '슈퍼 에이저'라고 한다. 이들의 뇌는 전성기와 비교해도 뚜렷한 기능 저하 없이 명석함을 유지한다. 뇌 건강에는 유전적 요인도 일정 부분 영향을 미치지만 개인이 조절할 수 있는 생활습관과 환경적 요인도 중요한 역할을 한다.

비결 중 하나는 신체 전반의 건강을 유지하는 것이다. 외상성 뇌 손상이나 우울증, 기타 정신 건강 문제를 예방하거나 성공적으로 관리한 경우 인지 기능이 더 잘 유지되는 경향이 있다. 인과 관계가 명확해 보이지 않을 수도 있지만 신체의 다른 부위에 의학적 문제가 없는 사람일수록 뇌가 더 건강하게 노화하는 경향이 있다. 즉 당뇨병과 심장 질환을 예방하면 결과적으로 인지 기능 유지에 긍정적인 영향을 줄 가능성이 높다.

혈액 순환계는 전반적인 뇌 건강을 유지하는 데 핵심적인 역할을 한다. 이 때문에 심혈관 질환은 뇌에 특히 치명적일 수 있다. 혈액 순환을 돕는 방법으로는 걷거나 스트레칭하며 쉬기, 압박 스타킹 착용, 등을 바닥에 대고 바로 누워 자기, 정기적인 유산소 운동 등이 있다.

사회적 활동과 지적 활동 역시 뇌 건강에 매우 좋은데 새로운 것을 계속 배우고, 가족과 친구, 직장 및 지역사회에서 의미 있는 역할을 지속적으로 해나가는 것을 의미한다. 실제로 정규 교육 기간이 길거나 평생 학습과 두뇌 활동을 꾸준히 해온 사람일수록 인지 능력이 덜 저하된다고 한다. 따라서 은퇴 후에도 활기차고 적극적인 생활을 이어 나가는 것이 바람직하다.

많이 하는 질문들

아기들은 무슨 생각을 할까?

대부분은 최근에 경험한 신체적 감각과 감정일 가능성이 크다. 아기는 말을 못 하는 데다 뇌 촬영 장치 안에 오랫동안 꼼짝 않고 머물 수 없으므로 이에 대한 증거는 제한적이다. 현재 존재하는 증거는 주로 특수하게 설계된 영유아 전용 장비를 사용한 뇌 영상 연구에서 얻은 것들이다. 연구자들은 아기들이 외부의 어떤 것에 주의를 기울이는지 알아내기 위해 아기의 시선을 하나의 지표로 삼기도 한다. 아기의 나이와 발달 단계에 따라 특정 행동이 그들의 내적 상태나 욕구를 짐작하게 하는 단서가 될 수도 있다. 이러한 행동에는 미소 짓기, 웃기, 침 흘리기, 울기, 주먹을 쥐거나 펴기, 옹알이하기, 끙끙거리기, 손발 움직이기 등이 있다.

•

아기의 뇌 발달에 가장 중요한 비타민은 무엇일까?

임산부는 태아의 신경관 결손 예방을 위해 엽산을 충분히 섭취해야 한다. 비타민 D, 철분, 콜린, 요오드, 오메가-3 지방산도 뇌 발달에 매우 중요하다. 모유 수유를 하는 아기들은 종종 비타민 D도 보충해야 한다. 비타민 D가 추가된 분유가 많긴 하지만 영양 성분표를 보고 함유 여부를 반드시 확인해야 한다. 이유식을 시작한다면 다른 추가 보충제가 필요한지 소아과 의사와 상담하는 것이 좋다.

•

젊은 사람은 지적으로 더 빠르고, 나이 많은 사람은 더 현명하다는 말이 사실일까?

평균적으로는 그렇다. 지적 처리 속도는 20대 초반에 최고조에 이르지만 사회적 판단력과 다양한 형태의 의사 결정 능력은 수십 년 후에 정점을 찍는 경우가 많다. 물론 개인차는 존재한다. 나이 든 사람들보다 뛰어난 통찰력을 지닌 젊은이도 있으며, 반대로 상당히 고령인데도 놀라운 지적 처리 속도를 유지하는 사람들도 있으니 말이다(54~55쪽 참조).

노화는 뇌에 어떤 영향을 미칠까?

일반적으로 성인은 나이가 들면서 '결정지능'이 꾸준히 향상되지만 '유동지능'은 20대 이후 감소하는 경향이 있다. 아울러 40세 전후로 노화의 징후가 뚜렷하게 나타나기 시작하는데, 액체로 채워진 뇌 속 공동(뇌실)의 부피가 커지는 것도 그러한 징후 중 하나다. 또래보다 뇌가 얼마나 건강하게 노화하는지는 환경, 스트레스, 유전, 생활습관 등 다양한 요인에 따라 달라진다.

•

남성, 여성, 성전환자의 뇌는 다르게 작동할까?

그럴 수도 아닐 수도 있다. 개인의 뇌 기능은 각 집단 내에서도 매우 다양하고 차이가 크다. 그러나 평균적으로 보면, 이들 집단은 문제를 해결하는 방식이 서로 다른 편이다. 예를 들어 길을 찾을 때 결국 비슷한 시간에 목적지에 도착하더라도 남성은 동서남북과 같은 방향 중심 정보를 주로 사용하는 반면, 여성은 시계탑이나 큰 나무 같은 눈에 띄는 지형지물을 기준으로 방향을 잡는 경향이 있다. 뇌 영상 연구에서도 이러한 행동 차이를 반영하듯 서로 다른 뇌 회로가 활성화되는 것으로 나타난다.

•

갱년기에 겪는 뇌안개, 즉 정신이 멍한 상태를 완화하는 방법은?

호르몬 대체 요법이 도움이 될 수 있다. 이 시기 여성에게 흔히 나타나는 갑상선 질환 같은 의학적 문제도 뇌안개와 유사한 증상을 일으킬 수 있으므로 반드시 의료진과 상담해 정확한 원인을 확인하는 것이 중요하다. 아울러 생활습관을 조금 바꾸는 것만으로도 큰 효과를 기대할 수 있다. 유산소 운동을 늘리고, 잠은 충분히 자야 한다. 스트레스를 적절히 관리하고, 영양 결핍 여부도 점검해 보자(78~79쪽 참조). 가공식품을 줄인 항염증 식단을 실천하는 등 몇 가지 예방적 조치도 뇌안개 완화에 도움이 될 수 있다. 갱년기에 대한 내용은 50~51쪽, 뇌안개는 116쪽에서 확인하라.

Chapter 3

나의 뇌 건강 알아보기

뇌 건강 자가 진단

본격적으로 뇌 건강을 유지하는 법을 살펴보기 전에
먼저 10분 정도 시간을 내어 현재 자신의 뇌 건강 상태를 점검해 보자.

자신의 뇌를 이해하고, 현재 얼마나 잘 기능하고 있는지 파악하는 것은 매우 의미 있는 일이다. 다음의 열 가지 주제에 대해 제시된 문장을 읽고, 자신의 뇌 능력이 평소에 어떤지 떠올리며 동의하는 정도를 표시한다. 최근 30일이나 3개월처럼 자신에게 맞는 평가 기준 기간을 정해 기록하면 도움이 된다.

이 평가는 의학적 진단이 아닌 교육을 목적으로 한 것이다. 기본적으로 검사를 받는 사람의 뇌가 건강한 상태라는 것을 전제로 하며, 뇌 기능을 더욱 향상시킬 수 있는 기회를 찾는 데 도움을 줄 수 있다. 걱정되는 부분이 있다면 반드시 의사와 상담한다.

다음 문항에 대한 답변은 아래와 같은 기준에 따라 선택한다.

1점: 거의 그렇지 않다.
2점: 절반 정도 그렇다.
3점: 자주 그렇다.
해당 없음: 잘 모르거나 해당 사항이 없다.

1. 인지 기능 주의력, 학습 능력, 기억력, 의사 결정 능력, 문제 해결 능력, 판단력과 관련된 사항	a. 필요할 때 집중할 수 있다.
	b. 필요할 때 배울 수 있다.
	c. 필요한 것을 기억해낼 수 있다.
	d. 의사 결정을 잘 할 수 있다.(예: 논리적으로)
	e. 문제가 생기면 잘 해결할 수 있다.(예: 신속하게)
	f. 적절하게 판단할 수 있다.(예: 사회적 상황 등에서)
	g. 상황에 맞춰 체계적으로 정리하고 계획할 수 있다.

2. 자율신경계 기반 기능 낮 동안 맑은 정신 상태 유지하기, 숙면 취하기, 별 탈 없이 만족스럽게 먹고 마시기, 충분한 에너지 유지하기	**a.** 육체적, 정신적 에너지가 충분하다.
	b. 필요할 때 정신이 맑고 또렷하다.
	c. 충분히 잘 잔다.
	d. 잠들고 깨는 데 어려움이 없다.
	e. 식사를 잘 한다. 식후에 만족감을 느끼고 다음 식사 때까지 충분히 포만감을 유지할 수 있다. 불편을 주는 통증이나 다른 증상이 없으며, 배고픔을 느끼고 해결할 수 있다.
	f. 수분 섭취를 잘 하고 있다. 깨끗한 물을 충분히 마시고, 하루에 몇 차례 연한 노란색 소변을 본다.
3. 사회적 관계의 건강성 및 사회적 기능 외로움을 느끼는가? 인간관계에 만족하는가? 더 큰 조직이나 공동체 안에서 내 위치는 어떠한가?	**a.** 나는 외롭지 않다.
	b. 인간관계에 만족한다.
	c. 나의 공동체나 인적 네트워크에 만족한다.
	d. 아프거나 다치면 누군가 알고 돌봐 줄 것이다. 도움이 필요하면 연락할 사람이 있다.

4. 감각 및 지각 기능 주변 세계와 자기 내부에서 오는 물리적 자극을 정확하고 신속하게 처리하는 능력	a. 시각적으로 세상을 인지하는 데 어려움이 없다.
	b. 소리를 듣는 데 어려움이 없다.
	c. 촉각이 충분히 잘 유지되고 있다.
	d. 맛을 보는 데 어려움이 없다.
	e. 냄새를 맡는 데 어려움이 없다.
5. 신체 이동 기능 대근육과 소근육이 원하는 대로 움직이며, 의도한 방향과 방식으로 원하는 속도와 균형을 유지하며 움직일 수 있다.	a. 대근육과 소근육이 내 마음대로 움직인다.
	b. 빠르고 유연하게 마음껏 움직일 수 있다.
	c. 실수로 넘어지거나 자신이나 다른 사람을 다치게 하지 않는다.
6. 언어 기능 원하는 대로 의사소통하고 다른 사람을 이해할 수 있는 능력	a. 다른 사람들이 내가 하는 말을 이해한다.
	b. 다른 사람들이 내가 쓴 글을 이해한다.
	c. 나는 다른 사람들이 말하는 내용을 이해한다.
	d. 나는 일상생활에 필요한 것을 읽고 이해한다.
7. 공간, 물건, 시간 관리 능력 공간을 잘 파악하고 이동하기, 시간 엄수하기, 체계적으로 정리하기	a. 목적지에 제시간에 도착할 수 있다.
	b. 내 공간에서 필요한 것을 찾을 수 있다.
	c. 시간 관리를 잘 해서 할 일을 제시간에 끝낼 수 있다.

8. 감정 및 충동 조절 능력 기분 조절, 동기 부여, 삶의 목적의식, 회복 탄력성, 스트레스 관리	**a.** 상황에 맞게 감정이나 기분을 조절할 수 있다.
	b. 일상생활을 해나갈 충분한 동기를 느낀다.
	c. 삶의 목적의식을 느낀다.
	d. 좌절을 겪은 후 자신을 추슬러 일어설 수 있는 정서적 역량을 갖추고 있다.
	e. 스트레스를 관리하는 법을 알고 있다.
9. 수와 공간 감각 수량, 방향, 공간을 이해하고 능숙하게 다루기	**a.** 한 숫자가 다른 숫자보다 크다는 것을 직관적으로 이해할 수 있으며, 이는 일상생활 속에서 판단을 내리는 데 도움이 된다.(예: 물건 가격 비교하기, 물건 무게 가늠하기 등)
	b. 사물이 어느 방향에 있는지 직관적으로 파악할 수 있으며, 이는 길을 찾는 데 도움이 된다.
	c. 사물의 상대적 크기를 잘 파악할 수 있다.(예: 여행 가방을 싸거나 자동차 트렁크에 여러 가지 물건을 넣을 때)
10. 전반적인 건강 상태 감기, 감염, 기침, 알레르기, 바이러스 및 세균 감염 위험성	**a.** 자주 아프지 않다.
	b. 생활에 큰 지장을 주는 만성 질환을 앓지 않는다.
	c. 심장과 폐 건강이 양호하다.

채점 방법: 각 문항의 점수를 합산한다. '해당 없음'으로 답한 항목은 계산에서 제외되며, 이에 따라 총점과 점수 해석 기준도 함께 조정된다.

43~71점: 뇌 건강에 주의를 더 많이 기울여야 한다. 점수가 높은 인지 영역을 활용해 점수가 낮은 영역을 보완하는 것이 좋다.

72~100점: 전반적으로 뇌 기능이 잘 관리되고 있다. 다만 3점 미만을 받은 항목이 있다면 주의를 기울여야 한다.

101~129점: 뇌가 매우 건강하다. 이렇게 건강한 뇌 기능을 다른 사람들의 뇌 건강을 돕는 데 활용해 보는 것이 좋겠다.

가족과 개인의 뇌 건강 이력

특정 질병의 발병 위험을 높이는 유전적 요인이나 개인적 요인이 있다는 사실을 알고 있다면 해당 질병에 걸릴 가능성을 줄이기 위한 조치를 할 수 있다. 가족의 건강 이력표를 만들고 개인의 뇌 건강 연대표를 작성해 보면 뇌 건강 유지에 도움이 될 것이다.

가족의 건강 이력 알아보기

가족의 정신 건강 문제나 뇌 질환 이력을 파악하면 자신의 뇌 건강을 이해하는 데 도움이 될 수 있다. 일부 질환과 건강 문제는 유전되기도 하기 때문이다. 부모와 조부모, 부모의 형제자매, 자신의 형제자매, 다른 친척들의 건강 이력을 조사해 전체적인 그림을 그려 보는 것이 좋다.

조사는 조심스럽게 해야 하지만 학교생활의 문제, 대인관계나 개인적인 어려움, 약물 남용과 같은 부분도 함께 알아보는 것이 바람직하다. 학습 차이나 정신 건강 문제 역시 가족력이 있을 수 있다. 이에 관한 더 많은 예시는 7장에서 확인할 수 있다.

가족의 건강 정보를 정리할 때는 빠진 사람 없이 질문했는지 확인할 수 있도록 가족 관계도를 그려 보는 것이 좋다.

자신의 건강 이력

이렇게 수집한 정보를 의사와 공유하면 예방을 목표로 한 맞춤 진료를 받을 수 있는 길로 들어설 수 있다. 또한 이를 계기로 현재의 식습관이나 운동, 기타 생활습관을 개선할 동기가 생기기도 한다.

어린 시절에 일어난 특정 사건이 확실히 기억나지 않으면 당시 함께 있었던 가족이나 친구들에게 확인해 보는 것이 좋다. 예를 들어 머리를 부딪친 사고가 있었다면 사고를 목격한 사람들에게 그때 자신이 의식을 잃었는지, 부상이 얼마나 심각했는지 등을 자세히 물어보아야 한다. 현재 자신의 행동이나 성격이 궁금하다면 가족이나 친구들에게 의견을 구해 보는 것도 도움이 된다. 단 가족 중 한 사람의 기억에만 의존하지 말고 여러 사람에게 물어보는 것이 좋다. 그렇게 하면 보다 포괄적이고 세밀한 실질적인 정보를

• **뇌 건강 가계도**

가족 내에 있을 수 있는 정신 건강 또는 뇌 건강의 문제를 조사해 보자. 이런 정보를 알고 있으면 자신이나 가족에게 나타날 수 있는 증상을 최대한 빨리 알아차릴 수 있다.

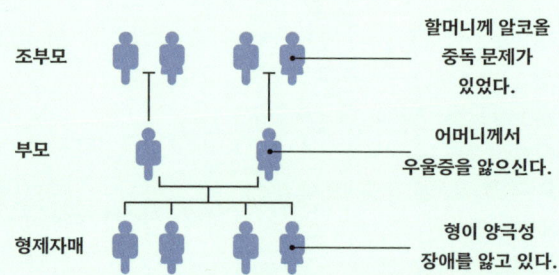

얻을 수 있다. 어떤 내용을 확인할지는 이 책에서 다룬 주제들을 참고해 정하면 된다.

나의 뇌 건강 연대표 그리기

뇌 건강에 관한 연대표를 만들어 관련 정보들을 정리해 보자. 뇌를 보호하는 데 도움이 된 긍정적인 사건들과 장기적으로 뇌 건강을 해칠 가능성이 있는 부정적인 사건들을 양쪽으로 나누어 기록한다. 긍정적인 사건에는 오랜 친구를 만났던 일, 의미 있는 시험에 합격했던 일, 전반적인 건강 상태가 특히 좋았던 시기 등이 있을 수 있다. 부정적인 사건으로는 걱정스러운 증상이 시작된 시기, 사고를 당한 경험, 뇌 건강과 관련된 진단을 받았거나 치료를 시작하기 바로 직전이 언제였는지를 기록하면 된다. 이와 같이 좋았던 때와 나빴던 때를 한눈에 살펴보면, 뇌 건강을 지키는 데 있어 자신에게 가장 적합한 생활습관의 변화가 무엇인지 찾아낼 수 있다.

자신과 가족에 대한 조사를 진행할 때는 이 과정이 쉽지 않을 수 있으며, 세심한 접근이 필요하다는 점을 명심해야 한다. 정보를 얻기 위해 질문을 하다 보면 때때로 힘든 감정을 건드리거나 민감한 대화를 해야 할 수도 있기 때문이다. 따라서 의사나 치료사와의 상담을 통해 이 과정을 진행하면 적절한 질문을 고르고, 그것을 친절하게 물어보고 유익한 정보를 얻는 데 큰 도움이 될 것이다.

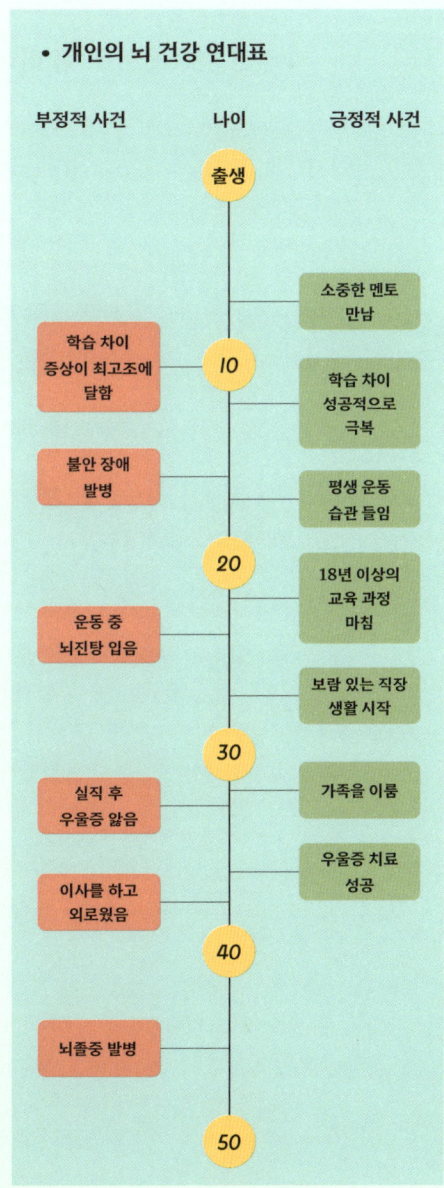

많이 하는 질문들

뇌 건강 설문에서 71점 이하가 나왔는데, 걱정할 일일까?

이번 결과에 신경이 쓰인다면 너무 걱정하지 말고 의사나 전문가와 상담해 보자. 그렇지 않다면 이번 기회를 뇌 건강을 더 챙기는 좋은 계기로 삼으면 된다. 이 설문지는 최상의 뇌 건강을 위한 습관이 어떤 것들인지 보여 주기 위해 기준을 꽤 높게 잡아두었다. 4장 92쪽에 소개된 일일 점검표를 참고해 작은 일이라도 실천할 수 있는 것부터 시작해 보자.

●

자신의 뇌가 건강한지 어떻게 알 수 있을까?

일상생활을 무리 없이 해내고 몸 상태도 전반적으로 괜찮다면, 뇌도 잘 기능하고 있을 가능성이 높다. 더 궁금한 점이 있거나 뇌를 한층 더 건강하게 관리하고 싶다면, 뇌 건강 설문지를 다시 해보자. 이 설문은 인지력과 정서, 사회적 건강, 뇌에 좋은 생활습관까지 스스로 점검해 보는 데 도움이 된다. 혹시라도 걱정되는 부분이 있다면 즉시 의사나 치료사를 찾는다.

●

외로움은 뇌에 나쁜 영향을 줄까?

그럴 수 있다. 외로움이 오랫동안 해소되지 않고 계속되면 뇌에도 부정적인 영향을 미칠 수 있다. 지속적인 외로움과 그와 함께 나타날 수 있는 우울감은 감정 조절을 담당하는 뇌 앞부분의 신경망에 변화를 일으킬 수 있다. 연구에 따르면, 뇌의 신경가소성이 줄어들고 기억을 담당하는 해마와 같은 주요 부위의 활동도 감소하는 경향이 있다고 한다. 사회적 건강에 대해서는 80~81쪽을 참조하라.

가끔 받는 스트레스도 뇌에 영향을 미칠까?

그렇다. 하지만 꼭 나쁜 영향만 주는 것은 아니다. 스트레스가 뇌에 미치는 영향은 좋은 방향과 나쁜 방향 모두가 될 수 있다. 급성 스트레스 중 어떤 것은 오히려 뇌에 도움이 되기도 한다. 이런 스트레스를 '긍정적 스트레스(eustress)'라고 한다(84~85쪽 참조). 긍정적 스트레스는 자신의 능력을 약간 넘어서는 도전에 직면했을 때 희망을 품고 낙관하는 상태를 말한다. 하지만 끊임없이 도전이 이어지면서 충분히 쉬거나 회복할 시간이 없는 만성 스트레스 상태는 대체로 뇌 건강에 좋지 않다.

•

부모나 형제자매, 조부모가 뇌 질환을 앓았다면 나도 걸리게 될까?

꼭 그런 것은 아니다. 외상성 뇌 손상(TBI), 뇌 감염, 독소 노출 등은 유전과 관계가 없다. 파킨슨병처럼 유전적 요인이 조금 더 작용하는 뇌 질환도 있지만 약물 치료나 생활습관 개선을 통해 발병률을 낮추거나 삶의 질을 높일 수 있다.

•

학교에서 괴롭힘을 당한 적이 있는데, 이것도 뇌 건강 연대표에 넣어야 할까?

그렇다. 괴롭힘을 당한 경험은 심리적 외상이 될 수 있으며 수치심이나 무력감, 외로움, 우울감 같은 감정을 유발할 수 있다. 이러한 감정들은 모두 뇌 건강에 부정적인 영향을 미친다. 하지만 드물게 주변의 든든한 지지를 받으며 건강하게 대처하는 사람들은 단순한 회복을 넘어 '외상 후 성장(PTG)'을 경험하기도 한다. 이들은 외상 사건을 부정하거나 긍정적인 일처럼 포장하지 않으며, 그 경험을 통해 삶을 바라보는 관점이 달라졌고, 삶의 의미를 더 깊이 생각하게 되었으며, 일상에 감사하는 마음과 개인적 강점이 커졌다고 말한다. 만약 외상 후 성장을 경험했다면 그것 역시 연대표에 긍정적인 사건으로 꼭 기록해 두자(65쪽 참조).

Chapter 4

건강한 뇌를
위한 습관

수분 섭취

뇌의 약 73%는 물로 이루어져 있다. 그러므로 매일 물을 너무 많이 마시거나 지나치게 적게 마시면 뇌 기능에 큰 영향을 줄 수 있다는 것은 그리 놀라운 사실이 아니다.

이상적인 수분 섭취량

수분 섭취량에 대해서는 그동안 다양한 경험적 기준들이 제시되어 왔지만 전 세계 수천 명을 대상으로 한 최근 여러 연구에 따르면, 하루 적정 섭취량은 개인차가 크다고 한다. 과거 미국 국립과학·공학·의학아카데미(NASEM)에서는 여성은 하루 약 2.7리터, 남성은 약 3.7리터를 섭취해야 한다고 발표했다. 미국 스포츠의학회(ACSM)는 운동 시 30분마다 물 350밀리리터를 추가로 마실 것을 권장했다. 하지만 최근의 저명한 연구들은 보다 행동을 기반으로 한 접근 방식을 제안한다.

내 몸에 얼마나 많은 수분이 필요한지 알아보려면 소변 색을 관찰하는 것이 중요하다. 소변이 맑거나 옅은 노란색이면 수분이 충분하다는 뜻이고 짙은 노란색이나 주황색, 갈색, 탁한 경우에는 수분이 부족하다는 신호다.

물을 너무 적게 혹은 너무 많이 마신다면

물을 너무 적게 마시면 에너지 수준이 떨어진다. 두통이 생기고, 집중력이 떨어지며, 문제 해결력과 학습력, 기억력에도 문제가 생긴다. 아울러 기분이 가라앉거나 짜증이 늘고, 감정 기복이 심해질 수도 있다. 그런데도 계속 수분을 보충하지 않으면 결국 의식을 잃거나 생명까지 위험해질 수 있다.

물을 너무 많이 마시면 체내 전해질 농도가 지나치게 낮아져 뇌의 화학 작용이 제대로 이루어지지 않는다. 그 결과 메스꺼움, 정신적 혼란, 어지럼증, 두통 등이 나타날 수 있으며 심한 경우 발작이나 혼수상태에 이를 수도 있다. 이런 증상은 드물지만 짧은 시간 안에 지나치게 물을 많이 마셨을 때 발생할 수 있다.

수질의 중요성

물은 마시는 양뿐만 아니라 질도 매우 중요하다. 과도한 세균과 기생충, 바이러스가 없는 깨끗한 물을 마시면 피로와 뇌안개, 기타 뇌 건강에 영향을 줄 수 있는 여러 문제로부터 자신은 물론 때로는 태아의 뇌 건강까지 지킬 수 있다.

납과 같은 중금속이나 농약, 염소, 염소 처리 부산물 등이 섞인 물은 인지 능력과 기분 전반에 부정적인 영향을 줄 수 있다. 이 역시 임신 중일 경우 아이의 뇌 발달에 영향을 줄 수 있다. 특정 미네랄이 과도하게 함유된 물도 피하는 게 좋다. 실제로 최근의 대규모 연구에서는 임신 중 불소를 과도하게 섭취하면 이후 남아의 인지 기능에 부정적인 영향을 줄 수 있다는 결과가 나오기도 했다.

수돗물을 마시고 있다면 지자체나 행정기관을 통해 거주지의 수질 정보를 확인하거나 인터넷에서 검색해 볼 수 있다.

개인 지하수를 사용하는 경우에는 오염 가능성이 더 높으므로 수질 검사를 더 자주 받아야 한다. 집이나 학교, 직장에서 사용하는 물은 공인 검사기관에 시료를 보내 특정 오염물질을 분석할 수 있으며, 필요한 경우 정수 필터나 역삼투압 시스템, 정수기 등을 활용하면 수질을 개선하거나 보완할 수 있다.

• **탈수와 수분 회복 상태가 뇌 조직 내 체액에 미치는 영향**

뇌는 대부분 물로 이루어져 있어 탈수 상태가 되면 부피가 줄어든다. 다음 MRI 뇌 영상은 건강한 참가자들의 뇌를 정상적인 수분 상태, 12시간 동안의 탈수 상태, 1시간에 걸쳐 수분을 다시 보충한 상태로 나누어 비교한 것이다. 영상을 보면 대뇌피질의 두께 변화를 확인할 수 있다.

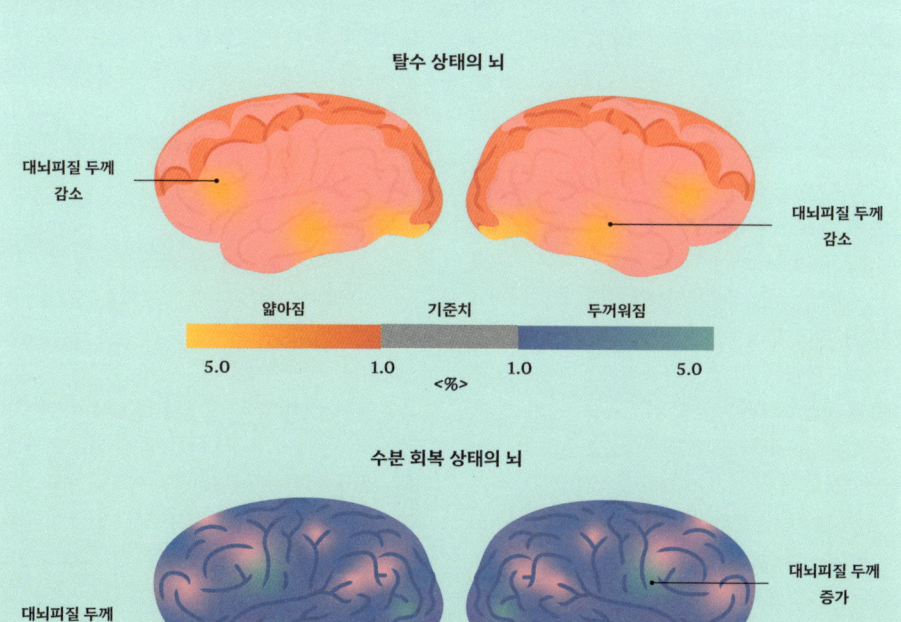

수면

잠을 잘 자야 한다는 것은 누구나 아는 사실이다. 잠을 자는 동안 뇌는 몸과 마음을 회복시키고 각종 정보를 정리해 다음 날 아침 개운하게 깨어날 수 있게 한다.

수면은 크게 렘(REM)수면(빠른 안구 운동 수면)과 비렘수면으로 나뉘며, 비렘수면은 다시 세 단계로 구성된다. 우리는 보통 하룻밤에 렘수면과 비렘수면을 약 4~6회 주기적으로 오가며, 단계마다 서로 다른 기능들이 수행된다. 렘수면은 절차적 기억의 정리와 감정 처리, 창의적인 문제 해결과 밀접한 관련이 있는 것으로 알려져 있다. 비렘수면은 그 외의 기억을 정리하고 손상된 신체의 회복과 재생을 담당한다.

이상적인 수면 시간

권장 수면 시간에 따르면 우리는 인생의 약 3분의 1을 잠을 자며 보내야 한다. 성인의 경우 하루 최소 7시간 이상, 신생아는 약 17시간, 청소년은 8~10시간 정도 자야 한다. 여름철 서머타임 시행으로 시계를 1시간 앞당기면 수면 부족이 우리 몸에 얼마나 큰 영향을 주는지 실감할 수 있다. 실제로 그 다음 날에는 사고나 심장마비, 뇌졸중 등으로 병원을 찾는 사람들이 늘어난다는 통계가 있다.

수면 부족이 심해질수록 그 영향은 점점 자각하기 어려워진다. 늘 잠이 부족한 사람은 자신의 일 처리 속도나 기분 조절, 단기 기억력, 판단력이 얼마나 떨어졌는지 잘 느끼지 못하는 경우가 많다. 규칙적인 수면 습관 역시 매우 중요하다. 잠드는 시간과 기상 시간이 들쭉날쭉하면 사고력과 판단력을 포함한 정신 기능에 부정적인 영향을 줄 수 있다.

수면에 있어 또 다른 어려움은 야행성인 사람이 억지로 아침형 생활을 해야 한다거나 그 반대의 상황에서 발생한다. 최근에는 수면 성향으로도 알려진 '크로노타입'이 유전적이고 신경학적인 특성에 기반을 둔다는 사실이 밝혀지고 있다. 문제는 현대 사회의 생활 리듬이 대부분 아침형 인간에 맞춰져 있다는 것이다. 이로 인해 전체 인구의 약 40%를 차지하는 극단적인 야행성 성향의 사람들은 만성적인 수면 부족에 시달리기 쉽다. 이들은 밤늦게야 잠이 드는데, 몸이 아직 덜 준비된 상태에서 아침 일찍 일어나야 하기 때문이다.

야행성 인간은 게으르다는 오해

성인이 된 후 어떤 수면 성향을 지니게 되든 10대 청소년의 뇌는 생물학적으로 야행성에 더 가깝다. 이것은 선택의 문제가 아니라 자연스러운 발달 단계에 따른 것이다. 최근 전 세계적으로 학교의 등교 시간을 조사한 연구에 따르면, 등교 시간을 1시간 이상 늦춘 학교에서 사춘기 학생들의 성적이 눈에 띄게 향상되었고, 이유 없이 자주 결석하는 일도 줄어드는 효과가 나타났다.

게다가 2만 6,000명을 대상으로 한 대규모 연구에서는 야행성 성인이 아침형 성인보다 다양한 인지

• 밤사이 수면 단계의 주기

다음 그래프는 우리가 매일 밤 경험하는 수면이 어떤 단계로 변화하는지 보여 준다. 이때 수면 단계가 얼마나 오래 지속되는지는 개인의 나이, 건강 상태, 평소 수면 습관 등에 따라 달라질 수 있다.

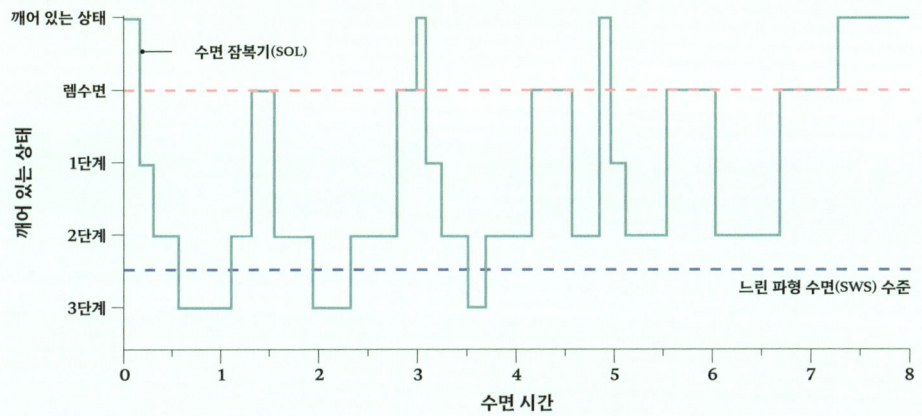

과제에서 평균적으로 더 나은 성과를 보였다는 결과도 있었다. 그러나 현재와 같이 고정된 낮 시간 중심의 사회적 스케줄 속에서 수면 부족에 시달리는 야행성 성향의 사람들은 그렇지 않은 사람들보다 사망 위험이 약 10% 더 높다는 연구 결과도 있다.

연령대에 따라 달라지는 뇌의 수면 특성을 이해하지 못하고 야행성 인간이 게으른 것이 아니라 단지 수면 리듬이 다른 사람일 뿐이라는 사실을 받아들이지 않으면 결국 전 세계적으로 적지 않은 인구 집단이 체계적으로 저평가되고 소외되는 일이 지속되는 것이다. 그러나 등교 시간 조정 실험에서 확인된 긍정적인 변화와 원격 근무가 열어 준 새로운 가능성은 우리 사회가 획일적인 일상의 시간표에서 벗어나 개인의 생체 리듬을 존중하는 보다 유연하고 공정한 일상으로 나아가는 데 밑거름이 될 수 있을 것이다.

꿈에 대한 과학적 설명

최근 스탠퍼드대학교와 UCLA 연구진이 '방어적 활성화 이론'이라는 새로운 가설을 제시했다. 이 이론에 따르면, 꿈은 시각피질이 밤사이 인접한 뇌 영역에 의해 점유 당하지 않기 위해 스스로 활성화됨으로써 기능을 유지하려는 일종의 방어적 활동이라는 것이다. 뇌는 '사용하지 않으면 소실된다'라는 원리를 매우 충실히 따르기 때문에 어떤 영역이 사용되지 않으면 이웃한 영역이 그 기능을 서서히 대체하게 된다. 밤에 눈을 감고 외부 자각이 차단되면 시각피질은 활동을 멈추게 되는데, 이때 시각피질이 외부 입력 없이도 시각 정보를 처리하는 활동, 즉 꿈꾸기를 통해 자신의 기능을 유지하도록 진화했을 가능성이 있다는 설명이다.

자연광과 인공광

우리는 블루라이트가 해롭다는 말을 자주 듣는다. 밤에 우리를 깨어 있게 하고,
수면을 방해하며, 하루주기 리듬을 해친다고 말이다. 이는 모두 사실이다.
그런데 그게 다가 아니라면?

블루라이트는 햇빛의 핵심 구성 요소다. 수십만 년에 걸쳐 우리의 뇌는 낮, 특히 아침 시간에 햇빛을 받는 것을 당연한 것으로 인식하도록 진화해 왔다.

뇌에 영향을 주는 빛

빛이 망막에 닿으면 이 자극은 뇌의 시상하부에 위치한 시교차 상핵(SCN)으로 전달된다. SCN은 하루의 활동을 준비하며 수면-각성 주기, 체온, 특정 호르몬의 분비 등 다양한 생리 기능을 조절하는 역할을 한다. 그런데 블루라이트는 수면을 유도하는 호르몬인 멜라토닌의 분비를 억제하는 데 기여하며, 효과는 카페인과 유사하다. 실제로 프랑스에서 진행된 한 연구에서는 밤새 장거리 운전을 한 운전자들을 대상으로 블루라이트를 쬔 집단과 카페인을 섭취한 집단을 비교한 결과 졸음으로 인한 실수 발생률이 유사한 수준으로 나타났다.

블루라이트는 하루 중 적절한 시간대에 적절한 강도로 사용하면 매우 유익하다. 각성을 돕는 것은 물

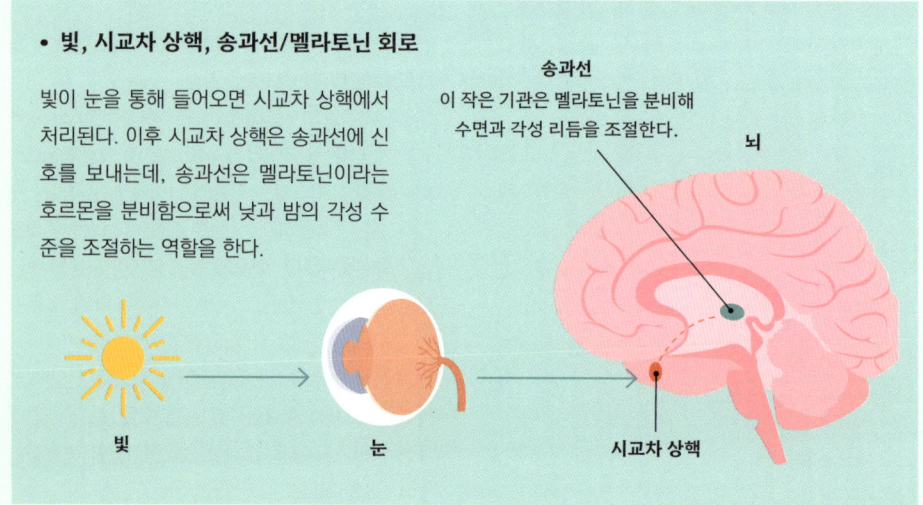

● 빛, 시교차 상핵, 송과선/멜라토닌 회로

빛이 눈을 통해 들어오면 시교차 상핵에서 처리된다. 이후 시교차 상핵은 송과선에 신호를 보내는데, 송과선은 멜라토닌이라는 호르몬을 분비함으로써 낮과 밤의 각성 수준을 조절하는 역할을 한다.

송과선
이 작은 기관은 멜라토닌을 분비해 수면과 각성 리듬을 조절한다.

뇌

빛   눈   시교차 상핵

론, 인지 능력과 기분까지 개선하는 효과가 있기 때문이다. 이는 생산성 측면에서 반가운 소식이다. 나아가 특정 형태의 우울증을 겪는 이들에게도 블루라이트는 도움이 될 수 있다. 예를 들어 광도 1만 럭스 수준의 빛을 쬐면 계절성 정동 장애에 효과적인 것으로 나타났다.

시기여서 빛에 지나치게 많이 노출되면 증상이 악화될 가능성이 있기 때문이다.

교대 근무자 역시 하루주기 리듬이 심각하게 교란되기 쉬운 집단이다. 이 경우 근무 중에는 블루라이트를 사용해 각성 상태를 유지하는 것이 도움이 되겠지만 근무하지 않을 때 잠을 잘 자려면 붉은빛이나 어두운 빛으로 바꾸는 것이 좋다.

빛과 건강

최근 여러 연구에 따르면 빛에 의해 하루주기 리듬이 교란되면 신경퇴행성 질환이 발병하는 데 영향을 미친다(26쪽 참조). 특히 하루주기 리듬이 흐트러지면 알츠하이머병에서 나타나는 플라크 축적이 촉진될 수 있다는 연구 결과도 있다.

초기 단계의 여러 연구에서는 특정 고주파 빛에 노출되었을 때 뇌가 덜 위축되고 인지 기능이 개선되는 유의미한 효과가 관찰되기도 했다. 또한 알츠하이머병과 치매를 포함한 일부 신경퇴행성 질환과 비타민 D 결핍 사이의 연관성도 보고된 바 있다. 비타민 D는 햇빛에 노출되었을 때 생성되기 때문에 비타민 D가 결핍되었다면 햇빛을 충분히 받지 못해서일 수 있다.

빛을 이용한 치료는 사람에 따라 다르게 적용해야 하므로 시도하기 전에 반드시 전문가와 상의해야 한다. 예를 들어 고령자는 젊은 사람보다 밝기가 강한 빛을 받아야 하루주기 리듬을 효과적으로 조절할 수 있다. 또한 안구 질환이 있거나 눈이 민감한 사람은 의사와 상담해 안전하게 노출될 수 있는 빛의 범위를 정하는 것이 바람직하다. 양극성 장애(조울증) 진단을 받은 사람처럼 조증 경향이 있는 경우에도 전문가와 상의해야 한다. 실제로 여름철은 조증 발현이 잦은

> ● 빛과 친구 되기 ●
>
> 아침에 약 15~30분간 햇볕을 쬐는 것만으로도 신체 리듬을 아침 시간에 맞춰 조정하는 데 도움이 된다. 특히 눈동자가 밝은색인 사람은 어두운색인 사람보다 햇빛에 덜 노출되어도 같은 효과를 얻을 수 있는데, 이는 멜라닌 색소가 더 많은 어두운색 눈이 햇빛에 덜 민감하기 때문이다. 햇빛을 받을 수 없는 환경이라면 책상 크기의 광선치료 기기를 사용하는 것도 빠른 효과를 볼 수 있는 방법이다. 또는 작업 공간을 밝게 하는 것도 도움이 된다. 이렇게 하면 낮 시간의 각성도와 인지 능력, 기분을 최적화할 수 있다. 조명의 밝기는 1,000~2,000럭스 정도가 이상적이다. 수면의 질을 높이려면 잠들기 최소 1~2시간 전부터 블루라이트를 피하는 것이 좋다. 조명을 조절할 수 없다면 취침 몇 시간 전부터 블루라이트 차단 안경을 쓰는 것도 좋은 방법이다.

피해야 할 것들

지금까지 우리는 뇌 건강을 구성하는 여러 요소와 우리가 어느 정도 조절할 수 있는 생활습관들에 대해 살펴보았다. 그러나 여기에 더해 환경적 요인과 사회적 요인들 역시 뇌 건강을 유지하기 위해 반드시 함께 고려해야 할 중요한 요소들이다.

뇌 건강과 기능에 부정적인 영향을 줄 수 있는 외부 요인은 여러 가지가 있다. 대기 오염이나 유해 화학 물질, 사회적·관계적 스트레스 요인 등은 체내 염증을 유발하거나 인지 기능에 손상을 일으키고, 뇌 특정 영역의 정상적인 작동을 방해할 수 있다.

특히 뇌가 빠르게 발달하는 어린이들은 이러한 위험에 더 취약하다는 점에서 각별한 주의가 필요하다. 연구에 따르면, 실제로 지능지수(IQ)가 통계적으로 유의미한 수준으로 저하되는 것이 관찰되었다.

우리가 마시는 공기

대기 오염의 영향에 관한 최근의 여러 연구에 따르면, 오존이나 일산화탄소와 같은 대기 중 오염물질에 노출되면 정신 건강과 뇌 건강 전반에 부정적인 영향을 미칠 수 있다. 이러한 영향은 불안, 우울증, 정신병 등의 정신 건강 문제뿐만 아니라 치매와 같은 신경학적 질환에도 관련이 있을 가능성이 제기된다.

또한 대기 오염에는 흡연이나 산불, 환기가 되지 않는 실내에서의 조리 과정 등에서 발생하는 연기 노출도 포함된다. 특히 오염물질이 뇌 조직에 직접적인 영향을 미칠 경우 인지 기능이 떨어지거나 뇌의 염증이 증가하고 기억력과 실행 기능을 담당하는 뇌 부위의 부피가 감소할 수 있다.

주변의 위협 요소들

농약은 공기, 물, 심지어 우리가 섭취하는 음식물을 통해서도 체내로 유입될 수 있다. 또한 납과 같은 중금속 역시 공기 오염의 흔한 원인 중 하나다. 납은 단기간 고농도에 노출되거나 저농도라도 장기간 노출될 경우 성인에게는 신경 손상, 어린이에게는 신경 발달 장애를 일으킬 수 있다. 불과 수십 년 전까지만 해도 많은 가정에서 납 성분이 포함된 페인트가 사용되었는데, 이 페인트가 벗겨지면 납 성분이 실내 공기 중으로 퍼질 수 있다. 또한 납으로 제작된 수도관은 마시는 물에 중금속을 유출시킬 수 있으며, 일부 놀이터의 흙에서도 중금속 오염이 확인된 바 있다. 따라서 흙을 만진 손을 입에 넣는 행동을 통해 중금속에 노출될 수 있으므로 각별한 주의가 필요하다.

삶의 질과 뇌 건강

관계적 측면을 보면 신체적인 학대뿐 아니라 모든 형태의 학대가 뇌에 심각한 손상을 입힐 수 있다는 사실이 뇌 영상 연구를 통해 밝혀지고 있다. 이러한 학대에는 정서적 학대와 성적 학대, 신체적 학대가 있으며 이 외에도 차별이나 사회적 고립(80~81쪽 참조), 만성 스트레스(84~85쪽 참조) 역시 뇌에 해로운 영향을 미칠 수 있다. 이러한 경험들은 다양한 정신 건강 문제로 이어질 수 있으며, 치료하지 않을 경우 인지 처리, 기억, 정서 조절 등과 관련된 뇌 영역의 구조가 변화할 수 있다. 특히 감정 조절을 담당하는 전두엽의 일부 영역과 기억을 담당하는 해마는 이러한 영향에 취약한 부위로 알려져 있다.

뇌는 활동과 학습을 통해 기능을 유지하고 성장한다(82~83쪽 참조). 따라서 이러한 기회가 충분하지 않으면 다양한 문제가 나타날 수 있다. 학습 기회가 제한된 뇌는 더 빠르게 노화하며 이로 인한 영향은 인지 저하 위험 증가와 회색질 부피 감소 등 여러 측면에서 확인된다. 또한 일시적인 수면 부족과 만성적인 수면 부족 모두 뇌 기능에 장·단기적으로 부정적인 영향을 끼친다(72~73쪽 참조). 수면 부족이 누적되면 전두엽의 기능이 저하되어 주의력과 실행 기능, 기억력에 문제가 발생한다. 아울러 약물과 알코올도 다양한 경로를 통해 뇌 기능을 해칠 수 있다.

어린 시절의 경험

어린 시절의 부정적 경험(ACEs)이 장·단기적으로 한 사람의 삶에 미치는 영향에 관해 많은 연구가 이루어져 왔다. 전 세계 성인 수천 명을 대상으로 어린 시절과 성인이 된 이후의 상태를 조사한 연구에 따르면, 어린 시절에 받은 일부 스트레스는 평생 지속될 수 있다는 사실이 확인되었다. 게다가 어린 시절의 부정적 경험은 누적 효과가 있어 사건을 자주 경험할수록 삶 전반에서 어려움을 겪을 위험이 더 커지는 것으로 나타났다. 그러한 어려움으로는 학업 성취도 저하, 평생 소득 감소, 안정적인 관계 유지의 어려움, 만성 질환 발병률 증가 등이 있다.

혈액 순환

혈액 순환에 심각한 영향을 미치는 의학적 문제가 있다면 뇌로 가는 혈류량 역시 영향을 받게 된다. 여기에는 폐 질환, 심혈관 질환, 순환기 질환 등이 있으며 이들 모두 뇌 기능에 영향을 줄 수 있다. 특히 고혈압은 뇌 혈류 공급에 변화를 일으키기 때문에 뇌졸중과 인지 저하의 위험을 높이는 요인으로 알려져 있다.

• 헬멧을 쓰자! •

최근 연구에 따르면, 의식을 잃지 않더라도 외상이나 뇌진탕과 같은 머리 손상이 뇌 건강에 영향을 줄 수 있는 것으로 나타났다. 손상 부위에 따라 기억력, 주의력, 실행 기능 등 뇌 기능에 문제가 생길 수 있다. 또한 머리에 반복적으로 충격을 받았을 때 뇌에 잠재적으로 어떤 위험이 나타나는지도 점점 중요하게 인식되고 있다. 특히 뇌진탕의 경우 위험성이 지속적으로 강조되고 있다(158~159쪽 참조). 뇌진탕이나 그보다 심각한 뇌 손상의 위험이 큰 스포츠로는 복싱, 아이스하키, 스키, 자전거, 무술 등이 있다. 이런 스포츠에서는 선수가 머리 부상을 입었을 경우 먼저 의사가 뇌진탕 여부를 확인해야 하며, 뇌진탕 징후를 조금이라도 보이면 즉시 경기에서 제외해야 한다. 또한 법적 의무가 아니더라도 되도록 헬멧을 착용하는 것이 바람직하다.

영양

영양 관리는 여러모로 쉽지 않다. 그 이유 중 하나는 우리 뇌가 음식을 구하기 힘든 환경에서 진화해 왔기 때문이다. 하지만 현재 선진국의 상황은 그때와는 완전히 다르다.

수천 년 전만 해도 인간은 음식을 얻기 위해 직접 동물을 사냥하거나, 식물을 재배하고, 먹을 수 있는 것을 자연에서 채집했다. 이런 환경 속에서 우리는 대사가 빠르고 열량이 높은 음식에 끌리도록 진화해 왔다. 한마디로 뇌 회로는 본질적으로 중독되기 쉬운 정크푸드에 취약한 성향을 지닌 셈이다. 게다가 현대 사회에 들어서면서 식품의 영양 밀도가 점점 낮아지고 있다. 또한 오늘날 우리가 먹는 음식은 1회 제공량당 영양소 함량은 줄어든 반면 가공 과정에서 들어가는 유해 성분이나 첨가물은 더 늘어나는 추세다.

영양 결핍

미량 영양소가 부족하면 특정한 문제가 생긴다. 비타민 D, 비타민 B군(B6, B12), 철분, 아연, 마그네슘과 같은 미량 영양소가 부족하면 뇌 기능 장애가 나타날 수 있다. 임신 중 특정 미량 영양소가 결핍되면 아기에게 치명적인 뇌 질환을 안겨 줄 수 있다. 엽산 부족은 신경관 결손을 유발하며, 콜린과 오메가-3 지방산, 요오드 결핍도 문제를 일으킬 수 있다.

그렇다면 무엇을 먹어야 할까? 에너지 공급원인 탄수화물은 통곡물과 채소, 과일을 통해 섭취하는 것이 가장 좋고, 신경전달물질 생성을 돕는 저지방 단백질은 닭고기, 생선, 콩류, 두유 등에 들어 있다. 트랜스지방과 포화지방을 피해 양질의 지방을 섭취하는 것도 뇌 기능에 도움이 되며, 항산화제가 풍부한 베리류나 짙은 잎채소, 색이 선명한 과일과 채소는 뇌가 산화 스트레스에 대응하는 데 도움을 준다.

뇌에 가장 좋은 식단

완벽한 식단이나 건강 관리법은 존재하지 않는다. 사람마다 필요한 열량과 유전적 특성, 활동 수준이 모두 다르기 때문이다. 그럼에도 보다 긍정적인 결과를 보여 주는 식단들이 있다. MIND 식단은 여러 연구에서 신경퇴행성 질환과 인지 기능 저하 예방에 도움이 될 수 있다는 고무적인 결과를 보여 주었다. MIND 식단은 다음 두 가지 식단을 결합한 것이다.

1. 지중해 식단: 과일과 채소, 통곡물, 생선, 저지방 단백질을 중심으로 한다.

2. DASH 식단: 고혈압 예방을 위한 식이요법으로 염분과 당분 섭취를 줄이고 과일과 채소, 저지방 유제품 위주의 식사를 권장한다.

체중 조절을 하고 싶다면 간헐적 단식이나 열량 제한 식단이 도움이 된다. 영양 결핍이 있거나 저체중이라면 의사와 상담해 영양제나 정맥 주사 등 보충 요법을 포함한 식단 지도를 받는 것이 좋다.

영양   79

- **제한적인 식단에서 나타날 수 있는 영양 결핍**

다양한 뇌 기능 장애를 유발할 수 있는 음식을 과도하게 섭취하면 조기 인지 저하 또는 신경퇴행성 질환으로 이어질 수 있다. 뇌에 좋은 음식을 충분히 섭취하지 않는 것도 뇌안개나 학습 능력 저하 등 또 다른 문제를 초래한다.

식단 유형	결핍 예상 영양소	예상되는 정신 증상	가능한 해결책
채식주의 식단	• 단백질 • 요오드 • 철분 • 오메가-3 지방산 • 칼슘 • 비타민 D • 비타민 B12 • 리보플라빈	• 뇌안개, 어지럼증, 정신 혼란, 단기 기억 상실, 정신병 • 우울증, 기분 장애, 불안, 피로감, 혼란 • 불면증, 신경과민, 안절부절못함, 수면 장애 • 두통, 식욕 감퇴, 체중 감소, 메스꺼움 • 근육 수축, 발작 • 감각, 운동, 반사 기능 저하	• 상호보완적인 단백질 식품을 함께 섭취해 주요 아미노산 공급 (예: 곡류와 콩류) • 칼슘과 철분 공급을 위해 시금치 섭취 • 필요 시 보충제 섭취
글루텐 제한 식단	• 티아민과 기타 비타민 B군	• 신경 손상 및 기능 상실 • 빈혈(에너지 저하), 근육 조절력 저하 • 만성 피로, 근육 약화, 전반적인 무기력감 • 손발의 저림 및 화끈거림	• 신중한 영양 섭취 계획 수립 • 영양 강화 쌀이나 기타 식품 섭취 • 보충제 섭취로 자주 발생하는 영양 결핍 보완
저탄수화물 식단	• 티아민과 기타 비타민 B군		• 저탄수화물 채소와 견과류를 중심으로 신중한 식단 계획 수립 • 구리 섭취를 위해 조개류, 콩류, 견과류 섭취 • 칼륨 섭취를 위해 익힌 시금치, 브로콜리, 잎채소, 버섯, 완두콩, 오이, 애호박 섭취
원시인 식단	• 요오드 • 칼슘 • 비타민 D • 비타민 B군 • 무기질 • 중금속 노출 위험 (참치 등 대형 어류)	• 위 증상 모두 • 포화지방과 동물성 단백질을 과다 섭취할 경우 발생할 수 있는 심장 질환 (심장 건강과 뇌 건강은 밀접하게 연결되어 있음) • 설사(식이섬유와 지방이 많은 식단이 원인)	• 잎채소와 견과류를 중심으로 신중한 식단 계획 수립 • 유제품과 콩류를 식단에 포함하는 것도 고려 • 보충제 섭취로 자주 발생하는 영양 결핍 보완

* 영양 결핍에 따른 증상들은 서로 중복될 수 있으므로 이는 어디까지나 대략적인 참고용 안내일 뿐이라는 점에 유의할 것

건강한 사회적 관계

코로나19 대유행으로 인한 봉쇄 조치 이전에도 언론에서는 이미 보이지 않는
또 하나의 전염병이 퍼지고 있다고 보도했다. 그것은 바이러스가 아니라
바로 정신 건강이 좋지 않다는 심각한 신호 중 하나인 외로움이었다.

사회적 관계를 건강하게 유지하고 있는지를 판단하려면 지인들과의 정기적인 교류 여부와 일상에서 맺고 있는 친밀한 관계의 수와 다양성, 질적 수준을 파악해야 한다. 스트레스 완화에 관여하는 옥시토신과 바소프레신 같은 호르몬은 사람들이 서로 유대감을 형성하고 애착을 경험할 때 활성화된다. 인간은 본래 사회적 집단 속에서 진화해 왔다. 과거에는 공동체에서 배제되는 것이 곧 포식자에게 노출되어 생명을 위협받는 상황을 의미했기에 현대에 이르러서도 우리의 뇌는 사회적 고립을 생존의 위협으로 인식한다. 이로 인해 외로운 사람의 뇌에서는 여전히 코르티솔과 같은 스트레스 호르몬이 과다 분비되는데, 이는 우리 몸이 위험에 노출되었음을 알리는 신호다.

먹지 않으면
배고픔을 느끼는 것처럼
사회적으로 고립되면
중뇌에서 '사회적
접촉에 대한 갈망'이
일어난다.

영국 정부는 외로움을 '주관적이며 원치 않는 고립감이나 관계 상실감'으로 정의하고 있다. 영국과 일본 모두 '외로움 담당 장관'을 공식 임명했으며, 세계보건기구 또한 이 문제에 대응하기 위해 미국 공중보건국장을 공동 위원장으로 하는 국제 위원회를 출범시켰다. 미국 공중보건국장은 외로움이 신체에 미치는 영향을 두고 "하루에 담배 15개비를 피우는 것과 맞먹는다"라고 경고한 바 있다. 실제로 외로움은 심장병과 뇌졸중 위험을 약 30% 증가시키고, 노인의 치매 발병 위험도 약 50% 높인다고 보고되었다.

외로움이 뇌에 미치는 영향

외로움과 사회적 건강에는 기본 모드 네트워크(DMN)라 불리는 뇌 영역이 관여하는 것으로 보인다. 이 네트워크는 보통 반추 사고와 자기 성찰, 사회적 상황을 떠올릴 때 활성화된다. 외로운 사람들은 이 DMN 외에도 전전두피질의 활동에서도 변화를 보이는데, 이는 고차원적 사고와 감정 조절 능력 양쪽에 영향을 줄 수 있다.

뇌 영상 연구에 따르면, 외로움을 자주 느끼는 사람들은 편도체의 활동 변화도 흔히 나타난다. 편도체는 감정 반응의 강도와 민감도를 조절하는 부위로, 외로움이 지속될수록 이 부위의 반응이 과도해질 수

있다. 외로움은 또한 세로토닌과 도파민 같은 신경 전달물질의 조절에도 이상을 일으킨다. 아울러 외로움이 오래가면 만성 스트레스 수준이 높아지며, 이로 인해 체내 염증 수치가 증가하기도 한다. 이러한 변화는 외로운 사람들이 흔히 면역 기능 저하를 겪는 이유를 설명해 주는 중요한 단서가 될 수 있다.

사회적 건강을 증진하는 방법

과학적 근거에 기반을 둔 몇 가지 방법이 있다. 그중에서도 가장 효과적인 접근은 의도적으로 사회적 활동에 참여해 타인과의 질 높은 관계를 구축하려고 노력하는 것이다. 이 외에도 작은 친절의 실천, 자원봉사, 세대 간 교류 등이 도움이 될 수 있다. 영상 통화, 문자 메시지, 기타 디지털 기술을 신중하게 활용하는 것도 관계 유지에 유용하지만 직접 만나서 하는 상호작용에는 특별한 효과가 있다. 예를 들어 포옹이나 친근한 신체 접촉은 옥시토신을 비롯한 긍정적인 기분을 유도하는 화학물질의 분비를 촉진한다.

그렇다면 사회적 건강이 좋지 않을 때 발생할 수 있는 스트레스는 어떻게 예방하거나 줄일 수 있을까? 최근에는 인지행동 치료(CBT)가 도움이 될 수 있다는 과학적 근거가 점차 늘어나고 있다. 이 치료법은 특히 외로움에 수반되는 부정적인 사고 패턴을 조절하는 데 효과적일 수 있다. 또한 명상 역시 외로움으로 인한 스트레스를 완화하는 데 도움이 될 뿐 아니라 사회적 기회가 생겼을 때 사람들과 더 쉽게 연결될 수 있는 심리적 상태를 만드는 데도 유익하다.

외로움에서 오는 우울감을 완화하는 데는 신체 활동과 운동도 긍정적인 역할을 한다. 그러나 사회적 영역을 근본적으로 강화하려면 결국 자신이 맺고 있는 관계의 질 또는 양, 혹은 그 둘을 모두 개선하려는 노력이 필요하다.

• **건강의 세 가지 축**

사회적 건강은 행복한 삶을 이루는 한 요소로서 다른 사람들과의 유대감과 공동체에서 비롯된다. 이는 어느 정도 관계의 양적인 측면과도 관련이 있지만 그보다 더 중요한 것은 관계의 질이다. 신체 건강이 몸, 정신 건강이 마음과 관련되어 있다면 사회적 건강은 자신이 맺고 있는 관계의 질에 초점을 맞춘다.

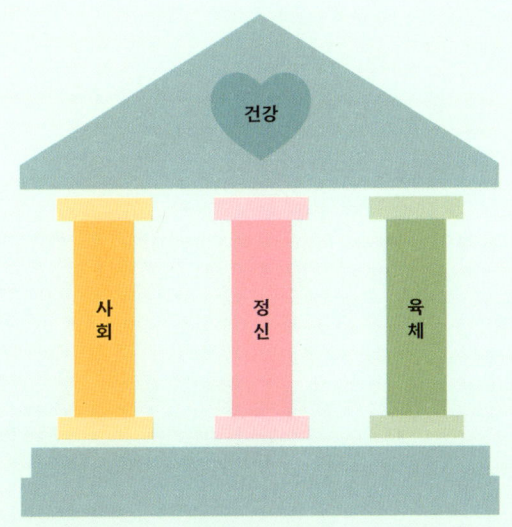

운동

유산소 운동이나 근력 운동, 고강도 인터벌 트레이닝 등 어떤 형태로든
몸을 움직이면 마음이 건강해진다는 것은 과학적으로 입증된 사실이다.

유산소 운동

이 활동은 심박수를 증가시키고 운동 중 근육이 필요로 하는 혈중 산소량을 높이는 모든 형태의 신체 활동을 말한다. 대표적인 예로는 빠르게 걷기, 수영, 자전거 타기 등이 있다. 유산소 운동은 기억력과 실행 기능 향상에 효과적이며, 영향을 받는 기능들로는 주의 집중, 계획 수립, 추론, 의사 결정, 정보 처리 속도 등이 있다. 여러 연구에 따르면 유산소 운동은 나이가 들면서 기억을 담당하는 해마의 부피가 줄어드는 속도를 늦추는 데 도움이 될 수 있다. 아울러 염증 수치를 낮추고, 뇌세포에 좋지 않은 영향을 미치는 '산화 스트레스'를 줄이는 데도 효과가 있는 것으로 나타났다.

유산소 운동의 효과가 두드러지게 나타나는 주요 대상은 노인과 여성이다. 유산소 운동은 노인의 기억력 향상에 도움이 되며, 여성은 남성보다 인지 기능 향상 효과가 더 뚜렷하게 나타나는 경향이 있다. 또한 인지 저하나 신경퇴행성 질환이 있는 사람들 역시 유산소 운동을 통해 증상이 완화되고 전반적인 삶의 질이 향상되는 효과를 얻을 수 있다.

근력 운동

신체의 근육이 외부 저항에 맞서 힘을 쓰는 형태의 운동을 말한다. 대표적인 예로는 웨이트 트레이닝(중량 운동)이나 팔굽혀펴기 등이 있다.

이러한 운동은 정확한 작용 구조가 완전히 밝혀지지는 않았지만 청년층과 노년층 모두에게 실행 기능을 향상시키는 데 도움이 된다고 보고되었다. 근력 운동은 또한 뇌에서 신경세포의 생존과 성장에 핵심적인 역할을 하는 단백질인 뇌유래 신경영양인자(BDNF)의 수치를 높이는 데도 기여한다. 이 밖에도 뇌의 효율성과 여러 뇌 영역 간 정보 전달을 담당하는 백색질의 건강에도 긍정적인 영향을 준다는 연구 결과도 있다.

고강도 인터벌 트레이닝(HIIT)

강도 높은 운동을 짧게 한 뒤 휴식 시간을 갖는 방식으로 구성된다. 예를 들어 가볍게 몸을 푼 다음, 자전거를 30초 동안 최대한 빠르게 탄 후, 45초 동안 휴식을 취하는 식이다. 이 과정을 5회 반복한다.

HIIT는 인지 기능 면에서 저강도로 장시간 운동했을 때와 대체로 비슷한 수준의 효과를 보이는 것으로 나타났다. 하지만 전체 운동 시간이 더 짧다는 장점이 있다.

운동의 장단기적 이점

운동을 시작하자마자 뇌로 가는 혈류량과 산소 공급이 증가한다. 이는 곧 주의력과 정보 처리 속도의 향상으로 이어진다. 실제로 빠르게 10분만 걸어도 뇌의 각성과 작업 기억이 커피 반 잔을 마신 것과 비슷한 수준으로 개선될 수 있다는 연구 결과가 있다.

운동을 몇 주 또는 몇 달 동안 꾸준히 하면 뇌에서 측정 가능한 변화가 나타난다. 예를 들어 기억과 실행 기능, 감정 조절을 담당하는 뇌 영역의 활동이 활발해지고, 뇌 구조에도 변화가 생기며, 인지 기능과 관련된 부위의 회색질 부피도 증가한다. 어떤 종류의 운동이든 새로운 신경세포가 생성되고 뇌유래 신경영양인자의 수치가 상승하는 현상이 나타날 수 있고 학습이나 기억, 동기 부여에 중요한 역할을 하는 도파민, 세로토닌, 노르에피네프린과 같은 신경전달물질의 수치도 함께 상승한다.

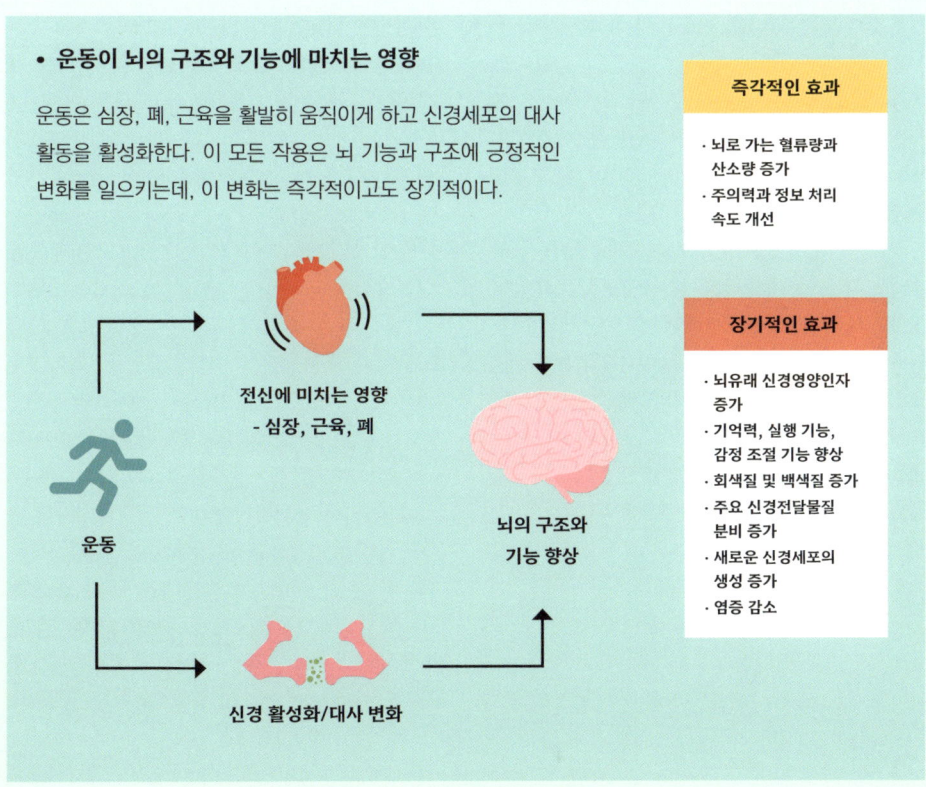

스트레스 – 득이 될 때와 해가 될 때

뇌가 위협을 감지하면 스트레스 반응이 시작되어 뇌와 몸에 스트레스 호르몬이 급격히 분비된다. 이러한 반응은 상황에 따라 도움이 되기도 하지만 신체에 부정적인 영향을 미칠 수 있다.

스트레스 반응

스트레스 호르몬을 조절하는 주요 체계는 시상하부-뇌하수체-부신 축(HPA 축, 24~25쪽 참조)으로 스트레스를 받을 때 땀이 나고, 근육이 긴장하며, 심박수와 혈압이 상승한다. 침, 혈액, 소변, 머리카락 등에서 코르티솔 호르몬 수치를 측정하면 스트레스 수준을 객관적으로 확인할 수 있다. 뇌 또한 스트레스에 반응해 특정 영역이 활성화되는데, 예를 들면 위협을 감지하는 역할을 하는 편도체가 더욱 활발해진다.

이러한 호르몬 반응은 결국 '투쟁-도피 반응', 즉 위협에 직면했을 때 맞서 싸우거나 도망칠 준비를 하도록 신체를 활성화하는 생존 기제를 가능하게 한다. 이러한 반응으로 면역 체계나 소화기계와 같은 장기적인 생리 기능에는 에너지 공급이 줄어들고, 그 에너지가 당장 생존에 필요한 기능에 집중된다. 스트레스를 받으면 근육이 빠르게 반응할 수 있도록 혈당이 상승하는데 이 또한 그러한 반응 중 하나다.

'좋은' 스트레스

강도는 다소 높아도 감당 가능한 일시적인 스트레스는 놀라울 만큼 긍정적인 영향을 줄 수 있다. 흔히 '유스트레스' 또는 '긍정적 스트레스'라고 불리는 이 유형은 우리가 어떤 상황에 효과적으로 대처할 수 있도록 동기를 부여하는 원동력이 된다. 이처럼 적절한 긴장이 주어지는 상황에서는 몰입 상태에 빠지거나 어떤 일을 즐기며 시간 가는 줄 모르고 최고의 집중력을 발휘하며 만족감을 느끼는 '플로' 상태를 경험하기 쉽다. 중요한 발표나 공연을 앞두고 집중력이 높아지거나 첫 데이트에서 짜릿한 긴장감을 느끼는 것이 바로 이런 경우다.

일부 스트레스 요인은 '적정 스트레스 영역' 또는 '근접 발달 영역'에 속하는 경우가 많다. 이는 그러한 과제들이 현재 자신의 능력에는 다소 도전적이지만 조금만 노력하면 충분히 해낼 수 있는 수준이기 때문이다. 유스트레스는 달성 가능한 명확한 목표와 진행 상황에 대한 간단한 피드백 체계가 함께 주어질 때 더욱 쉽게 유발된다.

경쟁심이 강하거나 성취 지향적인 사람일수록 이러한 상황을 오히려 즐기는 경향이 있다. 이들이 유스트레스를 경험하는 동안 뇌에서는 도파민, 노르에피네프린, 엔도르핀과 같은 신경전달물질이 조화롭게 분비된다. 이는 동기를 유지하고 집중력을 높이며 긍정적인 감정을 지속시키는 데 중요한 역할을 한다.

'나쁜' 스트레스

사람을 빨리 늙게 하고 자신의 역량을 충분히 발휘하지 못하게 하는 스트레스를 말한다. 이러한 스트레스는 주로 장기간 압박이 지속되는 상황에서 나타난다. 과도한 업무 부담이나 불안정한 직장 환경, 다른 사람과의 갈등이 반복되는 상황이 대표적인 사례이며, 사회적으로 고립되거나 단절감을 느끼는 상황 또한 나쁜 스트레스를 유발할 수 있다.

하지만 우리는 이러한 상황에 건강한 방식으로 대처함으로써 부정적인 스트레스로부터 자신을 보호할 수 있다. 서로 지지하고 유대감을 느낄 수 있는 인간관계를 유지하고, 기본적인 건강과 경제적 안정성을 갖추는 것이 도움이 된다. 아울러 스트레스를 부정적인 방식으로 해결하지 않는 것도 중요하다. 잠깐은 스트레스가 줄어드는 것 같지만 중독성이 있어 결국 상태를 악화시키는 행동은 피해야 한다.

• **스트레스를 받은 뇌와 받지 않은 뇌가 우리의 행동을 조절하는 방법**

스트레스 수준이 낮을 때는 전전두피질이 활성화되어 생각이나 감정, 행동을 조절할 수 있다. 하지만 스트레스가 높아지면 변연계가 조건화된 감정 반응을 주도하고, 기저핵은 습관적인 반응을 하도록 한다.

스트레스를 받지 않은 뇌
전전두피질(PFC)에서 시작되어 다른 뇌 영역으로 전달되는 사고, 행동, 감정을 조절한다.

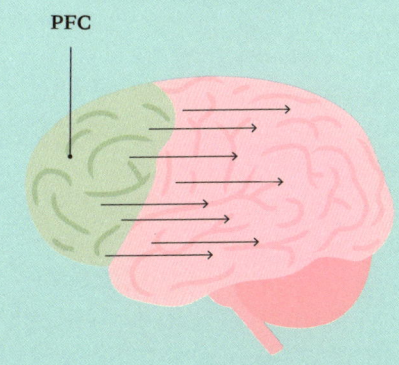

PFC

스트레스를 받은 뇌
더 원시적인 뇌 회로가 자율신경계의 자극에 반사적 혹은 습관적인 방식으로 반응한다.

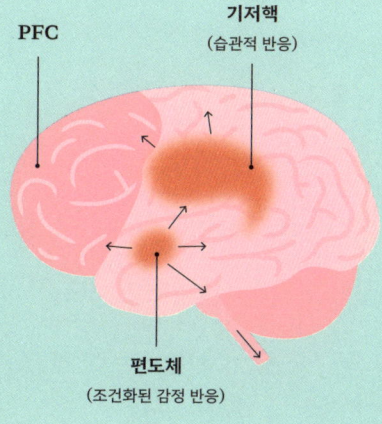

PFC

기저핵
(습관적 반응)

편도체
(조건화된 감정 반응)

긴장을 푸는 방법

하루하루 바쁘게 흘러가는 삶 속에서 마음의 평정을 유지하기란 쉬운 일이 아니다.
하지만 스트레스를 덜어내고 긴장을 풀 수 있도록 도와주는 다양한 방법이 있다.

스트레스를 받거나 불안할 때 우리는 감정적으로 예민해지고, 몸은 생리적으로 경계 상태에 들어간다. 근육이 뻣뻣해지고, 호흡과 심박수도 평소보다 빨라진다. 이런 반응은 자율신경계(ANS)와 시상하부-뇌하수체-부신 축이라는 생리 조절 시스템에 의해 관리된다. 스트레스는 심지어 면역 체계에도 영향을 줄 수 있다. 하지만 우리는 이런 변화들을 이완 기법을 통해 충분히 되돌릴 수 있다.

평온한 상태일 때의 뇌

몸과 마음이 차분하고 긴장이 풀린 상태에서는 세 가지 주요 뇌 부위인 전전두피질과 편도체, 기본 모드 네트워크가 더욱 원활하게 작동한다. 전전두피질의 활동이 증가하면 정서적으로 더 안정되고 충동이 억제되는 효과가 나타난다. 편도체의 활동이 줄어들면 두려움이나 분노 같은 감정 반응을 보다 쉽게 조절할 수 있으며, 기본 모드 네트워크의 활동이 감소하면 주의가 분산되거나 부정적인 생각에 빠지는 시간이 줄어들 가능성이 크다.

마음이 평온해지는 데 효과적인 방법

복식 호흡과 같은 호흡 조절과 점진적 근육 이완법, 특정 형태의 명상, 요가 등이 대표적인 예다. 복식 호흡은 수면의 질을 높이고 스트레스 호르몬 수치를 낮추는 데 도움이 되는 것으로 나타났다. 점진적 근육 이완법은 몸의 긴장을 효과적으로 풀어 주며, 명상은 호흡과 신체 감각에 집중하도록 유도함으로써 긴장하지 않고 정신이 맑은 상태를 유지하는 데 도움을 준다. 요가는 다양한 자세와 호흡, 명상을 통해 근육을 이완시키고 마음의 안정을 도모하는 데 효과적이다.

또한 뇌-컴퓨터 인터페이스(BCI)를 활용한 바이오피드백 기술은 뇌파 상태에 따라 실시간 피드백을 제공해 보다 빠르게 명상 상태에 도달하도록 돕는다 (179쪽 참조).

> 공황 발작이 일어날 때 4초간 숨을 들이쉬고, 4초간 숨을 멈췄다가, 4초간 천천히 내쉬는 호흡을 해보자. 이 과정을 반복하면 도움이 된다.

• 웃음은 명약 •

인도에서 마단 카타리아 박사가 대중화한 '웃음 요가'는 웃음이 건강을 증진하는 데 효과적인 수단임을 뒷받침하는 과학적 근거에 바탕을 둔 실천법이다. 웃음은 기분을 좋게 하고, 스트레스를 낮추며, 면역력을 높이는 데도 긍정적인 영향을 미치는 것으로 알려져 있다. 웃음 요가는 호흡법과 유도된 웃음, 가벼운 신체 움직임을 결합한 방식으로 진행된다. 비교적 새로운 접근법이지만 점차 더 많은 이들의 지지를 얻으며 확산되고 있다.

- **마음챙김 명상의 단계별 효과**

마음챙김 명상은 주의력을 높이고, 감정과 행동을 조절하는 데 도움을 주며, 자기 인식을 높이는 데 큰 효과가 있다. 초보자는 힘들이지 않고 현재 순간에 머무는 법, 즉 눈앞의 경험에 주의를 기울이는 법을 배우고, 중급 수행자는 잡념을 줄이는 연습을 하며, 고급 수행자는 집중력을 유지하면서 다양한 활동을 수행하는 능력을 기른다.

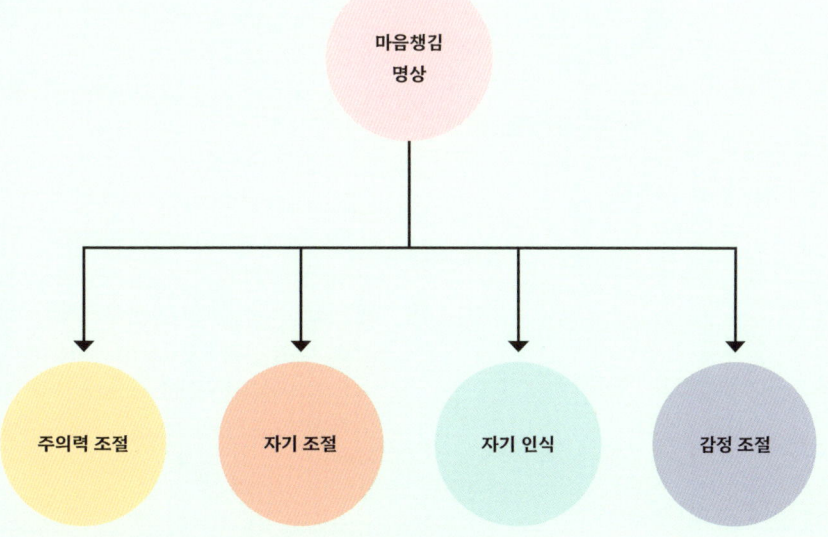

소셜 미디어와 게임

전 세계 수많은 사람이 소셜 미디어를 사용하고 비디오 게임을 즐긴다.
이러한 활동들은 지나치면 정신 건강에 해롭지만 적절하게 활용하면
긍정적인 효과를 볼 수도 있다.

2024년 기준, 전 세계 인구의 40% 이상이 비디오 게임을 즐기고 있다. 비디오 게임은 소셜 미디어보다 수십 년 먼저 등장한 만큼 효과에 대한 무작위 대조 연구(RCT)도 훨씬 많이 이루어졌다. RCT는 가장 엄격한 형태의 연구로서 이를 통해 특정 유형의 비디오 게임, 특히 액션 게임과 전략 게임은 주의력과 시각 처리 능력, 심지어 감정 조절 능력까지 향상시킬 수 있다는 사실이 밝혀졌다.

소셜 미디어는 비디오 게임보다 더 최근에 등장했지만 2023년 여름을 기준으로 전 세계 인구의 60% 이상이 사용하고 있을 만큼 인기가 더 높다. 그러나 사용자의 개인 정보 보호 문제가 있어 소셜 미디어 사용을 정밀하게 연구하는 데는 제약이 많다.

청소년 대부분은 소셜 미디어를 통해 자신이 혼자가 아니며, 친구들의 삶과 연결되어 있다는 느낌을 받는다고 응답했다.

뇌의 보상 체계 점령하기

소셜 미디어와 비디오 게임 모두 중독이나 과도한 사용은 중요한 문제로 지적된다. 소셜 미디어에서 타인의 반응을 통해 인정받는 경험은 뇌의 보상 시스템을 점령할 수 있다. 일부 연구에 따르면 '좋아요' 수가 많은 이미지를 보면 측좌핵과 같은 도파민 분비와 관련된 뇌 영역들이 활성화된다고 한다.

소셜 미디어만 뇌의 보상 체계를 점령하는 것이 아니다. 비디오 게임을 할 때도 복측선조체와 전전두피질 등 보상 회로에 관여하는 뇌 영역들이 활성화되는 것으로 나타났다.

소셜 미디어를 과도하게 사용하면 정신 건강에 부정적인 영향을 줄 수 있다. 특히 이러한 경향은 청소년과 아동 사용자에게서 두드러진다. 소셜 미디어를 사용하다 보면 자신의 삶이나 외모를 다른 사람들과 비교하게 되는 일이 빈번해지기 때문이다. 하지만 현실에서 쉽게 접할 수 없는 긍정적인 콘텐츠에 접근하거나 새로운 사람들과 연결될 수 있다는 점은 소셜 미디어의 장점으로 꼽힌다. 게임과 마찬가지로, 소셜 미디어를 사용하는 것 역시 긍정적인 효과와 부정적인 효과를 동시에 지닌다는 것이 많은 연구의 공통된 결론이다.

사용 방식의 문제

현재로서는 소셜 미디어나 비디오 게임을 어느 정도까지 사용해야 건강에 해롭지 않은지에 대한 명확하고 구체적인 기준은 마련되어 있지 않다. 미국 소아과학회는 아동의 스크린 타임을 하루 1~2시간 이내로 제한할 것을 권장하고 있다. 그러나 사용 시간보다 중요한 것은 사용의 질이다. 무의식적으로 화면을 스크롤하며 수동적으로 시간을 보내는 것은 여러 가지 정신 건강 문제를 유발할 수 있는 반면, 긍정적인 콘텐츠를 직접 만들거나 타인과 의미 있는 관계를 맺는 활동은 그러한 위험이 훨씬 적은 것으로 나타났다.

또한 소셜 미디어를 과도하게 사용하던 사람들이 사용 시간을 줄이고 나서 눈에 띄게 행복감이 향상된 사례를 보여 주는 연구 결과도 있다.

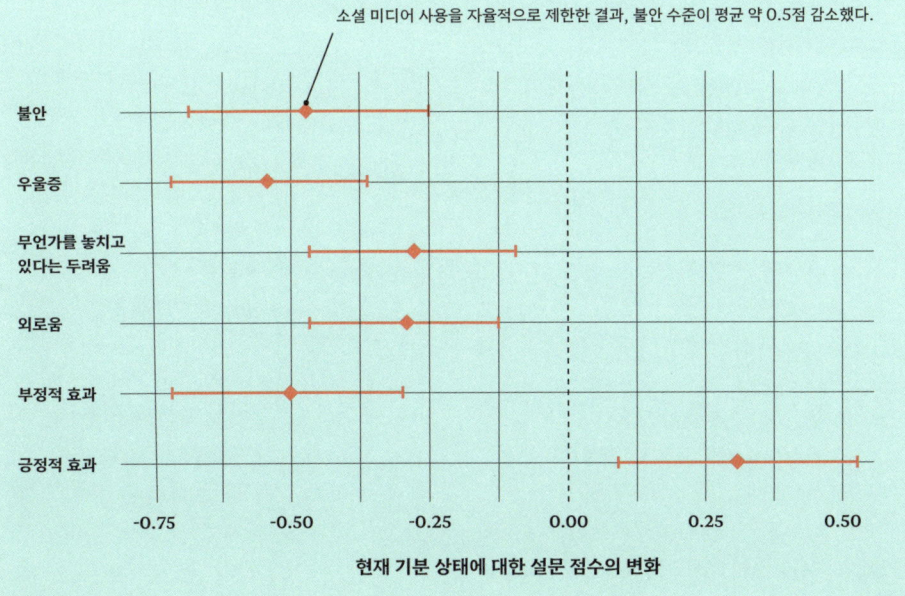

• **소셜 미디어 사용을 스스로 제한했을 때 나타나는 긍정적 효과**

2023년에 실시된 한 실험에서 평균 연령 22세의 청년들이 자율적으로 소셜 미디어 사용을 2주 동안 하루 30분으로 제한했다. 소셜 미디어 사용을 제한한 집단은 제한하지 않은 집단에 비해 우울증이나 불안, 기타 정신 건강 문제가 발생한 비율이 눈에 띄게 낮았으며, 기분 또한 뚜렷하게 좋아진 것으로 나타났다.

소셜 미디어 사용을 자율적으로 제한한 결과, 불안 수준이 평균 약 0.5점 감소했다.

현재 기분 상태에 대한 설문 점수의 변화

자연이 주는 혜택

자연에서 시간을 보내면 뇌 건강에 긍정적인 영향을 줄 수 있을까? 그럴 가능성이 있다는 증거가 점차 늘고 있으며, 그 효과를 누릴 수 있는 방법도 다양하게 제시되고 있다.

자연에서 걷기만 해도 뇌 건강에 긍정적인 영향을 줄 수 있지만 걷기 말고도 뇌 건강을 위해 자연에서 할 수 있는 활동은 다양하다. 산림욕, 운동이나 명상, 동물 매개 치료, 생태 치료 등이 있으며 원예 활동 역시 건강에 도움이 되는 것으로 알려져 있다.

냉수욕과 특정한 호흡법도 자연 속에서 실천할 수 있는 활동이다. 이 호흡법은 일정한 리듬으로 숨을 짧게 들이마시고, 참고, 내뱉는 과정을 반복하는 방식으로 종종 냉수욕을 하면서 수행한다. 이러한 기법은 스트레스, 통증, 불편감을 대하는 우리의 태도와 인식에 변화를 일으킨다. 이 때문에 일부에서는 약물을 사용하지 않고도 이러한 기법들을 통해 의식 상태의 변화를 경험할 수 있다고 주장하기도 한다.

자연이 생체에 미치는 영향

아직은 초기 단계지만 여러 연구에 따르면, 자연과 관련된 활동은 뇌에 여러 가지 방식으로 긍정적인 영향을 미친다. 일부 연구에서는 기억력과 집중력, 창의성, 스트레스 및 감정 조절 기능, 기분 등이 개선되는 효과가 보고되었다.

자연은 신경전달물질이나 호르몬과 같은 뇌 화학 물질뿐만 아니라 일부 해부학적 구조에도 변화를 일으킬 수 있다. 뇌-신체 시스템과 행동 역시 자연의 영향을 받을 수 있으며, 이러한 변화는 개인의 특성과 자연을 접하는 방식에 따라 즉각적이고 단기적일 수도 있고 장기적으로 지속되기도 한다.

자연에 노출되면 도파민과 세로토닌은 증가하고 스트레스 호르몬인 코르티솔은 감소한다. 이러한 변화는 기억력과 인지 기능을 향상시키는 데 도움이 되며, 이는 뇌유래 신경영양인자가 신경세포의 성장을 촉진하는 등 다양한 작용을 하기 때문이다. 또한 자연은 부정적인 생각이 덜 들고, 편도체가 공포나 감

• 창의성을 높이는 걷기 •

야외 산책을 하면 창의성의 특정 부분이 향상될 수 있다. 여러 연구에 따르면, 창의적 아이디어를 떠올리는 브레인스토밍 능력뿐 아니라 기존 아이디어를 평가하고 분석하는 창의적 분석력과 아이디어를 발전시킬 때 필요한 집중력을 회복하는 데도 도움이 된다고 한다. 또 다른 연구에서는 부정적인 감정이 줄어들면서 기분이 좋아지는 것은 말할 것도 없고, 스트레스 수치가 감소하고 전반적인 삶의 질이 개선되는 효과도 함께 나타났다.

정에 덜 반응하게 하는 데도 영향을 미친다. 그 밖에도 자연은 면역계와 신경계, 심혈관계에도 두루 긍정적인 영향을 끼친다.

면역력에 대해서는 자연에 노출된 후 암세포를 식별하고 제거하는 자연살해세포(NK세포) 수가 증가했다는 보고가 있으며 염증 수준이 낮아졌다는 연구 결과도 있다. 신경계 측면에서는 '휴식과 이완' 모드로의 전환이 촉진되고, 부교감신경계가 활성화된다(24~25쪽 참조). 또한 혈압과 심박수가 낮아지는 등 심혈관계에 대한 긍정적인 효과도 다수 관찰되었다. 행동적 변화로는 자연에서 시간을 보낸 후 집중력 향상과 문제 해결 능력 개선, 공격성 감소 등이 나타났다는 연구 결과들이 있다.

긍정적 효과의 정도

전 세계적으로 자연이 뇌에 미치는 영향에 대한 관심이 커지고 있지만 관련 과학은 아직 초기 단계에 머물러 있다. 자연이 주는 효과에는 수많은 변수가 얽혀 있어, 연구자들은 해결해야 할 많은 과제를 안고 있다. 자연이 주는 이로운 효과를 만들어 내는 핵심 요소가 실제로 존재하는지에 대해서도 아직 명확히 밝혀지지 않았다.

자연의 효과는 개인에 따라 크게 달라진다. 긍정적인 결과를 보고한 연구 중에도 일부는 주요 건강 지표가 불과 몇 퍼센트 정도 개선된 반면, 어떤 연구는 20% 이상 뚜렷하게 개선되었다고 보고했다.

• **자연이 뇌에 미치는 긍정적 효과**

도시가 아닌 자연환경에서 90분 동안 산책한 참가자들은 감정 조절과 관련된 뇌 부위의 혈류량이 더 많이 감소한 것으로 나타났다. 이는 감정을 조절할 필요성이 줄어들었음을 의미하며, 자연 속에서 더 깊은 이완 상태에 도달했음을 시사한다. 또한 자연에서 산책한 사람들은 반추 사고도 더 많이 줄었다고 느낀 것으로 나타났다.

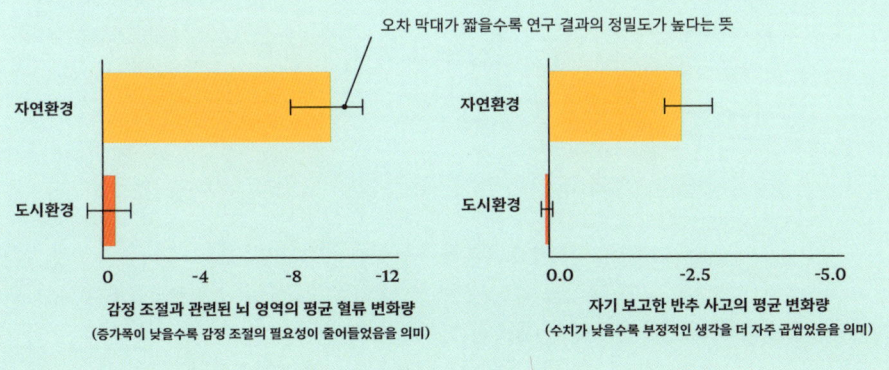

많이 하는 질문들

뇌를 더 건강하게 유지하기 위한 일일 점검표가 있을까?

있다. 60~63쪽에 소개된 뇌 건강 자가 진단표를 작성해 보자. 점수가 가장 낮게 나온 세 가지 영역을 기준으로 새롭게 시작하고 싶은 건강 습관이나 그만두고 싶은 나쁜 습관을 정한다. 점수가 낮은 세 영역 중 하나가 사회적 관계의 건강성이라면 출근길에 친구나 가족에게 연락하기로 실천해 볼 수 있다. 신체 관련 기본 습관 점수가 낮았다면 취침 준비를 20분 더 일찍 시작하도록 알람을 설정해 아침에 상쾌하게 일어날 수 있게 한다. 인지 기능 점수가 낮았다면 5장에 소개된 방법 중 하나를 골라 휴대전화 알람을 설정해 두고 하루 15분씩 실천해 보는 것도 좋다. '간격반복 학습법'을 활용해 외국어 어휘를 암기하는 앱을 사용해 보는 것도 좋다. 이렇게 하면 아침에 일어나자마자 외국어 어휘 15분 공부하기, 출근길에 친구에게 전화 걸기, 평소보다 20분 일찍 잠자리에 들기 등이 일일 점검표에 포함될 것이다.

•

더 건강한 뇌를 위해 하지 말아야 할 것은?

수면, 사회적 교류, 새로운 경험을 '해도 되고 안 해도 되는 일'쯤으로 여긴다면 그런 생각을 버려야 한다. 불규칙한 수면 습관과 수면 부족은 뇌 건강을 해치는 주요 요인으로, 정신적·신체적 기능을 즉각 떨어뜨릴 수 있다. 인간관계나 사회적 건강을 부차적인 일로 여기는 태도도 바꿔야 한다. 계속 외로운 상태에 있다 보면 불안과 우울로 이어지기 쉽다. 이는 뇌가 빨리 늙고, 기능이 떨어지게 되는 원인이 될 수 있다. 늘 익숙한 방식만 고집하고 새로운 것을 시도하지 않는 습관 역시 경계해야 한다. 새로운 사람을 만나고 새로운 경험을 하면 신경가소성을 자극해 노화에 따른 인지 저하를 늦추는 데 도움이 된다.

•

최면이 효과가 있다면 뇌 건강에도 도움이 될까?

그렇다. 놀랍게도 최면은 수면 문제나 스트레스, 불안, 만성 통증 등 다양한 문제에 도움이 된다는 강력한 근거가 있다. 연구에 따르면, 최면 상태에서는 잡생각과 관련된 뇌 회로의 활동이 줄어들고 깊은 몰입 상태에 들어가기 쉬워진다. 대부분의 성인은 최면 암시에 반응할 수 있는 감수성(피암시성)을 지니고 있어 최면 치료의 효과를 누릴 수 있다.

뇌에 도움이 된다고 생각하지만 실제로 그렇지 않은 것은?

잠을 쫓기 위해 커피를 마시는 것이다. 마감이 코앞이라면 설탕이 들어간 커피는 피하는 것이 좋다. 카페인의 각성 효과는 금세 사라지고 설탕이 에너지를 급격히 떨어뜨린다. 게다가 탈수가 생겨 예상보다 더 피곤해질 수 있다. 이보다는 과학적 근거가 있는 전략을 활용해 보자. 마감 기한을 조정하거나 일의 우선순위를 정하고, 할 일을 다른 사람과 나눈 다음 어둡고 조용한 공간에서 18~28분 정도 짧게 낮잠을 자는 것도 도움이 된다.

수면 부족은 탈수와 허기를 유발하므로 물을 충분히 마시고 과일, 견과류, 통곡물, 저지방 단백질을 간식으로 섭취해 에너지를 지속적으로 공급한다. 짧은 마음챙김 명상도 집중력을 회복하고 새로운 정보를 정리하는 데 도움이 된다. 마지막으로 10분 정도 짧게 운동을 하면 카페인과 맞먹는 효과를 볼 수 있다.

•

나는 충분히 자고 있을까?

아침에 일어났을 때 개운한가? 잠자리에 들어 10분이면 잠이 드는가? 하루를 대체로 기분 좋게 보내고 있는가? 집중이 필요할 때 머리가 맑고 집중이 잘 되는가? 이 모든 질문에 '예'라고 답했다면 충분히 자는 것이다(물론 이 판단에는 다른 요소들도 영향을 미칠 수 있다). 대부분의 성인은 하루 7~9시간은 자야 한다. 일주일간 취침 시간과 기상 시간을 기록해 보자. 침대 옆 일기장에 적어도 좋고, 스마트워치나 수면 추적 앱 등을 활용해도 좋다.

•

나는 물을 충분히 마시고 있을까?

소변이 비교적 맑은가? 하루 중 목이 마르는 일이 거의 없는가? 여기에 모두 '그렇다'라고 답했다면 충분히 물을 마시고 있는 것이다. 하루에 물을 얼마나 많이 마셔야 하는지에 대해서는 과학적이고 일반적인 기준이 아직 없다. 개인이 실제로 마신 물의 양을 정확히 측정하기도 어렵고, 필요한 수분량 또한 개인의 체격과 운동량, 기후, 식단 속 수분 함량 등 다양한 요인에 따라 달라지기 때문이다. 가장 좋은 방법은 물을 다양한 양으로 마셔 보면서 자신의 몸과 뇌에 어떤 영향을 주는지 직접 관찰하고 조절해 보는 것이다.

… Chapter 5

뇌 기능 개선하기

최고의 성과를 위한 기술

의도적 연습과 몰입 상태는 삶의 질을 높이는 데 큰 영향을 줄 수 있다.
그렇다면 이 두 가지는 정확히 무엇이며, 어떤 생물학적 기반을 지닌 것일까?

뇌 훈련 기법 중 하나인 '의도적 연습'은 어떤 일에 단순히 능숙한 수준을 넘어 탁월함을 발휘하게 만드는 핵심이다. 그리고 어떤 일을 더 잘하게 될수록 그 일에 완전히 집중하게 되는 '몰입 상태'에 들어갈 가능성도 그만큼 커진다.

의도적 연습의 다섯 가지 원칙

운동, 학업, 예술, 어느 분야에서나 남다른 성과를 내는 사람들이 있다. 심리학자 K. 앤더스 에릭슨은 수십 개 분야에 걸쳐 최고의 성과를 낸 수천 명을 분석한 끝에 '의도적 연습'이라는 개념을 발견했다. 연습은 물론 중요하다. 하지만 이 접근법은 무의미하게 반복하는 연습과는 달리 매우 체계적이다. 그리고 다음 다섯 가지 원칙을 핵심으로 한다.

첫째, 강점보다 약점에 집중한다. 연습 시간 대부분을 약점을 파악하고 이를 개선하는 데 써야 한다. 모든 연습은 익숙한 영역을 벗어나는 도전이어야 하며, 실수하면서 배우고 이를 의식적으로 고치려는 노력을 통해 실력을 키운다.

둘째, 구체적이고 명확한 목표를 세우고 달성하는 데 집중해야 한다. 예를 들어 무작정 달리는 게 아니라 '5km 완주'와 같은 목표를 정하고 그에 맞춰 훈련하는 것이다.

셋째, 연습은 고도로 집중한 상태에서 실시해야 한다. 이왕이면 몰입 상태에 도달하는 것이 좋다(자세한 내용은 아래 참조).

넷째, 전문적인 피드백을 받아야 한다. 코치나 멘토와 함께 연습하면 먼저 중점적으로 개선할 것이 무엇인지 우선순위를 정하는 데 큰 도움이 된다.

마지막으로, '멘탈 모델'을 구축해야 한다. 이것은 특정 활동이 어떻게 이루어지는지 머릿속에 그려 보는 것으로 일종의 활동 청사진이라고 할 수 있다.

의도적 연습을 하는 동안 뇌의 전전두피질에서 활발한 활동이 일어나는 경향이 있다. 이 과정에서 신경가소성을 통해 새로운 신경 경로와 연결이 형성되고 강화된다(16~17쪽 참조).

'몰입 상태'에 들어가기

어떤 활동에 깊이 빠져들어 아무 생각도 나지 않고, 마치 시간이 멈춘 것처럼 느껴진 적이 있는가? 이러한 상태를 플로 또는 몰입 상태라고 한다. 이는 가지고 있는 능력이 과제의 난이도와 적절히 맞아떨어지면서 약간의 도전 요소가 더해졌을 때 나타난다. 사람에 따라 비디오 게임을 하거나 춤을 추거나 그림을 그릴 때 이러한 몰입 상태를 경험하기도 한다. 이 상태에 들어가면 뇌의 여러 영역이 동기화되어 작동하고, 보상 시스템이 활성화되면서 도파민 등 신경전달물질이 분비된다(128~129쪽 참조).

기술 갈고닦기

의도적 연습과 몰입은 선순환을 이룬다. 몰입 상태는 과제의 난이도에 걸맞은 능력을 요구하기 때문에 의도적 연습을 통해 이러한 능력을 키우면 일상에서 몰입의 순간을 더 자주 경험할 수 있게 된다.

무언가를 배우거나 일을 하거나 인간관계를 맺는 과정에서도 의도적 연습과 몰입은 유용하다. 무언가를 배울 때는 과제를 작고 구체적인 목표로 나눈 상태에서 피드백을 구하고 문제를 이해하거나 무언가를 깨닫는 순간을 즐기는 태도를 갖추는 것이 도움이 된다. 업무를 할 때는 마감 기한을 설정한 후 방해 요소를 줄이고 적절히 휴식을 취하면 몰입하기 쉬워진다. 인간관계에서는 몰입할 수 있는 활동을 함께 하면 유대감이 깊어지고, 상대방의 말에 적극적으로 귀 기울이며 그 순간에 온전히 함께하려는 태도는 관계 형성의 밑바탕이 된다.

- **몰입, 지루함, 불안 상태에서의 능력 수준 및 과제 난이도**

주어진 과제가 노력하면 해볼 만하다고 느낄 때 몰입할 수 있다. 과제가 너무 쉬우면 지루하고, 너무 어려우면 불안해진다. 의도적 연습을 통해 자신의 능력과 과제의 난이도를 함께 끌어올림으로써 점점 더 깊은 몰입 상태에 도달할 수 있게 된다.

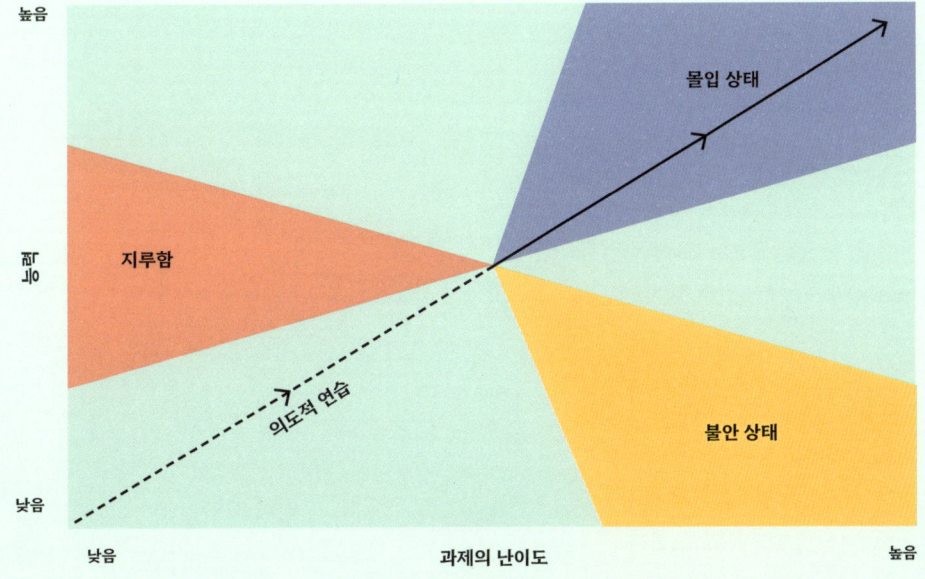

집중력과 생산성

누구나 가끔 머리가 멍하고 집중되지 않는 순간이 있다. 하지만 몇 가지 간단한 방법을 실천하면 집중력을 크게 높일 수 있다. 이제부터 효과가 입증된 장단기적 전략들을 살펴보자.

즉각적인 집중력 향상을 위한 전략

1. 목표를 점검한다: 집중이 어려운 이유는 집중해야 할 대상이 애초에 명확하지 않아서일 수 있다. 이럴 때는 SMART 목표를 설정하자. SMART 목표란 구체적(Specific)이고, 측정 가능(Measurable)하며, 달성 가능(Achievable)하고, 관련성 있으며(Relevant), 기한이 있는(Time-based) 목표를 말한다. 예컨대 "나는 앞으로 60분 안에 250단어 분량의 에세이를 완성할 것이다. 어제도 비슷한 분량을 썼으니 오늘도 할 수 있다. 이 과제를 끝내면 이달 말까지 제출해야 하는 짧은 에세이 10편 중 하나를 완료하게 되므로 이 정도면 충분히 의미 있는 일이다."

2. 환경을 점검한다: 지금 있는 공간이 너무 덥거나 춥거나 시끄럽지 않은가? 마음이 불안하거나 안전하지 않다는 느낌이 드는가? 계속해서 무언가에 방해받고 있지는 않은가? 이러한 환경에서는 뇌가 제대로 집중하기 어렵다(103쪽, 116쪽 참조).

3. 가벼운 운동을 해본다: 빠르게 걷기처럼 중간 강도의 운동을 단 10분만 해도 기분이 좋아지고 활력이 생긴다. 이는 커피 반 잔을 마신 것과 비슷한 효과다.

4. 방해받지 않는 집중 작업 시간을 확보한다: 집중해야 할 때 자꾸 방해를 받으면 주의력이 쉽게 흐트러지고 다시 회복하기도 어렵다. 따라서 애초에 방해받지 않도록 일정을 계획하는 것이 중요하다. 간단한 과제를 할 때는 포모도로 기법(아래 참조)이 효과적이며, 더 큰 프로젝트나 활동에는 개인 일정표에 집중 업무 전용 시간을 미리 정해 두는 타임 블로킹 방식이 유용하다.

5. 의도적으로 휴식을 취한다: 장시간 작업한 후 짧은 휴식을 취하면 집중력을 회복하는 데 도움이 되며, 나아가 번아웃이나 정신적 피로를 예방하는 데도 긍정적인 영향을 줄 수 있다. 자연으로 나가 걷거나 다른 사람과 소통하거나 가볍게 몸을 움직이는 것은 모두 과학적으로 입증된 집중력 회복 전략이다.

• 포모도로 기법 •

25분 안에 끝낼 수 있는 작업을 정한 뒤 그 시간 동안은 어떤 방해도 허용하지 않는다. 작업이 끝날 때마다 짧게 쉬고, 이 과정을 네 번 반복한 후에는 더 길게 휴식을 취한다.

장기적 집중력 향상을 위한 전략

1. 사회적 지원(그리고 건강한 압박감): 친구나 가족, 멘토 중 한 명에게 책임감을 갖고 도와달라고 부탁해 보자. 이들은 의미 있으면서 달성 가능한 목표를 설정하도록 돕고, 그 목표를 이루도록 꾸준히 격려해 줄 수 있다. 하루에 한 번 짧은 문자 메시지를 주고받거나 일주일에 한 번 전화 통화를 하며 진행 상황을 공유하고 피드백을 받는 방식으로 실천한다.

2. 마음챙김 명상, 바이오피드백 기반 명상, 뉴로피드백 기반 명상: MRI 및 관찰 연구에 따르면, 명상과 마음챙김 기반의 수련이 뇌 안의 주의 집중 회로를 강화하는 데 도움이 되는 것으로 나타났다. 하루단 10분만 명상을 해도 집중력을 유지하기 더 쉬워질 것이다. 더 강도 높은 효과를 원한다면 바이오피드백이나 뉴로피드백 기반 명상을 시도해 볼 수 있다 (180~181쪽 참조).

3. 건강과 생활습관 점검: 집중력 문제는 종종 스트레스 관리, 수면 부족, 영양 섭취, 수분 부족 등의 영향을 받는다. 계속 집중하기 어렵다면 전반적인 건강 상태나 특정 정신 건강 문제가 있는지 점검해 보는 것이 좋다.

- **뇌가 집중력을 유지하게 하는 방식**

사람들로 북적대는 공간에서 누군가를 찾고 있다고 상상하자. 이때 뇌의 등쪽 주의 네트워크(DAN)는 목표 지향적인 탐색을 담당하고, 배쪽 주의 네트워크(VAN)는 눈에 띄는 정보를 감지한다. 이 두 네트워크가 상호작용하면서 '이 사람도 아니고, 저 사람도 아니고'라는 식으로 주변을 스캔하고, '잠깐, 저건 그 사람 향수 냄새인가?'라는 식으로 집중할 대상을 조정한다. 이런 작용 덕분에 원하는 사람을 더 빠르게 찾을 수 있게 되는 것이다.

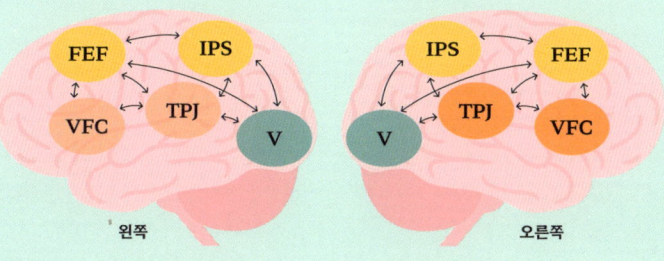

기억과 학습

뇌는 활동적인 상태를 좋아한다. 그래서 기억력을 향상시키기 위한 여러 가지 전략은 신경세포의 활성화와 연결을 촉진하는 자극을 중심으로 설계된다.

단기적 기억력 향상 전략

1. 주의를 산만하게 만드는 요소를 줄인다: 어떤 것을 잊는 이유는 단순히 기억력이나 학습 능력이 부족해서가 아니라 주의력이 흐트러져서일 때가 많다. 열쇠를 어디에 두었는지 기억하려면 열쇠를 내려놓는 그 순간에 온전히 집중하는 것이 중요하다. 그때 누군가 말을 걸면 열쇠를 손에 든 채 대화를 하고 나서 원래 두려던 자리를 확인한 뒤 열쇠를 놓아야 한다. 기억하기 쉬운 장소에 열쇠를 두는 것도 중요하다.

2. 새로운 정보를 감정이나 의미, 유용성과 연결해 강화한다: 연구에 따르면, 어떤 정보나 경험에 강한 감정이 결합될 때 학습과 기억이 잘 이루어진다고 한다. 감정을 처리하는 편도체와 기억을 담당하는 해마가 나란히 위치한 것도 우연이 아니다. 기억하고자 하는 정보나 익히려는 기술이 있다면 감정과 연결해 보자. 처음 만난 사람의 이름을 기억할 때 그 사람을 보고 느낀 감정도 함께 떠올려 보자. 웃음이 났는가? 첫인상이 별로였는가? 자주 사용하는 정보일수록 기억이 더 잘 되는 경향이 있다. 따라서 새로운 정보를 저장하는 데 그치지 말고 실제 상황에서 반복적으로 불러내 활용하면서 같은 신경세포 경로를 자주 활성화해 보자.

3. 여러 방법으로 정보를 떠올린다: 새로 배운 내용을 되도록 빨리 활용해 보는 것이 중요하다. 이를 위해 정보를 능동적으로 떠올리고, 처리하고, 사용해 보자. 새로 익힌 내용을 바탕으로 자유롭게 답할 수 있는 질문을 만들어 스스로 답해 보는 것도 좋다.

4. '그림 우월성 효과'를 활용한다: 흔히 글이나 소셜 미디어를 통해 새로운 정보를 접하는데, 관련된 이미지나 시각 자료를 함께 보면 정보가 훨씬 더 잘 기억된다. 그 이유는 뇌에서 시각 정보를 처리하는 영역이 언어를 처리하는 영역보다 훨씬 넓기 때문이다.

5. 기억법을 활용한다: 기억하고 싶은 이름이나 단어에 관련된 재미있는 이야기나 운율이 있는 문장을 만들어 보자. 또는 단어를 쪼개 각 부분에 시각적인 이미지를 연결하면 기억에 도움이 된다.

• 장소법 •

장소법 또는 기억의 궁전 기법은 익숙한 개인적인 공간을 떠올린 뒤 그 공간과 외우려는 단어들을 연결해 저장하는 기억술이다. 이후 그 공간을 머릿속으로 따라 걸으며 배치해 둔 단어들을 하나씩 떠올린다.

• 망각 곡선과 간격반복 학습

에빙하우스의 망각 곡선은 기억이 어떻게 사라지는지를 보여 준다. 간격반복 학습은 이러한 망각을 예방하는 효과적인 방법이다. 일정한 간격으로 정보를 다시 상기시키면 기억이 강화되고 장기 기억으로 이어진다.

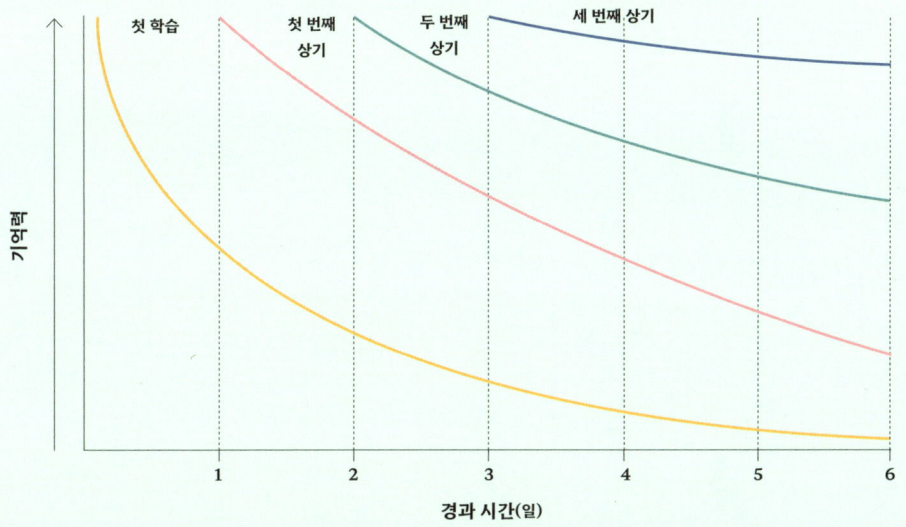

장기적 기억력 향상 전략

1. 간격반복 학습 플래시카드 프로그램을 활용한다: 이 소프트웨어 프로그램은 기존의 플래시카드 방식에 과학적 원리를 더한 학습 도구다. 사용자가 각 카드를 보고 답한 뒤 해당 내용을 얼마나 잘 알고 있는지를 스스로 평가하면 프로그램은 그 정보를 바탕으로 새로운 내용이 담긴 카드나 곧 잊어버릴 가능성이 있는 정보를 담은 카드를 중심으로 복습을 구성한다. 이러한 방식은 기존 학습법과 비교해 기억 회상력을 크게 향상시키는 것으로 입증되었다.

2. 제2의 뇌를 마련한다: 엄밀히 말해 뇌 자체의 기억력을 높이는 게 아니라 외부에 나만의 정보 저장소를 만들어 두는 것이다. 마인드맵이나 프로젝트 관리, 통합 노트 기능 등을 갖춘 개인용 소프트웨어를 사용하면 정보를 깜빡하는 일을 줄일 수 있다.

3. 생활습관과 건강 상태를 점검한다: 잠을 적게 자거나 심한 스트레스에 시달리고 영양이 불균형하면 기억력이 저하될 수 있다. 이런 문제가 지속된다면 생활습관을 전반적으로 점검해 볼 필요가 있다.

의사 결정 능력 높이기

뇌과학 덕분에 우리는 의사 결정을 내리는 과정을 관찰할 수 있을 뿐만 아니라 더 나은 선택을 하고, 잘못된 결정을 피하는 데 도움이 되는 도구를 사용할 수 있게 되었다.

의사 결정에 관여하는 뇌 영역들

의사 결정의 유형에 따라 서로 다른 뇌 영역이 활성화된다. 긴박한 상황에서는 반응이 빠른 편도체와 변연계가 작동한다. 공포나 불안을 느끼거나, 위협을 받거나, 시간에 쫓길 때도 이들 영역이 빠르게 활성화된다. 반면 시간을 갖고 신중하게 판단할 수 있는 상황에서는 전전두피질이 주로 작동한다. 이 영역은 장단점을 비교하거나, 계획을 세우거나, 논리적으로 사고할 때 활성화된다.

빠르고 직관적인 반응과 느리지만 정확한 사고, 이 두 가지 상반된 의사 결정 방식 사이의 균형을 맞추는 뇌 영역도 있다. 바로 전대상피질(ACC)과 안와전두피질(OFC)이다. 전대상피질은 오류나 충돌 가능성을 감지해 우리가 충동적으로 반응하거나 과도한 감정 반응을 보이지 않도록 조절한다. 안와전두피질은 단순히 감정을 처리하는 데 그치지 않고 그 감정을 실제로 느낄 만한 상황인지 다른 정보를 종합해 평가한다. 또한 선택이 앞으로 어떤 결과를 초래할지, 자신의 장기적 목표에 얼마나 부합하는지를 함께 고려함으로써 보다 신중하고 균형 잡힌 의사 결정을 할 수 있게 한다.

의사 결정을 잘하는 사람은 무엇이 다를까?

경제학자들과 신경과학자들은 탁월한 의사 결정자와 그렇지 않은 사람의 차이를 이해하고자 연구를 계속해 왔다. 그 결과 앞서 언급한 뇌 영역 간의 연결성이 강한 사람일수록 더 나은 결정을 내리는 경향이 있음을 밝혀냈다. 작업 기억력이 뛰어난 사람 역시 좋은 성과를 내는데 이는 의사 결정에 필요한 모든 정보를

> 의사 결정을 잘하려면 언제, 어디서, 어떻게 결정할지를 정하는 것이 중요하다. 적절한 환경을 선택하고 올바른 정보를 수집해 흔히 겪을 수 있는 사고의 함정을 피해야 한다.

동시에 떠올리고 활용할 수 있는 능력 때문이다. 여기에 더해 강력한 의사 결정력을 예측하는 또 다른 두 가지 요소가 있다. 하나는 충동적인 선택을 하지 않도록 감정을 안정적으로 조절하는 능력이고, 다른 하나는 새로운 정보나 변화하는 상황에 맞춰 전략을 유연하게 조정할 수 있는 능력이다.

반면 의사 결정에 어려움을 겪는 사람들은 이와는 반대되는 특성을 보이는 경우가 많다. 이들은 앞서 언급한 뇌의 핵심 영역 간 연결성이 약하고, 작업 기억력이 부족하거나 감정 기복이 심하거나 사고가 경직되고 고집스러운 성향을 띠는 경향이 있다.

흔히 겪을 수 있는 사고의 함정 피하기

인지 편향이란 정보를 처리하거나 결정을 내릴 때 무의식적으로 사고가 특정한 방향으로 흐르면서 잘못된 결론에 이르게 되는 경향이다. 이에 대해 조금만 인식하고 있어도 주요한 사고의 함정을 피하는 데 도움이 된다(104~105쪽 참조).

대표적인 인지 편향에는 과잉 확신과 확증 편향, 기준점 편향이 있다. 과잉 확신은 현재 자신이 가진 정보나 능력, 지식 등을 실제보다 낙관적으로 과대평가하는 경향을 말한다. 확증 편향은 이미 알고 있거나 믿고 있는 내용을 뒷받침하는 정보만 찾아보는 경향이다. 이 경우 반대되는 정보도 함께 검토해야 더 나은 의사 결정을 할 수 있다. 기준점 편향은 처음 접한 정보를 과도하게 중요하게 여기는 경향으로 이후의 판단이 그 첫 정보에 지나치게 영향을 받는 특징이 있다.

더 나은 의사 결정을 위한 환경 최적화

중요한 결정을 내려야 할 때는 과학적 근거에 기반한 도구를 활용하고 의사 결정을 방해하는 환경을 피하는 것이 좋다. 대표적인 방해 요인으로는 극심한 소음, 더위나 추위, 사회적·정서적 압박, 수면 부족, 열악한 공기 질, 약물 남용 등이 있다.

또한 감정이 긍정적이든 부정적이든 지나치게 고조되어 있을 때는 중요한 결정을 되도록 하지 않는 것이 좋다. 너무 덥거나 추운 환경이나 주변이 복잡하거나 시끄러운 공간, 정신이 산만해지는 상황 역시 마찬가지다. 특히 매우 피곤할 때는 반드시 의사 결정을 미뤄야 한다.

이러한 조건들은 모두 뇌의 여러 의사 결정 관련 영역들이 원활하게 협력하는 데 방해가 되기 때문이다. 마지막으로 의사 결정 지원 도구를 활용하는 것도 좋은 방법이다. 다양한 출처와 관점을 바탕으로 정보를 수집하고, 최선과 최악의 시나리오를 상상해보거나 '비용-편익 분석'을 해보는 것도 의사 결정의 질을 높일 수 있다. 이처럼 과학적으로 검증된 전략들을 활용하면 나중에 결정을 후회할 일을 줄이는 데 큰 도움이 될 것이다.

• 인지 편향 목록

기억이 만들어질 때, 정보가 너무 많을 때, 재빨리 행동해야 할 때, 상황이 불분명할 때 등과 같은 순간에 다음과 같은 다양한 인지 편향을 경험하게 된다.

기억과 인지 편향

- 같은 정보라도 경험한 방식에 따라 달리 기억한다.
- 경험한 내용을 해석적인 요소 위주로 간추린다.
- 세부 내용은 버리고 일반적인 개념으로 정리한다.
- 시간이 지난 뒤 일부 기억을 수정하거나 강화한다.

이 영역의 대표적인 인지 편향 사례 중 하나가 '정점-종결 효과'다. 이 법칙에 따르면 사람들은 어떤 경험의 전체 내용을 고르게 기억하지 않는다. 가장 강렬했던 순간과 마지막에 받은 인상이 기억에 더 크게 남고, 그 외의 것은 상대적으로 흐릿하게 기억된다. 이러한 경향은 때때로 예상 밖의 판단으로 이어지기도 한다. 예를 들어, 짧지만 매우 고통스러웠던 치료보다 더 길었어도 마지막에 덜했던 치료를 더 긍정적으로 평가한다. 또한 전반적으로는 만족도가 낮았지만 중간에 긍정적인 순간을 맛본 경험이 무난하지만 특별한 순간이 없었던 경험보다 선호되기도 한다.

정보가 너무 많을 때

- 자신보다 남의 결점을 더 쉽게 알아챈다.
- 기존의 믿음을 확인시켜 주는 세부 사항에 더 쏠린다.
- 어떤 것이 달라졌을 때 쉽게 알아차린다.
- 기억하거나, 웃기거나, 시각적으로 도드라지거나, 사람처럼 보이는 것을 그렇지 않은 것보다 더 강하게 인식한다.
- 이미 기억에 각인되었거나 자주 반복된 것을 잘 알아차린다.

이 영역의 대표적인 사례는 '가드 효과'다. 이 효과는 사람들이 새로운 정보나 도구를 찾아 나서기보다는 익숙하거나 접근하기 쉬운 것만 사용하는 경향이 있다는 것을 보여 준다. 심지어 그 정보나 도구가 틀렸다는 것을 알고 있더라도 말이다.

재빨리 행동해야 할 때

- 복잡하고 애매한 선택지보다 단순해 보이고 정보가 명확한 선택지를 선호한다.
- 실수하지 않기 위해 통제력을 잃거나 남에게 나쁘게 보일 수 있는 상황을 피하고 되돌릴 수 없는 결정을 하지 않으려고 한다.
- 시간과 에너지를 들인 일은 끝까지 마무리하려는 경향이 있다.
- 집중력을 유지하려 할 때 당장 처리할 수 있는 눈앞의 익숙한 대상에 더 쉽게 몰리는 경향이 있다.
- 자신의 행동이 이미 있고 영향력 있다고 느낄 때 비로소 움직인다.
- 이 영역의 대표적인 예로는 자신감과 실제 능력 사이의 불균형을 보여 주는 '더닝-크루거 효과'가 있다. 실제로 초보자일수록 자신의 능력을 과대평가하는 반면 전문가일수록 자신의 능력을 과소평가하는 경향이 있다.

정보가 부족해 모호한 상황일 때

- 다른 사람이 무슨 생각을 하는지 알고 있다고 착각하는 경향이 있다.
- 확률이나 숫자가 복잡하면 이를 단순화해 이해하려 한다.
- 익숙하거나 호감이 가는 사람과 사물을 그렇지 않은 대상보다 더 긍정적으로 평가한다.
- 어떤 대상의 특성을 추정할 때 고정관념이나 일반화된 정보, 과거 경험을 바탕으로 판단하는 경향이 있다.
- 정보가 부족하더라도 이야기를 만들어 내거나 패턴을 찾으려는 경향이 있다.
- '내집단-외집단 편향'은 어떤 사람이 실제로 얼마나 유능하거나 도덕적인지와는 관계없이 '우리 편'이라고 인식하는 사람이 행동에 옮기도록 그렇지 않은 사람들과 매우 다르게, 그리고 더 호의적으로 받아들이는 대표적인 사례다. 우리는 대개 같은 집단 구성원에게 쉽게 공감하며, 실제로 뇌도 같은 집단 사람과 다른 집단 사람들을 서로 다른 영역에서 처리하는 것으로 밝혀졌다.

창의성을 높이는 방법

완전히 새로운 아이디어를 떠올리거나 도무지 해결책이 보이지 않는 문제에 직면했을 때 다양한 방식으로 창의성을 이끌어 낼 수 있다.

뇌에서 관찰되는 창의성

창의성의 유형에 따라 활성화되는 뇌 신경망도 다르다. 새로운 아이디어를 떠올리는 발산적 사고는 주로 전전두피질과 관련된다. 발산적 사고란 기존의 것과는 본질적으로 다른 새로운 아이디어를 만들어 내는 사고방식이다. 하나의 정답을 찾는 수렴적 사고는 복잡한 문제에 대해 단 하나의 해답을 탐색하는 사고 과정을 말한다. 전전두피질은 발산적 사고와 수렴적 사고 모두에서 활성화되며, 수렴적 사고의 경우에는 두정엽피질도 함께 관여하는 것으로 알려져 있다. 발산적 사고에서는 측두엽과 변연계 역시 활성화되는 것으로 나타난다.

• 서로 다른 역할을 하는 여러 네트워크

창의성은 여러 뇌 네트워크의 협력을 통해 발휘된다. 뇌가 쉬고 있을 때 작동하는 '기본 모드 네트워크'는 발산적 사고를 통해 아이디어를 탐색한다. 아이디어를 정교하게 다듬는 역할을 하는 '중앙 집행 네트워크'는 수렴적 사고의 핵심이 된다. 그리고 이 두 네트워크가 서로 전환될 때는 '주의 전환 네트워크'가 활성화되어 마치 지휘자처럼 그 과정을 조율한다.

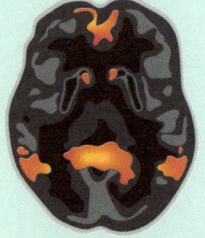

기본 모드 네트워크
뇌가 어떤 과제에 집중하지 않고 있을 때, 예를 들어 멍하니 있거나 공상을 하거나 다른 사람에 대해 생각할 때 활성화된다.

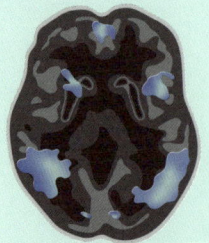

중앙 집행 네트워크
인지 과제가 있을 때 의식적인 사고를 담당하는 뇌를 작동시킨다.

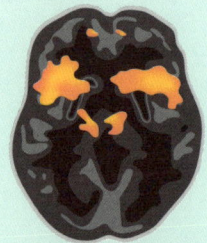

주의 전환 네트워크
기본 모드 네트워크와 중앙 집행 네트워크 사이를 오갈 때 활성화된다.

검증된 창의성 향상법

창의성을 자극하는 방법이라고 하면 흔히 브레인스토밍처럼 여러 사람이 함께 하는 기법을 떠올리기 쉽지만 혼자서도 실천할 수 있으며 과학적으로 입증된 방법도 많다. 실제로 브레인스토밍은 여러 사람이 한자리에 모여 복잡한 문제를 해결하는 데 효과적인 방식처럼 보이지만 참가자들이 먼저 각자 아이디어를 떠올린 뒤 함께 논의를 시작할 때 가장 큰 효과를 발휘한다. 이러한 과정 없이 곧바로 브레인스토밍을 진행하면 아이디어의 수와 질이 모두 떨어질 수 있다는 연구 결과도 있다.

혼자서 초기 아이디어를 떠올리는 데 효과적인 방법 중 하나는 마음챙김 훈련이다. 명상, 자연 속 산책, 호흡 조절 등이 대표적인 예다. 또 다른 검증된 방법은 새로운 자극을 접하는 것이다. 매출 감소의 원인을 찾지 못하고 있는 사업가나 인터뷰 원고를 읽으면서 핵심 스토리를 잡지 못하고 있는 기자라면 완전히 새로운 무언가를 경험하는 것이 돌파구가 될 수 있다. 예를 들어 평소 즐기지 않는 유형의 예술 작품을 전시하는 미술관을 찾아가는 것만으로도 문제를 전혀 다른 시각에서 바라보게 되는 계기를 만들 수 있다.

이 외에도 창의성을 높이는 데 도움이 되는 다양한 문제 해결 전략들이 있다. 대표적인 예로는 마인드맵과 자유 연상 기법을 들 수 있다. 마인드맵은 문제의 핵심이 되는 단어나 개념을 중심에 두고 관련된 생각들을 주변에 적어 가지처럼 선으로 연결하는 방식이다. 이렇게 하면 문제를 시각적으로 구조화할 수 있다. 자유 연상 기법은 문제의 핵심이 되는 단어나 개념에서 출발해, 떠오르는 단어나 생각을 제한 없이 글이나 말로 풀어내는 방식으로 진행된다.

마인드맵과 같은 전략은
문제를 전혀 다른 방식으로
바라보게 만드는 계기가 될 수 있다.

많이 하는 질문들

이중 언어 사용은 인지 능력이나 뇌 건강에 도움이 될까?

그렇다. 이중 언어를 사용하는 사람들은 집행 기능과 뇌 가소성 측면에서 이점을 갖는 것으로 보이며, 치매에 걸릴 가능성도 낮다. 과거에는 아동기에 여러 언어를 배우면 발달에 불리하다고 여겨졌지만 최근 연구는 오히려 그 반대의 결과를 보여 준다. 물론 두 언어를 동시에 배우는 아이들은 초기에는 언어 발달 속도가 다소 느릴 수 있지만 사춘기 무렵이 되면 이러한 차이는 대부분 사라지고, 장기적으로는 긍정적인 결과가 나타난다.

•

코로나 후유증을 겪는 사람들에게서 뇌의 변화가 발견되었을까?

그렇다. 코로나 후유증을 겪는 사람 가운데 약 4분의 1은 '주관적 인지 저하'를 경험했다고 밝혔다. 증상으로는 기억력, 주의력, 문제 해결 능력 등의 저하가 있다. MRI와 PET 촬영 결과 이들의 뇌는 특정 영역의 활동이 감소하고 일부 영역에서는 회색질의 부피가 줄어든 것으로 관찰되었다. 연구마다 다소 차이를 보였지만 영향을 받는 부위는 전두엽피질과 변연계, 후각과 관련된 영역 등이었다. 이러한 변화는 집행 기능, 기억력, 감정 조절 등에 영향을 미칠 수 있다. 이 같은 뇌세포 손상은 일부 염증 반응에 의한 것일 수 있다. 주관적 인지 저하를 치료할 확실한 방법은 아직 없지만 전문 치료사의 도움을 받아 스트레스나 우울, 불안 등의 증상을 완화하고 관리할 수 있다.

•

학교 교육은 사람을 더 똑똑하게 만들까, 아니면 단지 지식을 더 많이 쌓게 할 뿐일까?

둘 다 맞다. 이에 대한 많은 연구에서는 학생들의 초기 지능지수(IQ)와 사회경제적 배경을 고려하는데, 이 두 요소가 교육과 무관하게 학습에 유리하게 작용해 교육의 효과를 과대평가하게 만들 위험이 있기 때문이다. 그렇다고 해도 교육을 오래 받은 사람일수록 노년기까지 해마의 크기를 더 잘 유지하는 경향이 있는 것으로 나타났다. 교육은 또한 기억력과 문제 해결력, 비판적 사고와 밀접한 관련이 있는 회색질의 밀도를 증가시킬 수 있는 요인으로도 알려져 있다.

AI는 이미 인간의 두뇌를 쓸모없게 만들었을까?

아직은 아니다. 최근 몇 년 사이 AI는 체스 같은 복잡한 게임에서 인간을 이겼고, 자율주행차를 개발하거나 질병을 진단하는 데 활용되고 있다. 그러나 AI가 인간을 완전히 대체할지, 인간이 일하는 방식을 바꾸는 데 그칠지는 아직 확실히 알 수 없다. 이는 AI 사용을 얼마나 규제할지에 따라 달라질 수 있다. 이상하게 들릴지 모르지만 AI가 발전할수록 인간은 자신의 두뇌를 개발해야 할 동기가 오히려 더 커질 것이다. 반복적인 업무는 점차 자동화될 것이며, 그에 따라 인간이 하는 일은 변화를 맞이할 것이다. 앞으로의 일은 AI 도구를 활용하는 능력에 점점 더 많이 의존하게 될 것이지만 지적으로 뛰어나고, 사회적 감수성이 높으며, 상황에 능숙하게 대처할 수 있는 사람의 역할은 여전히 중요할 것이다.

•

뇌 건강을 위해 영양보충제를 먹어야 할까?

꼭 그렇지는 않다. 뇌 건강에 도움이 된다고 알려진 보충제들의 효과는 아직 명확히 입증되지 않았고, 오히려 보충제 섭취가 위험을 초래할 수도 있다. 의약품과 달리 보충제는 엄격한 규제를 받지 않는 경우가 많아 효능과 안전성을 전적으로 신뢰하기 어렵다. 실제로 뇌 건강 보충제를 과학적으로 엄격하게 연구한 사례는 거의 없으며 다른 약물과의 예기치 않은 부정적 상호작용이 생길 가능성도 크다. 다만 예외적으로 특정 비타민이나 미네랄이 결핍된 경우에는 보충제가 도움이 될 수 있다. 혈액 검사에서 비타민 D나 비타민 B군 수치가 위험할 정도로 낮게 나왔다면 신뢰할 만한 회사의 영양보충제를 복용하는 것이 도움이 될 수 있다.

•

'스마트 푸드'를 먹으면 뇌 기능이 향상될까?

꼭 그런 것은 아니다. 특정 음식을 많이 먹기보다 균형 잡힌 식단을 유지하는 것이 뇌 건강에 더 좋다. 균형 잡힌 식사는 영양 결핍이나 혈당 문제를 일으킬 가능성이 적다. 따라서 비타민이나 미네랄이 풍부하다고 알려진 몇몇 식품만 반복해서 먹는 것은 바람직하지 않다. 지나치게 식단을 제한하면 다른 필수 영양소가 부족할 수 있기 때문이다.

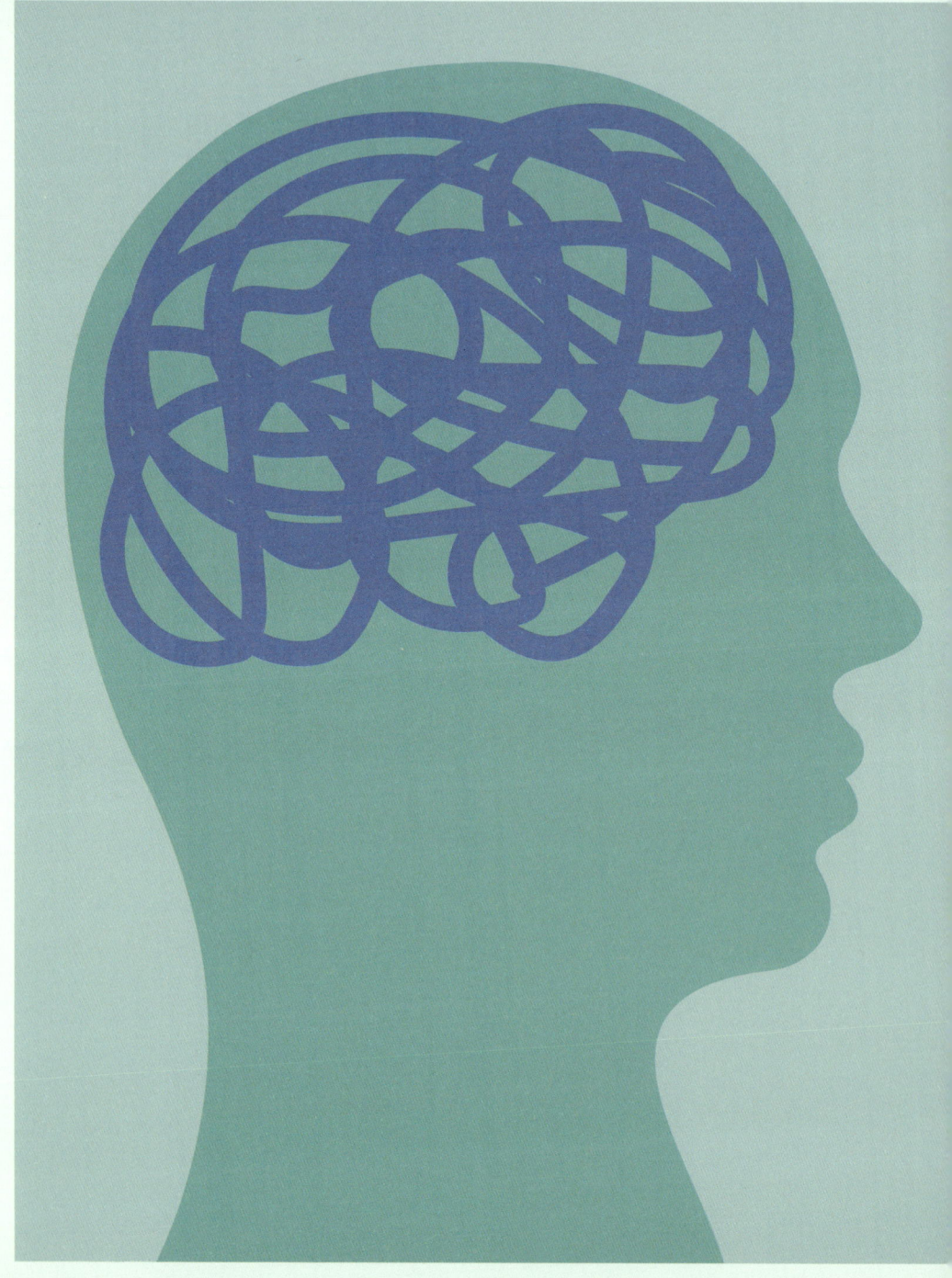

Chapter 6

우리를
괴롭히는 것들

두통

두통은 일반적으로 두개골 아래, 즉 목덜미에서부터 머리 위쪽 부위까지 나타나는 모든 통증을 말한다. 통증은 찌르는 듯하거나 욱신거리거나 머리가 띵한 듯 멍하고 묵직하게 느껴질 수 있으며, 특정 부위에 국한되거나 머리 전체로 퍼져 나가는 것처럼 느껴지기도 한다.

두통의 원인은 아직 완전히 밝혀지지 않았지만 밝은 빛이나 특정 음식처럼 일부 두통을 유발하는 요인이 명확한 환경이 존재하며 이는 뇌혈관의 확장이나 수축과 관련된 것으로 보인다. 머리와 얼굴의 감각을 뇌로 전달하는 역할을 하는 3차 신경은 두통이 발생하는 데 중심 역할을 하는 것으로 여겨진다. 이 신경이 활성화되거나 여기에 염증이 생기면 통증이 생길 수 있다. 1차성 두통의 경우 머릿속 통증 감지 구조가 활성화되면서 염증성 물질인 신경 펩티드 같은 화학물질이 방출될 수 있다. 이와 함께 유전적 요인도 두통이 생기는 데 영향을 줄 수 있다.

두통의 종류

'1차성' 두통은 통증의 주요 원인이 바로 두통 그 자체인 경우를 말하며, '2차성' 두통은 다른 질환의 증상으로 나타나는 두통을 의미한다.

1차성 두통

- **편두통:** 강도 높은 두통으로 메스꺼움이나 구토, 빛이나 소리에 예민해지는 증상이 동반된다. 호르몬 변화, 특정 음식이나 냄새, 스트레스, 수면 부족, 강한 빛 등이 편두통을 유발하며 생물학적 원인으로는 뇌 혈류 이상, 세로토닌 같은 신경전달물질의 불균형, 유전적 요인이 있다.

- **긴장성 두통:** 목, 등, 턱 부위의 근육 긴장과 관련 있거나 불안감이나 나쁜 자세, 눈의 피로 등도 원인이 될 수 있으며 주로 생활습관의 영향을 받는다.

- **군발 두통:** 극심한 통증이 보통 머리 한쪽, 특히 눈 주변에 집중되어 나타난다. 한동안 두통이 없는 시기가 계속되다가 몇 주에서 몇 달 동안 반복적으로 계속 발생하는 양상을 보인다. 알코올, 흡연, 특정 약물 등이 유발 요인이 될 수 있으며 시상하부의 기능 이상이나 뇌혈관의 비정상적인 확장 등이 원인으로 추정된다.

2차성 두통

- **부비동성 두통:** 눈과 코, 눈썹 주변과 이마에 통증이나 압박감이 느껴지는 것이 특징이다. 알레르기, 감염, 비강이나 부비동의 다른 문제로 발생할 수 있다.

- 뇌진탕이나 뇌졸중, 감염, 종양, 그 밖의 뇌나 척수에 관련된 질환으로 발생한다.

기타 두통

- **호르몬성 두통:** 생리 주기의 특정 시기, 임신, 폐경, 갑상선 질환 등의 상황에서 발생하며 주로 호르몬 변화로 유발된다.

- **반동성 두통:** 특정 약물을 과용했거나 해당 약물을 천천히 끊지 않고 갑자기 중단했을 때 발생할 수 있다.

주의해야 할 두통의 징후

갑자기 심한 두통이 생겼거나 외상 이후 의식 변화에 앞서 두통이 나타났거나 기분이나 행동, 성격의 변화와 함께 나타난 경우에는 더욱 주의해야 한다. 열이나 식은땀, 오한을 동반하거나 몸을 숙이거나 힘을 줄 때 통증이 심해질 때도 진료를 받아야 한다. 시각이나 청각, 후각, 촉각이 갑자기 상실되는 등 감각에 이상이 생기거나 신체 일부의 움직임에 이상이 생겼다면 지체하지 말고 즉시 의학적 도움을 받는다.

• 두통의 종류에 따른 통증의 위치

연구에 따르면 두통은 통증이 나타나는 위치에 따라 어느 정도 그 종류를 예측할 수 있다. 다음에 제시된 양상은 일반적인 경향을 보여 주는 것이며, 모든 두통이 반드시 이러한 형태를 따르는 것은 아니다. 특히 외상이나 부상의 경우에는 통증의 양상이 비정형적일 수 있으므로 더욱 주의를 기울여야 한다. 두통의 원인이나 진행 양상이 심상치 않으면 전문의의 진료를 받는 것이 좋다.

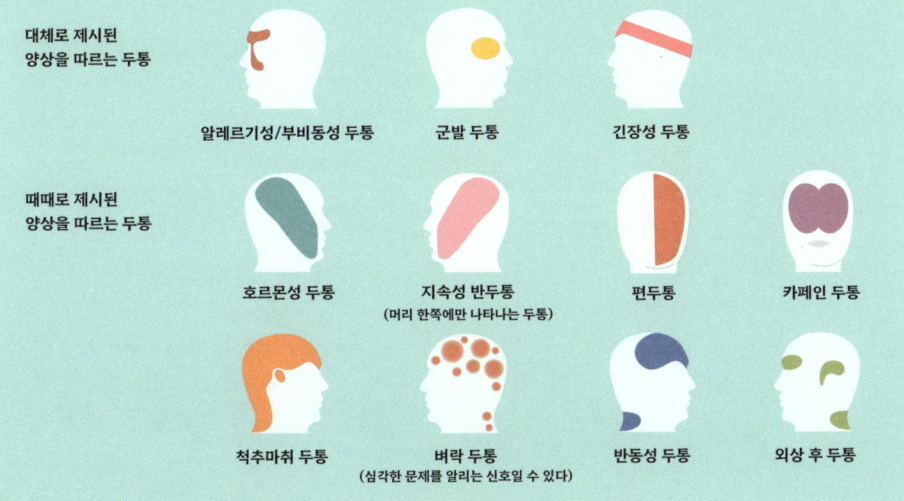

기분과 주의력

기분이 쉽게 변하고 산만해지는 경향은 일상생활에 다양한 방식으로 영향을 끼친다.
이 둘은 서로 밀접하게 연관되어 있어 기분은 주의력에 영향을 주고
주의력 또한 기분에 영향을 미칠 수 있다.

기분 문제

기분이 우울할 때는 모든 정보를 부정적인 시각으로 받아들이기 쉽다. 기분과 관련된 문제에는 다양한 유형이 있으며, 그 심각성도 역시 다양하게 나타난다. 비교적 가벼운 경우에는 일상적인 사건이나 경험에 따라 기분이 쉽게 달라지는 정도로 나타난다. 반면 감정 조절의 어려움은 관리가 쉽지 않아 극단적인 감정 반응이나 급격한 기분 변화를 초래할 수 있다. 이러한 양상은 양극성 장애나 우울증, 기타 기분 장애 등에서 나타나는 심각한 기분 문제로 이어질 수 있다(138~139쪽 참조). 아울러 약물 남용이나 특정 질환, 삶의 스트레스 역시 기분 문제의 원인이 될 수 있다.

주의력 문제

주의력이 저하되는 원인은 다양하다. 단순한 환경적 방해 요인 때문일 수도 있고, 과제의 난이도와 관련이 있을 수도 있다. 주의력은 적절한 수준의 도전이 주어졌을 때 가장 잘 발휘되는데 어떤 일이 지나치게 어렵거나 반대로 너무 쉬우면 집중이 어려워질 수 있다. 이런 경우 사람들은 종종 실제로는 극도의 불안에 휩싸여 있으면서도 겉으로는 지루한 것처럼 보인다. 이때 지루한 상황과 두려운 상황 모두 주의 체계가 '기능을 멈춘 것'으로 보인다. 이와 더불어 일상 속 스트레스 요인들도 집중을 방해할 수 있다.

불안 역시 주의력에 영향을 미친다. 불안할 때

• 기분과 주의력의 상호작용 •

기분이 좋을 때는 다양한 대상에 주의를 기울일 수 있지만 기분이 나쁠 때는 제한된 대상에 주의가 집중되는 경향이 있다. 주의가 넓어지면 새로운 아이디어가 떠오르기 쉬워지고, 창의성이 높아지며, 학습과 기억 능력도 향상된다. 반면 부정적인 기분은 위협 요소나 비판, 부정적인 자극에 주의를 집중하게 만들어 학습과 기억을 방해하는 경향이 있다. 기분과 주의력은 서로 공통된 뇌 구조와 신경전달물질의 영향을 받는다. 감정 조절 체계(변연계 포함)와 전전두피질은 일부 동일한 뇌 영역을 공유하고 있으며 도파민, 세로토닌, 노르에피네프린과 같은 신경전달물질은 양쪽 기능 모두에서 중요한 역할을 한다.

• 최적의 인지 수행 능력과 각성 상태

우리의 인지 수행 능력은 주의력과 감정 상태에 따라 결정된다. 이때 각성, 즉 정신이 얼마나 맑고 민감한 상태인지가 주의력에 큰 영향을 미친다. 각성 수준이 너무 낮으면 지루해지고, 너무 높으면 불안해져 집중하기 힘들 수 있다. 예르케스-도드슨 법칙에 따르면, 복잡한 과제를 수행할 때는 중간 수준의 각성 상태에서 최고의 수행 능력이 발휘되는 경향이 있다.

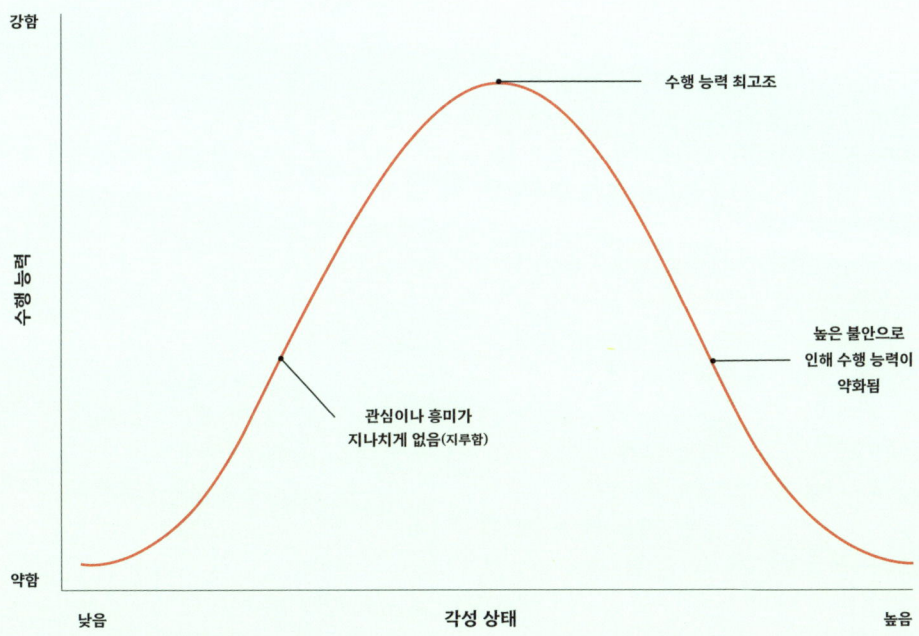

우리는 머릿속 걱정거리와 주변의 다양한 요구에 신경을 쓰느라 주의를 쉽게 빼앗긴다. 그 결과 정보 처리 속도가 느려지거나 걱정에 사로잡혀 다른 일에 깊이 집중하지 못하게 되며, 때로는 불안으로 인해 이 생각 저 생각을 하느라 하나의 주제에 오래 머무르지 못하기도 한다.

기분이나 주의력 관련 문제가 계속되면 수면 장애와 같은 근본적인 건강 문제를 의심해 볼 수 있다. 약물 중독이나 ADHD(130~131쪽 참조), 뇌 손상, 뇌졸중, 신경퇴행성 질환(8장 참조) 등 의학적 원인도 고려해 볼 수 있다.

뇌안개, 과부하, 피로

누구나 가끔 정신적으로 피곤하고 머리가 멍할 때가 있다. 하지만 어떤 사람들은
이러한 뇌안개와 피로 때문에 일상생활이 어려울 정도로 심각한 문제를 겪기도 한다.

뇌 영상의 역할

뇌 영상 기술 덕분에 이러한 상태가 실제로 뇌에 어떤 변화를 일으키는지 확인할 수 있게 되었다. 아직 연구가 진행 중이지만 피로는 여러 뇌 영역의 활동과 혈류의 양상에 변화를 일으키는 것으로 보인다. 일부 연구에서는 전두엽, 대상피질, 두정엽의 혈류가 감소할 뿐 아니라 시상의 활동이 증가하는 것으로 나타났다.

다양한 원인

이러한 증상에는 매우 다양한 원인이 있을 수 있다. 뇌안개는 수면 부족이나 영양 결핍, 음식에 대한 과민 반응, 약물 부작용과 같은 생활습관이 원인일 수 있으며 때로는 특정 상황에서 발생하기도 한다. 여러 일을 동시에 처리하려 하거나, 소음이 심하거나 주의가 산만한 환경에서 일할 때, 너무 많은 정보를 짧은 시간에 배우려 하거나 압박감을 느끼며 공부할 때도 인지 과부하가 발생한다. 정신적 피로는 휴식 없이 오랜 시간 업무나 학습을 지속하거나, 특히 난이도가 높은 과제에 몰두할 때 발생할 수 있다.

이와 같은 증상은 건강 문제와도 관련이 있는 경우가 많다. 불안, 우울, 편두통, ADHD는 물론이고 알레르기나 호르몬 변화, 간이나 신장의 기능 저하, 감염, 당뇨병, 코로나19, 수면 장애, 음식에 대한 과민 반응, 갑상선 질환, 임신, 항암 치료, 혈당 문제, 만성피로 증후군, 자가면역 질환, 섬유근육통, 라임병 등도 원인이 될 수 있다.

> **• 번아웃 극복 방법 •**
>
> - **생활습관 관리:** 수면 위생을 관리하고 수면의 질과 양을 점검한 후 운동과 식단을 살펴보자.
> - **여러 가지 스트레스 관리 기법:** 마음챙김이나 명상 같은 방법을 고려하고, 시간 관리 전략도 도움이 될지 검토해 본다. 사회적 관계 유지 또한 중요한 회복 자원이다.
> - **인지행동 전략 기법:** 자신의 어려움을 새로운 시각으로 바라볼 수 있게 하는 '재구성' 기법을 익혀 본다.
> - **전문가의 도움:** 의사에게 진료를 받아 기본적인 건강 상태를 점검한다.

과도한 생각과 걱정, 집요하게 자꾸 떠오르는 생각

부정적인 생각이 머릿속에서 떠나지 않거나 사소한 일에 갑자기 걱정이 밀려온 적이 있는가? 흔히 겪는 이러한 증상은 여러 뇌 영역이 과도하게 활성화되면서 생기는 것이라고 한다.

지나치게 걱정이 많을 때는 전전두피질, 편도체, 해마 같은 특정 뇌 영역이 과도하게 자극받은 상태일 수 있다. 전전두피질은 걱정거리를 반복적으로 되새기는 데 관여하고, 편도체는 불안을 증폭시키거나 원치 않는 생각이 집요하게 떠오르도록 할 수 있다. 또 다른 주요 뇌 부위인 해마는 미래를 염려하거나 과거 경험을 떠올리는 과정에서 활발히 작용한다.

걱정을 너무 많이 하는 것을 걱정해야 할까?

과도한 생각과 걱정은 누구나 겪는 보편적인 경험이며 대부분 해롭지 않다. 그러나 때에 따라 이는 특정 기저 질환을 알려 주는 신호일 수 있다. 이에 해당하는 질환들로는 강박 장애(OCD)와 외상 후 스트레스 장애(PTSD) 등이 있으며 유전적 요인, 특정한 성격적 특성, 스트레스나 외상 경험 등도 과도한 걱정의 원인이 될 수 있다.

걱정을 줄이는 방법

걱정을 효과적으로 치료하는 방법은 걱정의 원인에 따라 달라진다. 과학적으로 효과가 입증된 접근법들로는 인지행동 치료, 마음챙김 기반 치료, 수용전념 치료, 약물 치료 등이 대표적이며 운동이나 점진적 이완법 같은 이완 기법, 수면 위생 관리 등 생활습관을 조절하는 전략 역시 걱정을 줄이는 데 도움이 되는 것으로 나타났다. 이와 더불어 카페인과 알코올 섭취를 줄이거나 피하고, 사회적 관계의 질을 높이는 것도 좋은 방법이다(80~81쪽 참조).

> 원치 않는 생각을 반복적으로 하게 되는 것만으로는 의학적 질환이라고 할 수 없다.

기억력과 학습 능력의 변화

이름이 잘 기억나지 않는다거나 과거의 어떤 순간이 떠오르지 않는 것은 누구에게나 흔히 있는 일이므로 크게 걱정하지 않아도 된다. 하지만 이런 일이 반복적으로 계속된다면 한 번쯤 검사를 받아 보는 것이 좋다.

기억력과 학습 능력의 변화는 어떻게 알아차릴 수 있을까? 가장 쉬운 방법은 일상에서 새로운 정보를 배우거나 기억하기가 평소보다 어렵게 느껴지는지 살펴보는 것이다. 가끔 그런 것은 자연스러운 일이지만 자주 그렇다면 전문의와 상담해 보는 것이 좋다.

주의해야 할 증상은 다음과 같다.

- 새로 배운 정보를 문제 해결에 적용하기가 예전 보다 어려울 때

- 최근 들은 정보를 금방 잊어버리고, 누군가 상기시켜 줘도 전혀 기억나지 않을 때

- 운전이나 달걀프라이처럼 평소 익숙하게 하던 행동을 어떻게 해야 할지 갑자기 생각나지 않을 때

전문적인 검사

기억력과 학습 능력의 변화를 확인하는 한 가지 방법은 표준화된 신경심리 검사를 받는 것이다(166~167쪽 참조). 이 검사는 전통적으로 종이와 연필을 사용해 시행되며, 이후 등장한 여러 두뇌 훈련 프로그램 개발에도 영향을 주었다. 검사 결과는 또래 집단과 비교해 특정 인지 기능에 이상이 있는지와 추가 검사가 필요한지를 판단하는 데 활용된다.

또 다른 접근법은 혈액 검사를 통해 원인을 찾는 것이다. 혈액 분석을 통해 비타민 B12, 철분, 비타민 D 등의 영양소 결핍 여부는 물론 호르몬 수치, 혈당 대사 상태, 면역·염증·대사 건강 지표 등을 종합적으로 확인할 수 있다. 특히 폐경 전후 시기에는 기억력이 일시적으로 저하되는 현상이 흔히 나타난다(50~51쪽 참조).

이러한 검사로도 원인이 분명하게 밝혀지지 않는다면 뇌 영상 촬영이나 뇌의 전기 신호 이상 여부를 확인하는 검사를 시행할 수도 있다. 경우에 따라 알츠하이머병과 관련된 신경세포 손상 지표나 특정 단백질, 유전자 검사 등이 고려되기도 한다.

> **• 그냥 스트레스를 받은 것뿐이라고? •**
>
> 스트레스나 불안은 기억력 저하로 나타난다. 가족의 생일을 깜빡하거나, 차를 어디에 주차했는지 기억나지 않거나, 가게에서 무엇을 사야 할지 생각이 안 나는 일이 잦아졌다면 이는 평소보다 불안 수준이 높아졌다는 신호다.

• 여러 가지 망각 이론

우리가 무언가를 잊는 데는 여러 가지 이유가 있다. 예를 들어 기억을 떠올리는 데 어려움이 있거나, 일부러 잊고 싶어 한다거나, 오랫동안 사용하지 않아 기억이 자연스럽게 사라지는 경우 등이 있다.

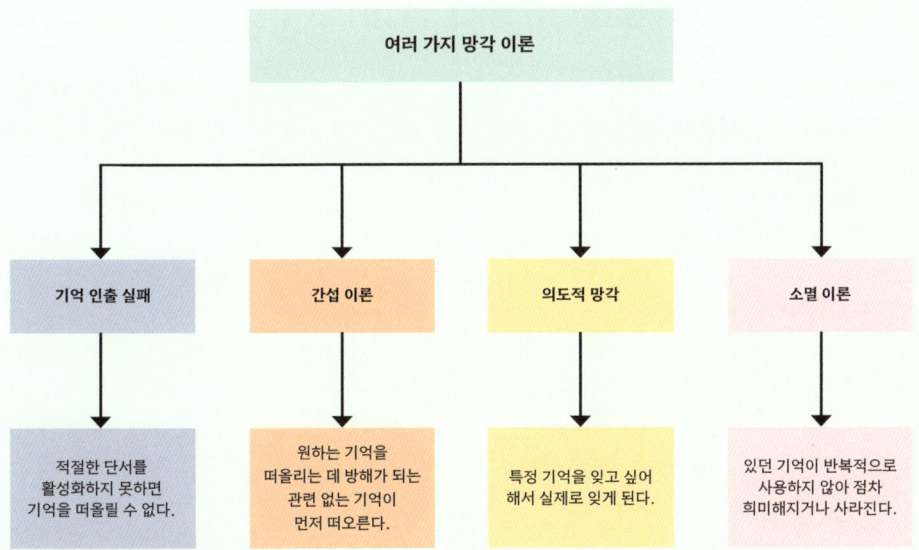

최근 연구에서는 향후 기억력과 학습 능력 평가에 활용될 수 있는 다양한 생체 표지자들이 개발되고 있다. 아직 임상에서 널리 쓰이지는 않지만 뇌 유래 신경영양인자는 기억 형성에 관여하며, 피-타우(p-tau) 217은 알츠하이머병의 조기 진단에 활용될 수 있다. 또한 아세틸콜린, 도파민, 글루탐산 같은 신경전달물질 수치도 향후 검사 항목에 포함될 수 있다. 다만 이러한 지표들은 아직 임상 현장에서는 표준검사로 사용되지 않으며 실용화를 위해서는 더 많은 연구와 시간이 필요하다.

기억력과 학습 능력을 높이는 방법에 관심이 있다면 5장, 의학적 질환이나 학습 특성이 학습에 미치는 영향을 알고 싶다면 7장과 8장, 관련 치료법은 9장을 참조하라.

행동과 동기

기운이 없거나 사람들과 어울리고 싶지 않거나 집중이 잘 안 되는 일은
현대 생활에서 흔히 겪는 일시적인 변화일 수 있다. 그러나 경우에 따라
더 심각한 문제의 신호일 수 있으므로 주의 깊게 살펴볼 필요가 있다.

걱정스러운 행동 변화의 초기 징후 중 하나는 사회적 관계나 책임을 등한시하는 것이다. 예를 들어 타인과 관계가 단절되거나 이전에 즐기던 활동이나 인간관계, 일에 대한 흥미 상실 등이 이에 해당한다. 이러한 변화가 나타나는 배경은 개인의 과거 경험과 이력에 따라 달라질 수 있다.

이전과 확연히 다른 극단적인 행동을 한다면 우울증이나 양극성 장애 같은 기분 장애, 조현병과 같은 정신병적 장애의 초기 증상일 수 있다. 특히 이러한 변화가 노년기에 나타난다면 치매 시작의 징후일 가능성도 있다.

반면 이러한 행동이 사회불안 장애에서 비롯된 것이라면 대개 시간이 지나면서 서서히 진행되는 경향이 있다. 때로는 전학이나 청소년기의 따돌림 등 특정한 사건이 계기가 되어 시작되기도 한다.

에너지 수준 저하

더 심각한 적신호는 갑작스러운 에너지 수준의 변화다. 평소보다 잠이 지나치게 많아지거나 적어지는 등 수면 패턴이 바뀌는 것도 그러한 증상이 될 수 있고, 극도로 피로하거나 무기력한 상태가 지속될 수도 있다. 아무런 일에도 흥미를 느끼지 못하고 공허하

• **SIGECAPS 우울증 선별 도구**

SIGECAPS는 우울증의 주요 증상들을 약어로 나타낸 것으로 우울증이나
그 밖의 기분 장애 여부를 확인하는 데 도움이 된다.

거나 지루해지는 것 또한 몸과 마음이 보내는 이상 신호일 수 있는데 이는 우울증이나 기타 기분 장애, 갑상선 질환, 단핵구증과 같은 질환에서 나타날 수 있는 증상이다.

인지 기능의 변화 또한 주의 깊게 살펴봐야 한다. 집중력이 떨어지거나, 평소보다 건망증이 심해졌거나, 결정을 내리기 어렵거나, 정신이 없거나 방향 감각이 떨어지는 일이 잦다면 주의가 필요하다. 이러한 증상은 치매를 포함한 다양한 신경계 질환, 기분 장애나 불안 장애처럼 인지 기능에 영향을 미치는 정신 건강 문제가 원인일 수 있다.

기분이 갑자기 극단을 오가는 것도 중요한 경고 신호다. 기분이 갑자기 좋았다가 나빠지거나 그 반대로 급변하는 경우, 극도로 짜증이 나거나 분노가 치밀어 오르는 경우, 계속 슬픔에 잠겨 있는 경우 등이 이에 해당한다. 이러한 정서적 변화는 약물 남용 또는 다양한 기분 장애로 나타나는 증상일 수 있다.

자살 충동

행동으로 나타나는 가장 명백하고도 심각한 변화는 자살을 생각하거나 실제로 시도하는 경우다. 예를 들어 자해하고 싶다는 말을 하기도 하고 소중히 여기던 물건을 다른 사람에게 주거나 갑자기 유언장을 작성하는 등 죽음을 계획한 듯한 행동을 한다. 그리고 실제로 자살을 실행에 옮기기도 한다. 이러한 변화는 우울증, 기타 기분 장애, 정신 건강상의 심각한 위기를 겪고 있다는 신호일 수 있다.

> 즐겁고 의미 있게 느껴졌던 활동이나 관계가 더 이상 그렇게 느껴지지 않는다면 주의해야 할 신호일 수 있다.

C(concentration)
집중력 저하

A(appetite)
식욕 및 체중 변화

P(psychomotor)
정신 운동 초조 또는 지체

S(suicide)
자살에 대한 생각

많이 하는 질문들

부정적인 감정이나 기분이 뇌에 영향을 줄 수 있을까?

그럴 수 있다. 누구나 부정적인 감정이나 기분을 경험할 때가 있다. 문제는 그 정도에 있다. 이런 감정이 제대로 해결되지 않거나 기분 장애로 발전할 경우 뇌 기능에도 영향을 준다. 예를 들어 우울증과 불안은 단기 기억력을 떨어뜨리고, 장기 기억에 접근하는 방식을 왜곡하며, 신경가소성을 저해하는 것으로 알려져 있다. 또한 기분과 주의력은 함께 작용하거나 함께 무너지는 경향이 있다. 주의력이 떨어지면, 즉 쉽게 산만해지거나 집중하기 어려울 때는 기분도 나빠질 수 있고, 반대로 기분이 나빠지면 주의력도 함께 저하되기 쉽다.

•

내 정신 건강에 심각한 문제가 있다면 어떻게 알 수 있을까?

정신 건강이 양호하다는 것은 일상생활을 하는 데 필요한 기능을 큰 어려움 없이 수행할 수 있다는 의미다. 만약 정신적인 수행 능력이 저하되어 해야 할 일을 제대로 해내지 못하거나, 감정을 자꾸 회피하게 되거나, 예전에는 즐겁고 의미 있게 느껴졌던 일이 더 이상 즐겁지 않고 해야 할 이유를 못 느낀다면 정신 건강에 이상이 있다는 신호일 수 있다. 또한 비록 본인은 그렇게 느끼지 않더라도 많은 사람이 극심한 스트레스나 정신적인 충격으로 받아들일 만한 일을 겪었다면 전문가에게 정신 건강 검진을 받아 보는 것이 도움이 된다.

•

두통이 계속된다면 병원에 가야 할까?

그럴 수 있다. 두통에는 여러 종류가 있는데 그중 일부는 병원에서 진료를 받아야 한다. 낙상이나 머리를 부딪쳤거나 채찍질 손상을 입은 이후 두통이 있으면 반드시 전문의의 진찰을 받아야 한다. 의식 변화에 앞서 두통이 생긴 경우나 성격이나 행동의 변화와 함께 두통이 생긴 경우 혹은 뚜렷한 이유 없이 기분이 급격하게 변하거나 극단적인 상태가 된 경우에도 신속하게 진료를 받아야 한다. 이 외에도 시각·청각·후각·촉각의 변화나 소실, 신체 일부를 움직이지 못하는 증상이 나타날 경우 즉시 의료진의 도움을 받아야 한다.

기운이 없고 늘 피곤하다면 뇌에 무슨 일이 일어나고 있는 걸까?

'뇌안개'라는 표현이 있다. 생각이 평소보다 느려지고, 집중이 잘 안 되며, 정신이 혼란스럽거나 깜빡깜빡하고 멍한 상태를 말한다. 이런 증상은 다양한 원인에서 비롯될 수 있다. 수면 부족, 영양 결핍, 음식에 대한 과민 반응, 약물 부작용 등이 원인이 될 수 있고 한꺼번에 너무 많은 일을 처리하려 할 때도 나타날 수 있다. 우울증, 당뇨병, 자가면역 질환과 같은 특정 질환들도 뇌안개를 유발할 수 있다.

•

오랜 친구의 이름이 갑자기 생각나지 않았다면 걱정해야 할까?

그렇지 않다. 건강한 사람이라도 나이와 상관없이 때때로 익숙한 정보를 잊는 일이 흔하다. 스트레스나 수면 부족, 혹은 친구의 이름보다는 얼굴이나 그 사람이 주는 느낌, 함께한 기억 같은 다른 요소에 집중하고 있었기 때문일 수 있다. 다만 이런 건망증이 너무 자주 반복되어 생활에 지장을 줄 정도라면 의사와 상담해 보는 것이 좋다.

•

같은 생각이 계속 반복되는 이유는 무엇일까?

뇌가 어떤 중요한 사건이나 사실을 처리하려는 과정일 수 있고, 정신 건강에 문제가 있다는 것을 알리는 신호일 수도 있다. 우리는 새로 만난 사람에게 호감이 생기면 첫 만남을 자꾸 떠올리며 다음 만남을 상상하게 된다. 이것은 긍정적인 스트레스에 해당한다. 반면 가까운 사람이 사망한 후 그 사람과 함께한 마지막 순간을 계속 떠올리는 경우는 부정적인 스트레스에 해당한다. 양쪽의 경우 모두 뇌가 하는 일은 경험을 반복해 되새기며 기억으로 정리하는 것이다. 생각이 계속 꼬리를 물고 떠오르는 현상은 전전두피질, 편도체, 해마 등의 뇌 영역이 과활성화될 때 나타날 수 있다. 강박 장애(136~137쪽 참조)나 외상 후 스트레스 장애(144~145쪽 참조)에서도 이런 현상이 나타날 수 있지만 대부분의 반복적 사고는 정신 질환과 직접적인 관련이 있는 것은 아니다. 하지만 일상생활을 하기 어려울 정도라면 전문가와 상담하거나 의사의 진료를 받아 보는 것이 좋다.

Chapter 7

심리학적 질환과 차이

뇌 건강 분야의 최신 경향

코로나19 대유행 동안 사람들이 느끼는 고립감과 외로움은 역대 최고 수준에 이르렀고, 이에 따라 정신 건강과 뇌 건강에도 다양한 문제가 나타났다. 그러나 코로나19 대유행을 겪고 난 이후 놀랍게도 몇 가지 긍정적인 변화가 나타났다.

세계보건기구에 따르면 오늘날 전 세계적으로 노인은 4명 중 1명, 청소년은 5~15%가 외로움을 느낀다고 한다. 2020년부터 2021년까지 이어진 코로나19 대유행 기간에는 미국 성인의 36~58%가 나이와 관계없이 외로움을 느꼈다고 답했다.

코로나19 대유행 시기의 뇌 건강

코로나19 대유행 기간 중 거의 모든 연령대에서 정신 건강과 뇌 건강이 전반적으로 악화되었다. 학교가 문을 닫고 원격 수업으로 전환하면서 아동은 학업적으로나 사회적으로 뒤처지기 시작했다. 학업 성취도는 최근 10여 년 사이 가장 낮은 수준으로 떨어졌고, 교사들은 학생들의 무단결석이 늘었고 정서적·행동적인 면에서도 문제가 증가했다고 보고했다.

사회적 관계를 넓히고 경력을 쌓기 시작해야 할 시기에 있던 청년들은 극심한 외로움을 호소했다. 일하는 부모들은 아이를 집에서 돌보고 가르치는 일과 본업을 동시에 감당해야 했으며, 결국 두 가지를 병행하기 힘든 현실 속에서 일부 맞벌이 가정은 한쪽 부모가 일을 그만두고 육아에 전념해야 했다.

코로나19 감염에 가장 취약한 집단이었던 노인들은 고립된 생활을 감수해야 했고, 그로 인해 외로움은 더욱 깊어졌다.

코로나19 대유행이 남긴 긍정적 변화

하지만 코로나19 대유행으로 사람들이 정신적으로 힘든 시기를 보내면서 정신 건강 문제에 대한 사회적 편견이 서서히 사라지기 시작했다. 정신 건강 분야에서 전례 없는 수준의 투자와 혁신이 이루어졌으며, 원격 진료 기술과 정신 건강 모바일 앱에 대한 접근성도 크게 향상되었다. 이와 함께 정밀 정신의학, 사이키델릭 기반 치료법, 마음챙김 기반 치료 등 다양한 치료 영역에 대한 관심도 높아지기 시작했다.

또한 코로나19 대유행 이전부터 뇌 건강 분야의 주요 과제로 제기되어 온 정신 건강 치료의 접근성 문제 역시 새롭게 주목받기 시작했다. 그 결과 전 세계 여러 기관이 정신 건강 치료에 대한 접근성을 높이는 일에 적극 대응하고 있다.

그 밖의 다른 뇌 건강 분야에서도 코로나19 대유행 이후 변화가 계속되고 있다. 신경과학이 발전하고 예측력이 높아지면서 조기 개입형 뇌 건강 프로그램이 전 세계적으로 점점 더 주목받고 있다.

한편 인구 고령화로 뇌 질환이 증가하는 추세지만 웨어러블 기술과 스마트 홈 시스템을 활용하면 보다 개인화된 대응이 가능해질 것으로 보인다. 또한 인공지능의 발전은 일자리 감소를 불러와 사회적 스트레스를 초래할 수 있지만 동시에 뇌와 정신 건강 문제를 조기 진단하고 치료하는 데 기여할 가능성도 있다.

- 코로나19 전후의 전 세계 우울증 유병률

중독

중독에는 다양한 형태가 있지만 그 기저에 있는 신경학적 과정, 특히 뇌의 보상 시스템과 관련된 구조는 대부분 비슷하다. 이에 따라 중독으로 어려움을 겪는 사람들을 위한 다양한 약물 치료법과 심리 치료법이 마련되어 있다.

중독의 발생 여부나 양상은 약물의 종류, 반복되는 특정 행동, 개인적 배경에 따라 달라진다. 일부 약물은 신경전달물질과 뇌 연결망에 직접적인 변화를 일으킨다(20~21쪽 참조). 반면 성행위나 도박, 비디오 게임과 같은 행위에 중독되는 데는 시간이 더 오래 걸리거나 중독 정도가 비교적 덜 심할 수 있다. 유전적 요인, 생활습관, 어린 시절의 경험 또한 중독에 빠질 위험을 낮추거나 높이는 데 영향을 미친다.

중독 상태의 뇌

중독 상태에서는 전전두피질과 보상 체계, 변연계 모두에 변화가 생긴다. 자기 통제와 이성적 판단을 담당하는 전전두피질의 활동이 감소하고 이로 인해 불행히도 갈망을 억제하는 능력이 약해진다. 한 가지 더 나쁜 소식은 '쾌락 중추'로 알려진 측좌핵이 지나치게 활성화된다는 사실이다. 이 보상 회로의 과도한 활성으로 인해 도파민이 뇌에 넘쳐나면서 갈망은 더욱 심해진다. 게다가 보상 체계와 전전두피질 사이의 연결은 점점 약해져 보상 반응은 더욱 강화되고 이를 억제하는 기능은 약화된다.

이 과정에는 도파민 외에도 여러 가지 다른 화학 물질들이 깊이 관여한다. 특히 글루탐산과 가바라는 신경전달물질이 영향을 많이 받는데, 글루탐산은 학습과 기억, 가바는 기분과 통증 인식에 관여하는 물질이다. 통증, 보상, 중독성 행위를 조절하는 뇌의 오피오이드 체계 또한 영향을 받는다. 일부 중독성 물질이 이 체계의 효과를 모방해 이 체계가 정상적으로 작동하지 못하게 하는 것이다.

공포와 감정 반응을 담당하는 변연계, 특히 편도체도 중독의 영향을 받는다. 위협과 스트레스에 더욱 민감해지면서 기분이 나아지려고 중독성 물질이나 행동에 의존하게 되는 경향이 커진다. 이렇게 변연계에 변화가 생기면 특정한 행동을 강박적으로 반복하게 될 수 있다.

중독 치료하기

갈망을 억제하고 금단 증상을 완화하는 데 도움이 되는 약물이 중독을 극복하는 데 효과가 있다. 인지행동 치료와 같은 특정 유형의 치료는 회복 공동체 모임과 마찬가지로 중독에서 벗어나 회복하는 데 도움이 되는 것으로 보인다. 중독을 유발하거나 지속시키는 환경적 요인을 바로잡는 것도 중요하다. 그 예로는 정신 건강 문제나 만성 스트레스 같은 근본적 요인이 있다. 중독에서 벗어나는 과정에서 가족이나 친구와의 교류는 도움이 되지만 부정적인 영향을 미치는 사람들과의 관계는 회복을 방해할 수 있다.

중독

1단계: 남용 및 중독 상태

보상 회로가 과도하게 자극받으면 통제력을 잃고 폭음이나 폭식 같은 행동이 나타날 수 있다.

2단계: 금단 증상 및 기분 저하

중독성 물질을 반복적으로 사용하면 뇌의 측좌핵(B)에서 도파민 수용체의 수가 줄어든다. 따라서 이전과 같은 기분을 느끼려면 중독성 물질을 더 많이 사용해야 하는 상태가 된다. 한편 편도체(E) 회로의 변화는 불안, 스트레스, 과민함과 같은 금단 증상이 나타나는 원인 중 하나로 여겨진다.

3단계: 집착 및 기대

중독자는 중독 행동을 향한 강한 갈망을 경험한다. 약물 사용 중에는 전두엽피질(F)과 해마(G)의 기능적 변화가 발생하는 것으로 보고되며, 이러한 변화는 결과에 대한 고려 없이 욕구가 뇌에 각인되어 중독 행동을 반복하게 하는 데 관여하는 것으로 보인다.

- **중독의 순환 과정**

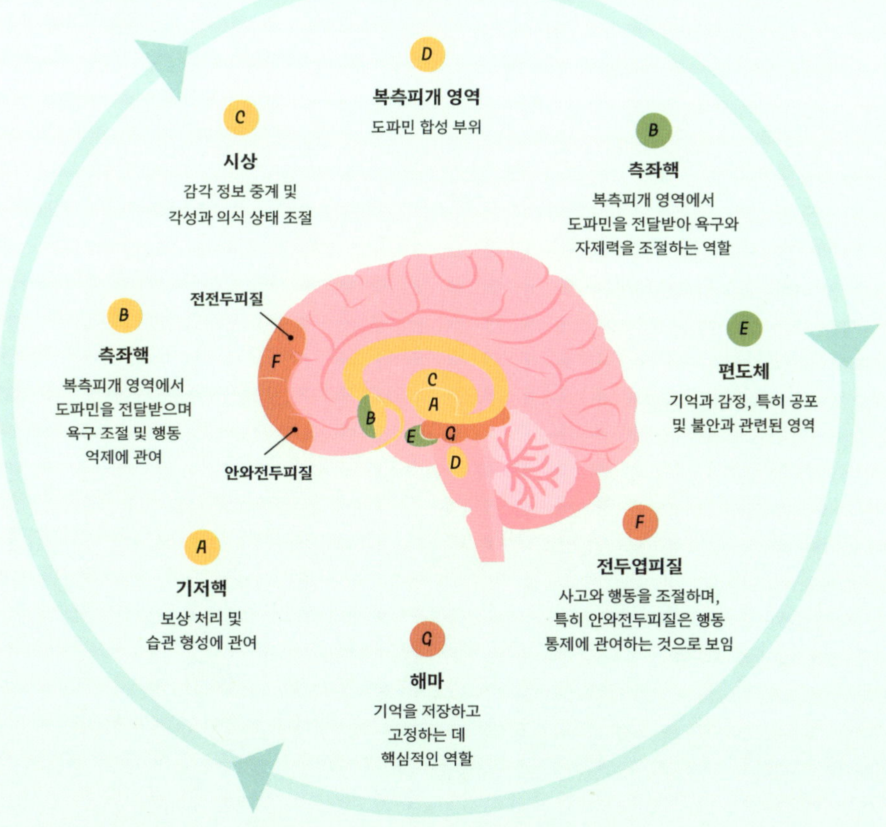

D 복측피개 영역 — 도파민 합성 부위

C 시상 — 감각 정보 중계 및 각성과 의식 상태 조절

B 측좌핵 — 복측피개 영역에서 도파민을 전달받아 욕구와 자제력을 조절하는 역할

B 측좌핵 — 복측피개 영역에서 도파민을 전달받으며 욕구 조절 및 행동 억제에 관여

전전두피질
안와전두피질

E 편도체 — 기억과 감정, 특히 공포 및 불안과 관련된 영역

A 기저핵 — 보상 처리 및 습관 형성에 관여

F 전두엽피질 — 사고와 행동을 조절하며, 특히 안와전두피질은 행동 통제에 관여하는 것으로 보임

G 해마 — 기억을 저장하고 고정하는 데 핵심적인 역할

주의력결핍 과잉행동 장애

주의력결핍 과잉행동 장애(ADHD)는 집중이 어렵고
충동적으로 행동함으로써 생활에 불편을 겪는 행동 질환이다.

ADHD 진단은 때때로 양날의 검처럼 느껴질 수 있다. 한편으로는 오랫동안 한곳에 집중하기 어렵고, 충동을 조절하거나 일을 체계적으로 정리하고 계획하는 데 어려움이 있으며, 시간 관리 또한 쉽지 않다. 하지만 다른 한편으로는 특정 상황에서 놀라울 정도로 깊이 몰입하기도 한다. 이러한 현상을 '과집중'이라고 한다. ADHD를 가진 사람은 남다른 창의성이나 직관적 통찰력을 지닌 경우가 많고, 스스로 흥미를 느끼는 영역에서는 탁월한 몰입력을 발휘하는 경향이 있다. 어떤 이들은 자신이 에너지가 넘치는 사람이라고 느끼며, 다양한 삶의 경험을 통해 회복탄력성과 끈기를 점차 키워 왔다고 말하기도 한다.

ADHD 진단하기

주의가 산만하거나 과잉행동을 보인다고 해서 반드시 ADHD라고 단정할 수는 없다. 불안 장애나 자폐 스펙트럼처럼 다른 여러 정신 질환에서도 이와 유사한 증상이 나타날 수 있기 때문이다. 따라서 ADHD를 정확히 진단하려면 먼저 다른 가능성들을 배제해야 한다. 전문가들은 ADHD가 뇌 발달 초기에 나타나는 특성이라는 점에 주목해 어린 시절부터 지속되어 온 행동 양상을 진단의 중요한 단서로 본다.

최근 미국 식품의약국은 임상적으로 ADHD 진단을 받은 아동의 80% 이상을 감별해낸 뇌 영상 검사 기법을 승인했다. 단 이 검사는 전문가의 진단을 대체하기 위한 것이 아니라 진단 보조 도구로 사용된다. 현재 영국에서는 아직 사용 승인을 받지 못한 상태다.

한 사람이 여러 증상을 동시에 겪는 경우도 흔하다. 예를 들어 ADHD가 있는 사람은 주의력결핍을 보완하려는 반응으로 불안 장애를 함께 겪는 경우가 많다. 이들은 ADHD로 인해 놓치기 쉬운 잠재적인 위험 신호에 더욱 예민하게 반응한다. 하지만 그렇다 해도 이러한 불안을 치료하려면 ADHD와는 다른 방식으로 접근해야 한다.

• ADHD 관련 연구 •

3,900여 명을 대상으로 한 통합 연구에 따르면, ADHD 진단을 받은 사람들은 크지만 지연된 보상보다 작더라도 즉각적인 보상을 선호하는 경향이 중간 정도로 나타났다. 아울러 약물 치료는 여러 부정적인 결과를 줄이는 데 효과가 있는 것으로 보인다. 그 효과로는 사고로 인한 부상, 외상성 뇌 손상, 약물 남용, 범죄 행동, 우울증, 자살 등의 발생률 감소가 있다.

주의력결핍 과잉행동 장애   131

• ADHD 환자에게 나타나는 비정형적 기능 연결성

ADHD를 성공적으로 치료한 후에도 뇌 기능에는 미세한 차이가 남을 수 있다. 실제로 치료 후에도 세타파와 베타파가 여전히 과도하게 관찰되는 경우가 많으며, 최근 연구에서는 뇌 영역 간 연결성 패턴에서도 지속적인 이상이 확인되고 있다.

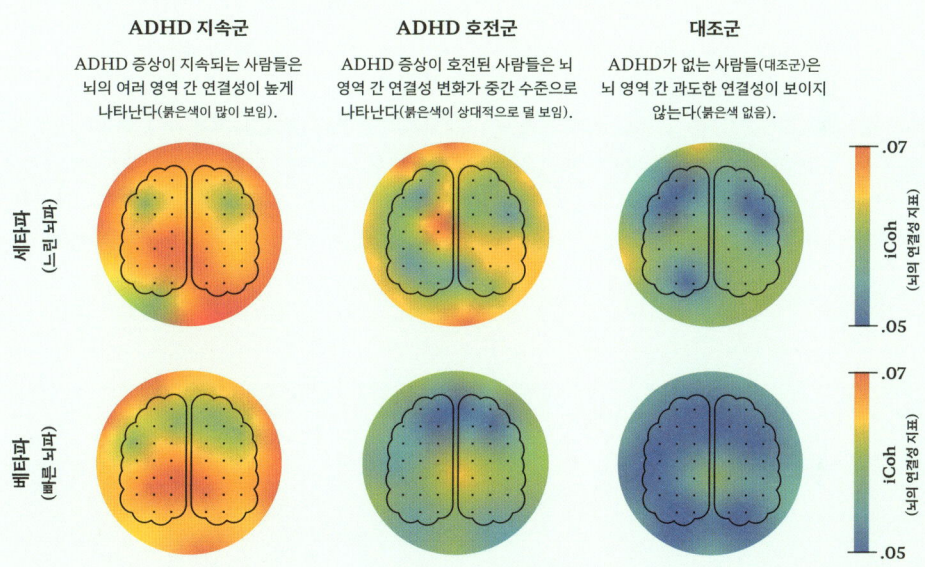

ADHD가 있는 뇌

ADHD가 있는 사람의 뇌는 전전두피질, 기저핵, 도파민 조절 체계 등 여러 영역에서 일반적인 뇌와는 미묘한 차이를 보이는 경우가 많다. 이 중에서도 도파민 조절 체계는 동기 부여와 집중력 유지에 핵심적인 역할을 하는데, ADHD의 경우 이 조절 체계가 일반인과 다르게 작동하는 경향이 있다. 잠이나 배고픔, 시간 압박, 강렬한 감정 자극과 같은 환경적 스트레스 요인에 따라 도파민 분비량이 달라지면서 어떤 일은 지나치게 흥미롭게 느껴져 멈추기 어려운 반면, 어떤 일은 흥미를 끌지 못해 시작조차 어려워질 수 있다.

검증된 ADHD 치료법은 진단 시기와 나이에 따라 달라지며 일반적으로 행동 치료나 약물 치료 또는 두 가지를 병행하는 치료가 이루어진다. 특히 아동의 경우 바이오피드백 치료가 가능하다면 주목할 만한 선택지가 될 수 있다(180쪽 참조).

학습 차이

난독증이나 난산증, 난서증과 같은 학습 차이를 지닌 사람들의 뇌는
몇몇 영역에서 신경학적으로 전형적인 뇌와 다른 경향을 보인다.

ADHD처럼 학습 차이 역시 단점과 동시에 장점이 있을 수 있다. 난독증이 있으면 읽기를 배우는 것은 어렵지만 시공간 능력은 평균 이상일 수 있다. 난산증이 있으면 숫자를 이해하는 것이 어렵고, 난서증이 있으면 손글씨나 세밀한 운동 능력에 문제가 생긴다. 하지만 두 경우 모두 언어 능력이나 말하기 영역에 있어서는 뛰어난 역량을 지니고 있을 수 있다.

뇌 안의 차이

난독증이 있는 사람은 언어와 음운(언어 속 소리의 패턴) 처리를 담당하는 뇌 영역에서 일반인과 신경학적으로 다른 양상을 보인다. 단어를 시각적으로 인식하는 데 관여하는 영역, 특히 후두측두피질에서도 차이가 나타난다. 난산증이 있는 경우에는 숫자 처리와

학습 차이	정의 및 증상	검증된 치료법
ADHD	일반적인 접근 방식으로는 주의 집중이 어려움	약물 치료(특히 자극제 계열), 행동 치료 또는 이 둘의 병행 치료가 일반적이며, 최근에는 바이오피드백(특히 뉴로피드백)이 가능성 있는 새로운 치료법으로 주목받고 있다.
난독증	일반적인 교육 환경에서도 읽기에 큰 어려움을 겪음	음소 인식과 음철법(파닉스), 유창성, 독해력에 특히 중점을 둔 특수교육법을 사용하거나 시각적·청각적·운동감각적 수단을 활용해 읽기 텍스트를 보완하거나 그에 대한 대안을 제공하는 방식
난산증	일반적인 교육 환경에서도 수학에 큰 어려움을 겪음	숫자 감각, 수학 개념 이해, 문제 해결 전략에 중점을 둔 특수교육법과 더불어 운동감각적·시각적 보조 자료 및 계산기나 달력 등 기술 기반 도구들로 학습을 지원
난서증	일반적인 교육 환경에서도 글쓰기에 큰 어려움을 겪음	소근육 기능 향상을 위한 작업 치료(예: 점토 작업, 손가락 두드리기, 미로 그리기, 선 따라 그리기), 글쓰기 기초 기술, 문장 구성 및 계획·조직화 능력에 대한 특수교육법에 더해 음성 입력 프로그램이나 특수 키보드와 같은 보조 도구들로 학습을 지원

공간 추론을 담당하는 뇌 영역, 특히 두정엽에서 뇌 기능의 차이가 관찰된다.

난서증이 있는 사람의 경우 세밀한 운동 능력과 손글씨를 쓸 때 요구되는 정교한 움직임을 조절하는 소뇌를 포함해 관련된 여러 뇌 부위에서 차이가 나타난다.

학습 차이의 치료

원인에 따라 다르지만 대부분 의학적 처치보다는 교육적 접근을 기반으로 한다. 또한 일반적으로 새로운 내용을 배우는 과정과 학습 차이를 보완하는 과정을 분리해 진행된다.

난독증이 있는 학생의 경우 종이책 대신 오디오북 형식의 교과서를 활용하고, 시험은 글쓰기 대신 구술이나 시각 자료를 통해 실시할 수 있다. 읽기와 쓰기 교육은 일반 교육 과정과는 별도로 난독증 학생에게 특화된 교수법을 통해 진행된다.

이러한 접근 방식을 통해 학습 차이가 있는 학생들도 계속 학업을 이어갈 수 있다. 일반 교육 체계는 학생들이 어느 시점이 되면 '읽기를 통해 배우는 것'을 기본 전제로 하지만 읽기에 어려움이 있는 학생들은 오랜 기간 혹은 증상의 정도에 따라 지속적으로 읽지 않고 배우는 방식이 필요할 수 있다. 이러한 교육은 특수교육 서비스, 학습 환경의 조정 또는 평가 방식의 변경을 통해 이루어질 수 있으며, 문자를 음성으로 변환하는 기술 같은 보조 기술도 활용해야 할 수 있다.

치료는 학습 차이를 지닌 사람들이 자신의 신경다양성을 긍정적으로 받아들이도록 돕는 데 중요한 역할을 한다. 따라서 효과적인 치료에는 새로운 대처 기술을 익히고, 불안을 조절하며, 자신감을 높이는 과정이 포함되는 경우가 많다.

• "두 배로 예외적인" •

전체 학생 중 약 4%만이 학습 차이를 가진 것으로 분류되지만, 영재 학생들은 14% 정도에서 학습 차이가 있는 것으로 나타난다. 이러한 경우를 '두 배로 예외적'이라고 한다.

영재 집단에서 이처럼 학습 차이가 높은 비율로 나타나는 현상을 보고 일부 전문가들은 다음과 같은 질문을 제기한다. "학습 방식이 다르다는 것이 오히려 고유한 강점을 지니고 있다는 것을 의미하는 것은 아닐까?" (36~37쪽 '신경다양성' 참조)

자폐 스펙트럼

영국의 경우 인구의 약 1~3%가 자폐 스펙트럼을 가지고 있는 것으로 추정된다.
이는 발달성 특성으로 타인과 소통하는 방식이나 세상을 인식하고
경험하는 방식에 영향을 미친다.

자폐 스펙트럼은 자폐와 아스퍼거 증후군을 포괄하는 개념이다. 자폐가 있는 사람들은 의사소통 방식과 세상과 상호작용하는 방식이 일반인과 다르게 나타나는 경향이 있다. 이들은 사회적 상호작용과 소통 방식, 관심사를 표현하는 방식과 관심 주제의 다양성에서도 차이를 보인다. 또한 감각 자극에 매우 민감한 경우가 많다.

자폐와 뇌

뇌 영상 기술 덕분에 자폐가 있는 사람들의 뇌가 여러 측면에서 일반인과 다를 수 있다는 사실이 밝혀졌다. 예를 들어 아기 때는 신경세포 간 연결이 과도하게 형성되는 경향이 있으며 성장하면서 이러한 연결이 상대적으로 줄어드는 모습을 보인다. 또한 자폐가 있는 경우 감정과 기억을 처리하는 중심 영역인 편도체와 해마뿐 아니라 전전두피질의 일부를 포함한 특정 뇌 부위에서 회색질의 양이 더 적을 수 있다. 전두엽을 다른 뇌 부위와 연결하는 백색질 경로에도 차이가 있을 수 있다.

이 외에도 자폐 스펙트럼 장애는 유전적 변이와도 일부 관련이 있는 것으로 확인되었다. 자폐는 발달 과정에서 드러나는 특성으로 간혹 성인기에 발견되기도 하지만 대개 아동기에 진단된다.

• 자폐를 바라보는 여러 생각과 이론들 •

자폐는 현재까지 정확한 원인이 밝혀지지 않았지만 몇몇 유력한 이론들이 점차 연구를 통해 과학적 근거를 얻고 있다. 많은 자폐인은 '마음 이론', 즉 다른 사람이 무엇을 알고 있고, 어떤 경험을 했으며, 무엇을 생각하고 있는지 이해하는 데 어려움을 겪는다. 또 하나의 주요 특징은 '약한 중심적 일관성'이다. 이는 자폐인이 세부 정보에는 매우 민감하지만 전체적인 맥락이나 큰 그림을 이해하는 데 어려움을 겪는 경향을 말한다. 자폐인은 계획, 의사 결정, 작업 기억 등 실행 기능에서도 어려움을 겪는 경우가 많다. 종합적으로 볼 때 자폐는 유전적 요인과 환경적 요인이 복합적으로 작용한 결과로 여겨진다.

자폐의 치료

자폐 공동체 구성원 중에는 자폐를 장애가 아닌 인간 신경다양성의 한 형태로 보는 사람들이 많다. 그러나 자폐인의 삶의 질을 떨어뜨리거나 자기표현을 제한하는 주요 행동들을 조절하기 위해 언어 치료나 작업 치료, 사회성 기술 훈련 등 다양한 치료와 중재가 활용되고 있다. 긍정적 강화를 통해 특정 행동을 줄이고 새로운 기술을 가르치는 방식인 응용행동 분석(ABA)도 근거 기반 치료법 중 하나지만 때때로 논란의 대상이 되기도 한다.

자폐에 대한 오해는 여러 연구를 통해 점차 바로잡혀 왔다. 먼저 자폐는 백신 때문에 생기는 것이 아니다. 또한 자폐인들도 사랑을 느끼고 표현할 수 있다. 실제로 일부 자폐인은 신체 접촉을 피하지 않고 오히려 포옹이나 살을 맞대는 것을 좋아하기도 한다.

자폐가 있는 사람 중에는 지능이 높거나 재능이 뛰어난 사람도 많으며, 그들은 우리 사회에 다양한 방식으로 기여해 왔다. 대표적인 인물로는 노벨상 수상자인 경제학자 버넌 스미스, 아카데미 수상 배우 앤서니 홉킨스, TV 생방송 중 아스퍼거 증후군을 앓고 있음을 밝힌 기업가 일론 머스크 등이 있다.

• **자폐인과 신경전형인의 뇌에서 나타나는 사회적 보상 회로의 차이**

일부 연구에 따르면, 자폐가 있는 사람과 그렇지 않은 사람 사이에는 미묘한 차이가 존재한다. 사회적 보상 회로란 우리가 사회적 상호작용을 인식하고, 거기에 반응하고, 그에 따른 만족감을 느끼도록 돕는 뇌의 연결망이다. 일부 연구에서는 자폐 아동의 경우 이러한 사회적 보상 회로가 더 얇고 밀도도 낮은 것으로 나타났다.

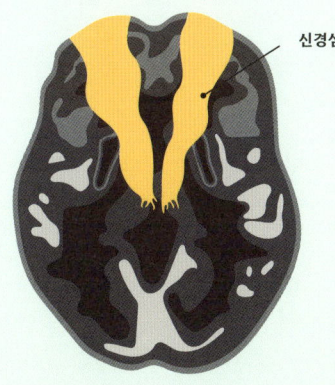

신경전형적인 아동
일반적으로 사회적 보상 신경망을 따라 신경섬유(신경로)가 두껍고 밀도가 높은 경향이 있다.

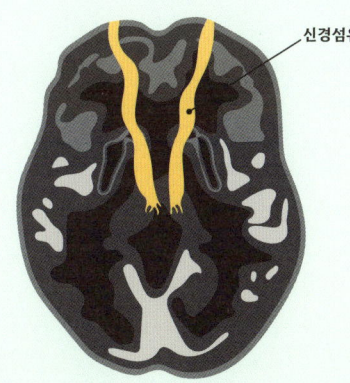

자폐 아동
같은 기능을 담당하는 뇌 회로가 더 작고 얇은 경우가 많다.

불안과 강박 장애

어느 정도의 불안은 위협을 인식하고 중요한 걱정거리를 잊지 않고 떠올리는 데 도움이 되지만 의학적으로 진단된 불안은 전혀 다른 문제다. 이는 걱정이 지나친 탓에 일상생활을 유지하거나 삶을 즐기는 데 심각한 지장을 받는 상태를 말한다.

불안한 뇌

불안을 느끼는 뇌와 그렇지 않은 뇌는 생물학적으로 뚜렷한 차이가 있다. 불안을 느끼는 뇌에서는 세로토닌, 가바, 노르에피네프린과 같은 신경전달물질의 작용을 포함해 생화학적 차이가 관찰된다. 또한 특정 구조에서도 차이가 나타난다. 감정을 처리하는 변연계의 일부인 편도체와 전전두피질, 해마 등이 이에 해당한다. 만성적인 불안은 코르티솔이나 에피네프린 같은 호르몬의 불균형과도 관련이 있으며, 일부 사람들은 유전자로 인해 불안에 취약한 기질을 갖게 되는 경우도 있다.

불안은 불편하지만 매우 흔한 감정이다. 2023년 기준으로 영국인 약 3명 중 1명은 높은 수준의 불안을 경험하고 있었으며, 특히 16~29세 젊은 층에서는 그 비율이 훨씬 더 높았다. 불안은 사람마다 다른 방식으로 나타나며 성별, 나이, 사회경제적 배경과 무관하게 누구에게나 영향을 미칠 수 있다.

신체적·정신적 증상

불안하면 공포를 느낄 때와 유사한 신체적 증상이 나타난다. 심박수 증가나 숨참, 땀 분비와 같은 반응들이다. 마음이 불안하면 복통, 속 쓰림, 설사, 변비, 메스꺼움, 구토 등 소화기 계통에 문제가 생기며 원인을 알 수 없는 근육통이나 통증도 흔히 나타난다.

정신적 반응으로는 불안한 마음에 걱정거리가 꼬리에 꼬리를 물고 떠올라 다른 생각을 할 수 없거나 한 가지 일에 집중하기 어려워질 수 있다. 불안하면 예민해지고, 집중력이 떨어지며, 불면증과 건망증, 피로감도 심해진다. 게다가 막연히 불길한 예감이 들기도 하는데 이러한 증상은 공황 발작이나 범불안 장애(GAD)와 같은 질환이 있을 때 나타날 수 있다.

불안의 근본 원인

불안으로 인해 비슷한 증상을 겪더라도 원인은 사람마다 다를 수 있다. 가족의 질병, 인간관계의 갈등, 직장이나 학교에서의 좌절감 등 삶 속에서 겪는 다양한 사건들이 불안을 촉발할 수 있다.

어린 시절에 방임이나 학대, 빈곤을 경험한 사람은 성인이 된 후 불안 장애를 겪을 가능성이 더 높다. 불안은 우울증, 강박 장애, 범불안 장애, 공황 장애, 특정 공포증, 사회불안 장애 등 다른 정신 건강 문제와 함께 나타날 때가 많다. 불안 장애가 있는 사람 중에는 불안을 잠재우기 위해 술이나 약물에 의존하는 경우도 많으며, 반대로 일부 약물이나 물질이 불안을 유발하기도 한다.

강박 장애

강박 장애(OCD)는 원하지 않는 불편한 생각(강박 사고)이 불쑥불쑥 자꾸 떠오르는 상태를 말한다. 사람들은 이러한 생각에 시달리면 불안을 줄이고 통제감을 회복하거나 혹시 모를 부정적인 결과를 피하려는 마음에서 특정 행동을 반복하거나 그러한 행동을 하고 싶은 충동을 느낀다.

강박 장애가 있는 사람과 그렇지 않은 사람은 습관 형성과 관련된 뇌 영역인 기저핵과 일부 피질을 포함한 특정 뇌 회로에 차이가 있을 수 있다. 기분, 행동, 인지 기능 조절에 관여하는 세로토닌이나 도파민, 글루탐산 등의 신경전달물질도 차이를 보인다.

효과가 입증된 강박 장애 치료법으로는 노출 및 반응 방지 치료와 함께 인지행동 치료가 있다.

- **불안과 변연계**

불안 장애가 있는 사람들은 많은 경우 기능적 자기공명영상(fMRI) 등 뇌 영상 기술을 통해 변연계의 활동 증가가 관찰된다. 편도체와 해마, 시상하부, 시상의 일부로 구성된 변연계는 우리가 세상을 감정적으로 받아들이고 처리하는 데 중요한 역할을 한다.

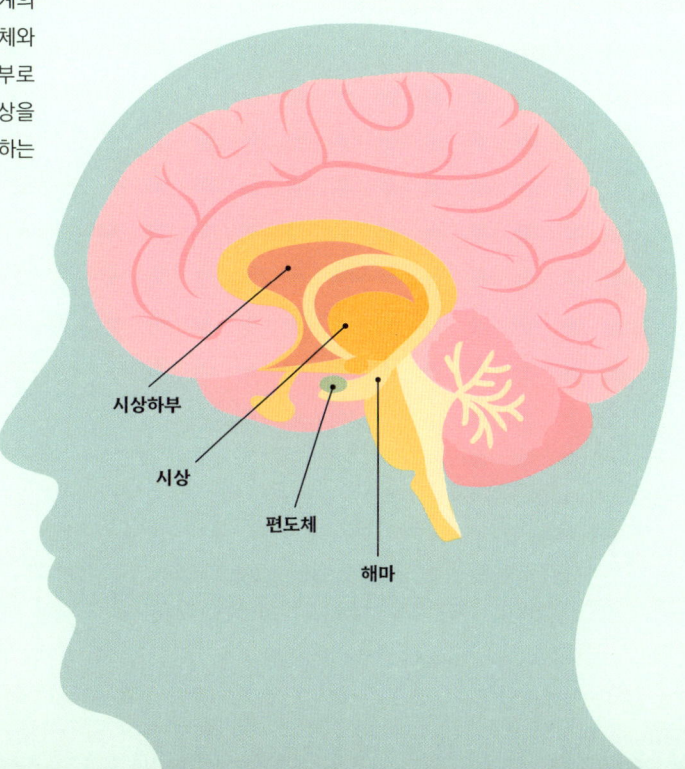

기분 장애와 우울증

임상적으로 진단되는 기분 장애는 우울증, 양극성 장애(조울증) 등을 포함해 다양한 형태로 나타나며 생물학적 요인과 사회적·환경적 요인이 복합적으로 작용해 발생하는 질환이다.

2022년 적어도 영국 성인 6명 중 1명은 중등도에서 중증 수준의 우울 증상을 경험했으며, 미국 인구의 최소 10%는 병원에서 기분 장애 진단을 받은 상태다.

기분 장애의 유형

기분 장애의 원인은 아직 완전히 밝혀지지 않았지만 생물학적 기전과 효과적인 치료법에 대한 과학적 이해는 꾸준히 발전하고 있다.

- **우울증이 있으면:** 공허해지고 절망감에 빠지거나 이유 없이 슬프거나 일상생활이 시들해지기 쉽다. 기운이 없고 몹시 피곤하며 식욕이나 체중, 수면 패턴에 변화가 생기기도 한다. 뇌 구조와 기능에도 변화가 생기며 세로토닌과 노르에피네프린 같은 신경전달물질에 이상이 나타나기도 한다. 검증된 치료법으로는 인지행동 치료와 특정 약물 치료, 운동을 포함한 생활습관의 변화 등이 있다.

- **양극성 장애(조울증):** 우울 상태와 조증 상태가 번갈아 나타나는 것이 특징이다. 조증은 기분이 비정상적으로 좋아지고, 활력이 넘치며, 잠이 줄고, 충동적인 행동과 위험을 감수하려는 행동을 많이 하게 되는 상태를 말한다. 때로는 우울감과 조증 증상이 동시에 나타나기도 한다. 양극성 장애의 원인은 유

• 정신적 문제 극복하기 •

과거의 종교적 지도자나 영적 지도자들이 봤다고 묘사한 환영 가운데 일부는 오늘날이었다면 기분 장애의 한 형태로 여겨졌을 가능성이 있다. 환영을 보았든 보지 않았든 역사상 가장 뛰어난 업적을 남긴 인물들 가운데 많은 이들이 어떤 형태로든 기분 장애를 겪었다. 빈센트 반 고흐와 버지니아 울프 같은 시대를 대표하는 예술가와 작가들, 세리나 윌리엄스와 마이클 펠프스 같은 세계 기록을 보유한 운동선수들, 에이브러햄 링컨과 윈스턴 처칠을 비롯한 환영을 본 여러 정치인 역시 기분 장애를 겪은 것으로 알려져 있다. 그들이 겪은 고통이 삶에 영향을 미친 것은 분명하지만, 그것이 과연 성공의 결정적인 요소였는지를 두고는 여전히 논쟁이 이어지고 있다.

기분 장애와 우울증

전적 요인, 뇌 구조의 차이, 도파민이나 글루탐산 같은 신경전달물질의 변화 가능성, 하루주기 리듬의 이상 등이 복합적으로 작용하는 것으로 추정된다. 치료는 약물에 크게 의존하지만 심리 치료와 생활습관의 변화도 도움이 될 수 있다.

- **계절성 정동 장애(SAD):** 빛이 적은 계절(주로 겨울철)에만 나타나는 우울증을 말한다.

- **산후우울증(PPD):** 갓 부모가 된 사람들에게 나타날 수 있는 우울증이다. 아빠들도 8~13%가 경험하지만 알아차리는 경우는 매우 드물다.

- **월경전 불쾌 장애(PMDD):** 일부 여성이 월경 직전에 겪는 우울 증상을 말한다.

뇌 속의 차이

지난 수십 년간 뇌 영상 기술과 유전 연구, 혈액 검사, 뇌척수액 분석 등을 통해 기분 장애를 보다 정교하게 이해할 수 있게 되었다. 기분 장애가 있는 사람들은 감정을 처리하고 조절하는 뇌 영역에서 일반인과 차이를 보이는 경향이 있다. 그리고 하루주기 리듬의 기능에서도 차이가 흔히 나타난다. 뿐만 아니라 일부 신경전달물질과 염증 지표, 코르티솔과 같은 호르몬 수치에서도 변화가 관찰되며, 유전적·후생유전학적 표지에서도 차이가 보고되고 있다. 기분 장애는 아직 결정적인 원인이 밝혀지지 않았으며, 여러 생물학적·환경적 요인이 복합적으로 작용해 발생하는 것으로 보인다.

- **여러 기분 장애에서 나타나는 감정의 기복**

양극성 장애 I형·II형, 순환기분 장애는 감정의 파도가 깊은 우울 상태에서 조증 상태까지 널뛰듯 오르내린다.

― 양극성 장애 I형: 조증과 우울 상태가 번갈아 나타남
― 순환기분 장애: 경조증과 우울 상태에 가까운 감정이 번갈아 나타남
― 양극성 장애 II형: 경조증과 우울 상태가 번갈아 나타남

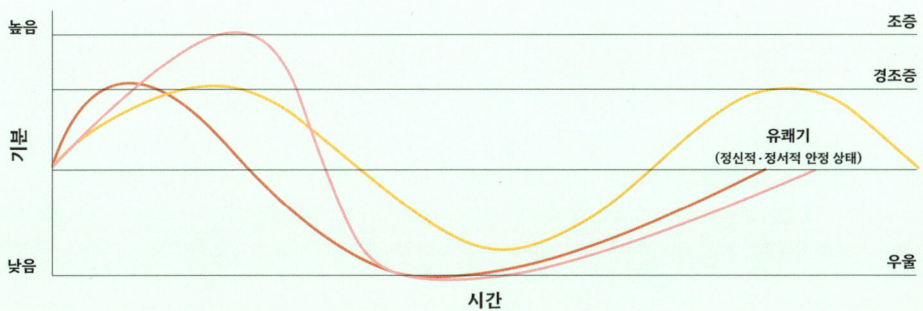

조현병

전 세계 인구 중 조현병을 앓는 사람은 1% 미만으로 추정된다.
하지만 이들은 여러 가지 고통스러운 증상을 겪고 있다.

조현병은 현실을 정확하게 인식하기 어렵게 하고, 사고와 행동에 혼란을 초래하는 정신 질환이다. 조현병이 있는 사람은 자신에게 정신 건강 문제가 있다는 사실을 자각하지 못하거나 치료가 필요하다고 믿지 않을 수도 있다. 하지만 조기에 치료를 시작할수록 장기적인 예후가 더 좋은 것으로 알려져 있다.

조현병 환자의 뇌에서는 비정상적인 구조나 기능이 발견되기도 하지만 이러한 변화가 이 질환의 원인인지, 아니면 결과인지는 명확하지 않다. 일부 연구자들은 뇌 발달의 결정적 시기에 나타나는 미세한 차이를 이 질환의 원인이라고 하고, 또 다른 연구자들은 신경전달물질의 불균형 또는 면역 체계가 실수로 뇌를 공격한다는 자가면역 가설을 원인으로 지목하기도 한다. 하지만 현재까지의 연구에 따르면 조현병은 유전적 요인과 환경적 요인이 복합적으로 작용한 결과로 여겨진다.

조현병의 증상

흔히 망상과 환각을 경험한다. 또 말이나 행동을 두서 없이 하거나 집중력이나 학습 능력, 명료한 사고, 기억력 등 특정 인지 기능에 어려움이 나타나기도 한다. 망상은 예를 들어 누군가 자신의 머릿속에 칩을 심어 자신을 조종하고 있다고 믿거나 다른 사람이 해치려 한다고 느끼거나 자신에게 특별한 능력이 있다고 확신하는 식으로 나타날 수 있다.

환각은 주로 감각의 영역에서 발생하며, 실제로 존재하지 않는 것을 보거나 듣거나 만지는 느낌이 드는 형태로 나타난다.

• 조현병 안고 살아가기 •

조현병에 대한 사회적 편견은 여전히 존재하지만 여러 연구를 통해 조현병이 있어도 개인적·사회적으로 높은 성취를 이룬 사람들이 있다는 사실이 밝혀졌다. 그들은 사랑을 하고 일도 하면서 여러 분야에서 자신의 경험과 능력을 바탕으로 사회에 이바지하고 있다. 대표적인 인물로는 법학자이자 맥아더 '천재상' 수상자이며 결혼생활도 유지하고 있는 엘린 색스와 2001년 영화 〈뷰티풀 마인드〉의 실제 주인공인 노벨상 수상자 존 내시 등이 있다.

조현병이 있는 사람의 뇌

뇌 영상 연구에 따르면, 조현병이 있는 사람과 그렇지 않은 사람은 뇌의 특정 부위에서 차이를 보인다. 예를 들어 전전두피질이나 시상 같은 부위의 회색질 감소가 관찰되기도 하는데 감각 정보를 대뇌피질로 전달하는 시상에 이상이 생기면 정보의 흐름에 문제가 발생해 지각의 왜곡이나 환각이 생길 수 있다. 또한 전두엽과 뇌의 다른 부위를 연결하는 백색질 경로에도 차이가 나타날 수 있으며, 액체로 채워진 뇌 속 공간인 뇌실이 비정상적으로 커지는 경우도 많다. 뇌실이 커지면 지각, 사고, 감정 처리와 관련된 뇌 조직의 변화가 생길 수 있다. 이와 함께 조현병과 관련된 특정 유전적 변이도 발견되었지만 유전적 요인만으로는 이 질환을 예측할 수 없다.

조현병의 관리

조현병이 있는 사람 중 일부는 이 상태를 정신 질환이라기보다는 인간 신경다양성의 하나로 바라보기도 한다. 그러나 삶의 질을 저해하는 주요 행동들을 조절하려면 적절한 치료와 지원이 필요하다. 구체적인 방법으로는 항정신병 약물 치료, 심리 치료, 직업 재활 프로그램, 사회성 기술 훈련 등이 있다.

자폐와 마찬가지로 조현병이 있는 사람들 역시 예측할 수 있고 안정적인 환경을 선호하는 경우가 많으며 감각 자극에서 벗어날 수 있는 휴식 시간이 필요할 수도 있다.

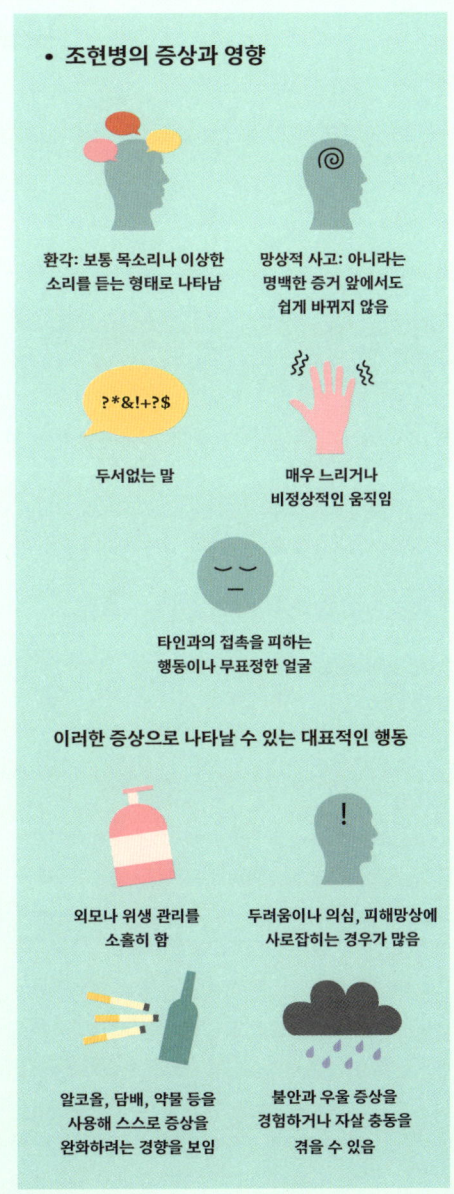

성격 장애

여러 유형의 성격 장애가 확인되었지만 개인이 이러한 장애를 갖게 되는 원인은 아직 명확히 밝혀지지 않았다. 성격 장애는 행동 유형에 따라 세 가지 군으로 분류된다.

진단 가능한 성격 장애는 비교적 드물며 현재 전체 인구의 약 6~13%가 성격 장애를 앓고 있는 것으로 추정된다. 성격 장애는 한두 번의 기이한 행동이나 충동적 행동, 불안한 행동으로 진단되는 것이 아니라 오랜 기간 또는 평생에 걸쳐 지속되는 고정된 행동 양식이 있을 때 진단된다. 연구는 계속되고 있지만 아직 성격 장애를 특정할 수 있는 명확한 생물학적 지표는 발견되지 않았다. 현재 전문가들은 면담이나 설문지, 기타 평가 도구 등을 활용해 성격 장애를 진단하며 개인의 행동이나 삶의 이력을 문화적·사회적 맥락 속에서 이해하는 것을 목표로 한다.

성격 장애의 원인

아직 완전히 밝혀지지 않았지만 유전적 요인과 환경적 요인이 복합적으로 작용하는 것으로 보인다. 그리고 이 두 요인 안에도 다양한 세부 요인들이 존재하는 것으로 추정된다. 예를 들어 경계성 성격 장애는 어린 시절의 정신적 외상이나 방임 경험과 연관된 것으로 알려져 있으며, 반사회성 성격 장애는 아동기의 품행 장애에서 시작되는 경우가 많다. 또한 지나치게 응석을 받아 주는 양육 환경은 자기애성 성격 장애가 형성되는 데 영향을 줄 수 있다는 견해도 있다.

일각에서는 성격 장애를 정신 질환이 아닌 신경다양성의 일부로 봐야 한다는 주장도 제기된다(36~37쪽 참조). 회피성 성격은 사회성이 매우 좋은 사람들과 정반대되는 성격 특성으로 이해할 수도 있다는 것이다. 일부 성격 장애는 적절한 치료를 하면 긍정적인 효과를 볼 가능성도 있다. 예를 들어 경계성 성격 장애(BPD)에는 변증법적 행동 치료(감정 조절, 스트레스 대처, 대인관계 기술 등을 향상시키는 데 중점을 둔 인지행동 치료의 한 종류-옮긴이)가 효과적인 근거 기반 치료법으로 알려져 있다.

성격 장애의 세 가지 유형

A 유형은 타인과 관계를 맺는 데 어려움을 겪는 경우이고, B 유형은 감정을 안정적으로 조절하는 데 문제가 있는 경우이며, C 유형은 지속적으로 불안이나 두려움을 크게 느끼는 경우다.

A 유형: 기이하고 괴짜 같은 성격 특성

- **조현성 성격 장애(인구의 0.4~0.6%):** 혼자 있는 것을 좋아하며, 사회적 관계에 관심이 없고 감정적으로 차갑다.

- **편집성 성격 장애(인구의 0.5~4.5%):** 타인이 자신을 해치거나 속일 것으로 의심하며, 다른 사람과 비밀을 나누거나 가까워지려 하지 않는다.

- **조현형 성격 장애(인구의 3~5%)**: 조현병과 부분적으로 특성이 겹친다. 사회생활 및 대인관계 전반에서 어려움을 겪으며 특이한 생각이나 인식, 행동도 자주 나타난다.

B 유형: 감정이 불안정하고 충동적인 성격 특성

- **자기애성 성격 장애(0.5~5%)**: 타인의 인정과 찬사를 받고 싶은 욕구가 강하며 과장된 자기 이미지와 우월감을 지니는 경향이 있다. 공감 능력은 부족할 수 있지만 후회나 죄책감을 느끼기도 한다.

- **경계성 성격 장애(1.4~2%)**: 자신과 타인의 경계를 모호하게 느끼며 인간관계가 매우 불안정하고 충동적일 수 있다. 자아상이 불확실하고 감정 조절에 어려움을 겪는 경우가 많다.

- **연극성 성격 장애(2~3%)**: 관심에 대한 욕구가 강하며 감정 표현이 매우 과장되거나 극적이다. 종종 감정이 겉돌고 진정성이 없어 보일 수 있다.

- **반사회성 성격 장애(0.6~3.6%)**: 타인의 권리를 무시하거나 타인을 도구처럼 대하는 경향이 있으며 공감 능력과 죄책감 모두 부족하다. 냉담하고 조작적 성향을 보일 수 있으며 충동적일 때도 있다. 과거에는 '소시오패스', '사이코패스'라는 용어가 사용되었지만 정신 건강 전문가들은 더 이상 사용하지 않는다.

C 유형: 불안이 중심이 되는 성격 특성

- **의존성 성격 장애(0.5~2%)**: 다른 사람에게 순종하고 매달리며 보살핌을 받고자 하는 욕구가 강하다.

- **강박성 성격 장애(3~8%)**: 질서정연한 것을 좋아하고 청결과 같이 세부적인 것에 집착한다.

- **회피성 성격 장애(1.5~3.5%)**: 사회적으로 위축되어 있고 스스로 무가치하게 느끼며 타인의 부정적인 평가에 과민한 반응을 보이는 경향이 있다.

- **유형별 특성**

유형	성격 장애	인구 비율	특성
A 유형	조현성 편집성 조현형	0.4~0.6% 0.5~4.5% 3~5%	회피적 성향, 경직된 사고, 낮은 현실 감각
B 유형	자기애성 경계성 연극성 반사회성	0.5~5% 1.4~2% 2~3% 0.6~3.6%	반사회적 성향, 충동성, 낮은 감정 조절 능력
C 유형	의존성 강박성 회피성	0.5~2% 3~8% 1.5~3.5%	회피적 성향, 과도한 불안 몰입

외상 후 스트레스 장애

외상 후 스트레스 장애(PTSD)와 복합 외상 후 스트레스 장애(CPTSD)는 서로 관련은 있지만 별개의 질환이다. 두 질환 모두 뇌 영상 촬영을 통해 증거를 관찰할 수 있다.

기본적으로 PTSD는 한 가지 특정 사건에 대한 반응이지만 CPTSD는 반복적이고 장기적인 외상 경험에 대한 반응이다. CPTSD는 종종 아동기에 시작되며, 이 시기의 부정적인 경험이 원인이 되는 경우가 많다. PTSD와 CPTSD를 유발하는 외상은 신체적·정서적 학대, 양육자나 가족, 그 외 가까운 사람에게서 받은 방임 등이며 폭력이나 전쟁에 반복적으로 노출된 경험도 주요 원인 중 하나다.

PTSD 또는 CPTSD를 겪게 되는 사람들은 유전적으로 민감한 소인을 지니고 있을 수 있다. 만성적인 스트레스를 겪었거나 유년기에 부정적인 경험을 했을 경우, 발병 위험이 더욱 높아진다. 아직 명확한 이유는 밝혀지지 않았지만 여성이 남성보다 PTSD에 걸릴 가능성이 더 높은 것으로 보고되고 있다.

증상

CPTSD와 PTSD는 일부 증상이 서로 겹친다. 공통적으로 나타나는 대표 증상으로는 일상생활에서 외상과 관련된 기억이나 생각이 자꾸 떠오르는 것이다. 외상을 연상시키는 상황을 회피하려는 경향도 양쪽 모두 나타난다.

이 외에도 기분이나 사고를 조절하기 어렵다는 점도 공통적인 증상인데, 긍정적인 감정을 느끼지 못하는 상태가 지속되는 것을 예로 들 수 있다. 각성이나 반응성의 이상도 두 질환 모두 자주 나타나는 증상이다. 이는 잠들기 어렵거나 자다가 자주 깨는 등의 수면 장애로 나타날 수 있으며, 너무 졸려서 일상생활을 하기 힘들거나 과각성 상태가 지속되는 증상도 드물지 않다.

뇌 영상에서 확인되는 증거

외상 경험이 없거나 PTSD를 겪지 않은 사람과 PTSD 또는 CPTSD를 겪은 사람은 뇌 구조가 서로 다르게 보일 수 있다. 뇌 영상 연구에 따르면, 기억과 감정 처리를 담당하는 뇌 영역에서 이러한 차이가 관찰된다. 예를 들어 해마의 용적이 줄어들 수 있으며, 편도체와 일부 전전두피질의 활동에도 변화가 생길 수 있다.

편도체는 감정 처리에 관여하는 뇌 구조로 이 부위의 변화는 과각성이나 과도한 감정 반응 같은 증상을 설명하는 단서가 될 수 있으며 전전두피질은 감정 조절, 충동 억제, 의사 결정에 영향을 줄 수 있다.

외상 후 스트레스 장애

• 외상과 뇌 발달

PTSD 또는 CPTSD 병력이 있는 경우 뇌는 생존과 조절에 많은 시간을 소모하게 된다. 이러한 기본적인 부담이 없어져야 뇌가 비로소 인지적·사회적·정서적 과제에 보다 자유롭게 집중할 수 있다.

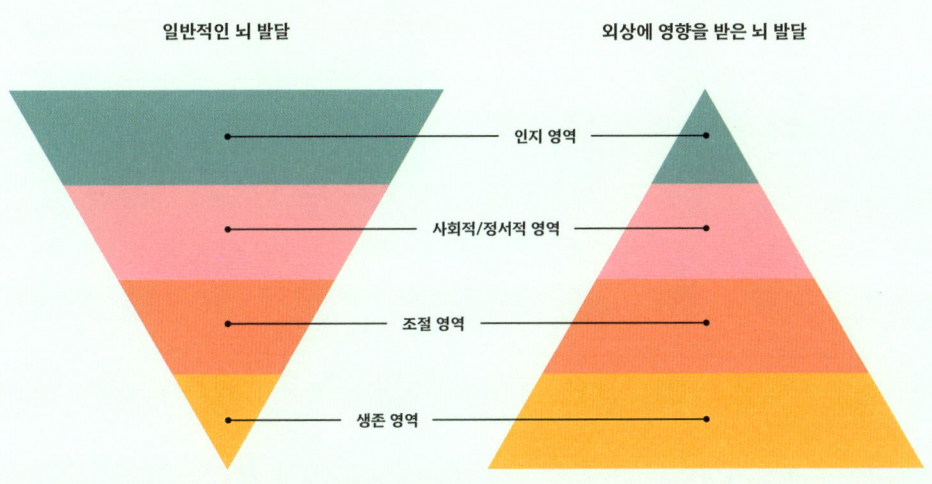

가능한 치료법

CPTSD와 PTSD에 효과가 있다는 강력한 근거를 가진 치료법들도 있다. 애착 기반 치료처럼 관계에 대한 신뢰를 회복하도록 돕는 접근이 한 예다. 외상 중심 치료(TFT), 인지처리 치료(CPT), 지속노출 치료(PE)도 증상 완화에 도움이 된다. 인지행동 치료(CBT)나 변증법적 행동 치료(DBT)를 통해 회복하는 경우도 많으며, 안구 운동 둔감화 및 재처리 요법(EMDR)은 놀랄 만큼 빠른 효과를 보이기도 한다. 아울러 이와 같은 치료와 함께 항불안제나 항우울제 같은 약물을 병행하면 회복에 도움이 될 수 있다.

Chapter 8

신경학적 질환과 차이

치매

치매는 서서히 진행되는 잔인한 병이다.
하지만 효과가 기대되는 치료법들이 개발되고 있으며,
발병 위험을 줄이기 위해 스스로 실천할 수 있는 것들도 있다.

치매가 한 사람을 고유하게 만드는 성격과 기억, 자제력을 위협할 수 있다는 말을 들어 본 적 있을 것이다. 심한 경우 치매에 걸리면 걷거나 말하는 능력은 물론 신체 기능까지 잃기도 한다. 치매에는 여러 종류가 있으며 몇 주나 몇 달 만에 나타나는 것도 있고, 수년에 걸쳐 서서히 진행되는 것도 있다. 하지만 일부 치매는 회복이 가능할 수도 있으며 연구가 계속됨에 따라 치매 치료법과 예방법 모두 더 발전해 나갈 것이다.

• 치매의 유형 •

가장 흔한 유형은 알츠하이머병으로 전체 치매의 60~70%를 차지한다. 이 외에도 다양한 유형이 있으며, 그중 세 가지 대표적인 형태로는 혈관성 치매(약 15%), 루이소체 치매(5~10%), 전두측두엽 치매(2~10%)가 있다.

치매의 원인

치매는 유전적 요인이나 바이러스 감염 등 다양한 생물학적 요인과 예측 인자가 관여한다. 노년층에서는 일부 약물의 부작용으로 인해 치매와 유사한 증상이 나타나기도 하며, 갑상선 호르몬 이상과 같은 호르몬 불균형이 치매를 악화시킬 수 있다는 일부 연구 결과도 있다. 반복적인 외상이나 뇌 손상은 특정 유형의 치매 발생 위험을 높일 수 있으며 영양 결핍, 알코올 중독, 다운 증후군과 같은 유전 질환 역시 치매의 위험 요인으로 알려져 있다.

치매가 진행된 뇌는 건강한 뇌와 여러 측면에서 다르게 보인다. 신경세포의 점진적 퇴행이나 비정상적인 단백질 축적, 혈관 이상(혈관성 치매) 등이 대표적이다. 이러한 변화가 치매에 신체가 반응한 결과인지 아니면 치매의 직접적인 원인인지는 아직 명확하게 밝혀지지 않았다. 다만 이러한 뇌 안의 변화는 치매의 유형에 따라 다르게 나타나는 경향이 있다.

다른 질환들도 치매를 유발할 수 있다. 헌팅턴병, 파킨슨병, 인간면역결핍바이러스(HIV) 감염 등을 예로 들 수 있다.

한편 치매에 걸릴 위험이 상대적으로 높은 집단도 있다. 예를 들어 치매 환자의 약 3분의 2는 여성이다. 이는 여성이 남성보다 평균 수명이 더 길어 치매의 가장 큰 위험 요인인 노화의 영향을 더 많이 받기 때문으로 보인다. 일부 연구에서는 폐경이 치매 발병에 영향을 줄 수 있다는 가능성도 제기되고 있다. 또한 교육 수준이 낮거나 의료 접근성이 떨어지는 사회적 취약 계층 역시 치매에 더 쉽게 노출되는 경향이 있다.

치료와 예방

감염이나 호르몬 불균형, 영양 결핍, 일부 약물로 인한 치매는 되돌릴 가능성이 있다. 그러나 가장 흔한 치매 유형인 알츠하이머병은 아직 완치법이 존재하지 않는다. 현재 사용되는 약물은 대부분 증상을 일시적으로 완화하거나 병의 진행 속도를 다소 늦추는 데 그치지만 최근에는 병의 진행을 늦추는 데 효과를 보인 새로운 치료제들도 개발되고 있다. 어떤 경우든 증상 관리를 중심으로 한 치료가 핵심이다.

치매 발병 위험은 사회적·신체적 요인이 조화를 이루는 생활습관을 통해 줄일 수 있다. 예컨대 은퇴 후에도 친구들과 꾸준히 교류하고 일상에서 의미 있는 활동을 이어 가는 것이 도움이 된다. 실제로 치매에 걸리지 않은 사람들은 심혈관 건강이 양호하고, 신체 활동 수준이 높은 경향을 보인다. 중요한 것은 관계를 유지하고 정신적 자극이 있는 역할을 꾸준히 해나가는 것이다.

> 치매에 걸리지 않은 사람들은 몇 가지 공통점이 있다.
> 이들은 교육 기간이 길거나 사회집단 내에서 의미 있는
> 역할을 하고 있거나 대개 은퇴 시기가 늦다.

뇌졸중

뇌로 향하는 혈관이 일부 막히면 뇌세포는 필요한 산소와 영양분을 공급받지 못하고 손상되거나 사멸할 수 있다. 다행히 뇌졸중은 치료와 예방이 모두 가능한 질환이다.

뇌졸중의 원인과 유형

뇌졸중의 주요 원인은 두 가지로 뇌혈관이 막히는 경우와 뇌혈관에 출혈이 생기는 경우다. 첫 번째 유형은 가장 흔한 형태로 혈관 벽에 지방이 쌓여 동맥이 좁아지면서 발생하는 경우가 많다. 이를 허혈성 뇌졸중이라고 하며, 혈관이 완전히 막힌 경우와 일시적·부분적으로 막히는 일과성 허혈 발작(TIA)이 있다. 이렇게 혈관이 막히는 현상은 뇌 자체에서 시작될 수도 있고, 다른 신체 부위에서 생성된 혈전이 뇌로 이동하면서 생길 수도 있다. 두 번째 유형은 출혈성 뇌졸중으로 약해진 혈관이 파열되면서 뇌 조직 내에 출혈이 생기는 경우다. 출혈은 뇌 안에서 발생하거나 뇌와 두개골 사이의 공간에서 일어날 수 있다.

뇌졸중의 치료

뇌졸중은 응급 질환이므로 다음과 같은 증상이 나타나면 즉시 응급 의료 서비스를 받아야 한다. 얼굴 한쪽이 처지거나, 팔에 힘이 빠지거나, 말이 어눌해지는 증상이 대표적이다. 발병 초기에 빠르게 발견되면 병원에서는 혈전을 녹이는 약물을 사용해 치료를 시작한다. 이때 뇌졸중 시 상승하기 쉬운 혈압을 조절하기 위한 약물도 투여된다. 이러한 약물은 출혈성 뇌졸중의 경우 출혈량을 줄이는 데도 도움이 된다. 이때 필요에 따라 혈전을 제거하거나 손상된 혈관을 복구하기 위한 수술이 시행되기도 한다. 회복 정도는 뇌졸중의 중증도와 손상 부위에 따라 크게 달라질 수 있으며, 잃어버린 기능을 되찾으려면 전문적인 치료와 재활 과정이 필요할 수 있다.

- **뇌졸중 조기 인지 가이드: FAST 원칙**

FAST는 뇌졸중의 주요 증상을 기억하기 쉽게 정리한 약어로 얼굴 한쪽 처짐, 팔에 힘 빠짐, 말하기 어려움, 그리고 이 가운데 어느 하나라도 나타나면 즉시 응급 의료 서비스를 요청해야 함을 의미한다.

F Face drooping
얼굴 마비나 떨림

A Arm weakness
팔과 다리의 힘 빠짐

S Speech difficulties
발음 이상

T Time to call
곧바로 119에 전화

• 뇌졸중의 유형

크게 두 가지 유형으로 나뉘며 뇌혈관이 막히거나 터지면서 발생한다.

허혈성 뇌졸중

뇌졸중으로 인한 손상 부위

혈전

전체 뇌졸중의 약 87%는 허혈성 뇌졸중으로 뇌로 향하는 혈류가 줄어들면서 발생한다.

출혈성 뇌졸중

뇌졸중으로 인한 손상 부위

파열된 혈관

전체 뇌졸중의 약 13%는 출혈성 뇌졸중으로 혈액이 뇌 안이나 뇌 주변으로 흘러 들어가면서 발생한다.

뇌졸중 예방하기

체질량지수 25 이상의 과체중과 고혈압, 고콜레스테롤은 모두 뇌졸중의 위험 요인이다. 포화지방과 나트륨이 많은 식단도 콜레스테롤 수치를 높여 뇌졸중 위험을 높일 수 있다. 하지만 이러한 위험은 생활습관 개선을 통해 낮출 수 있다. 스트레스를 줄이고(84~85쪽 참조), 금연을 실천하고, 술을 덜 마시는 것이다. 이와 더불어 앉아 있는 시간을 줄이고 규칙적으로 운동하는 것도 중요하며, 수면의 질을 개선하는 것 역시 뇌졸중 예방에 도움이 된다. 특히 수면 무호흡증은 뇌졸중 위험을 높이는 요인이므로 이 질환이 있다면 치료하는 것이 좋다. 아울러 당뇨병이나 심장병 같은 기저 질환도 뇌졸중의 발생 가능성을 높이는 요인이다.

나이, 성별, 가족력과 같이 개인이 통제할 수 없는 요인도 뇌졸중 위험에 영향을 미친다. 나이가 들수록 뇌졸중 위험은 커지며, 남성이 여성보다 발병률이 높은 경향이 있다. 가족 중에 누군가 뇌졸중 병력이 있다면 의료진과 상담해 자신에게 가장 적합한 예방 전략을 함께 마련하는 것이 중요하다.

운동 장애

파킨슨병과 같은 질환에 걸리면 신체 움직임에 여러 가지 변화가 생긴다.
이는 작은 틱 증상부터 자기도 모르게 일어나는 경련에 이르기까지
매우 폭넓은 양상으로 나타날 수 있다.

운동 장애의 유형

일반적으로 노년층에서 더 흔히 나타나지만 투레트 증후군이나 근긴장이상증과 같은 일부 질환은 어린 나이에도 발병할 수 있다. 이들 장애는 종류에 따라 매우 다양한 증상을 보인다. 표정의 변화나 틱처럼 미세한 움직임으로 나타나기도 하고, 걷기처럼 크고 정교한 움직임에 영향을 미치기도 한다. 손이나 몸이 떨리는 증상이 동반될 수도 있다.

근육이 갑자기 움직이거나 경련이 일어나는 등 몸에 원치 않은 움직임이 발생하거나 몸을 비틀거나 갑자기 달려드는 등 비정상적인 동작을 하기도 한다. 반대로 행동이 느려지거나 움직임을 시작하기 어려워지고, 몸이 뻣뻣해지거나 걸음걸이가 부자연스러워지기도 한다. 이 외에도 말이 어눌해지거나 몸의 균형을 유지하기 어려운 증상이 나타날 수 있으며, 음식을 삼키기 힘들거나 갑자기 휘청거리며 걷거나 신체 협응이 저하되는 등의 증상이 동반되기도 한다.

영향을 받는 뇌 영역

운동 장애가 있는 사람의 뇌는 특정 뇌 영역에서 일반인과 다른 점이 관찰되는 경우가 많다. 파킨슨병의 경우 뇌간에 위치한 도파민 생성 신경세포가 점차 파괴되면서 운동 조절과 신체 협응 능력에 이상이 생긴다. 근긴장이상증이나 헌팅턴병에서는 주로 기저핵의 기능에 변화가 나타나며, 소뇌에 이상이 생기면 움직임이 불안정해지거나 조절이 어려워지는 증상이 흔하게 나타난다. 헌팅턴병과 달리 근긴장이상증은 일반적으로 퇴행성 신경질환에 포함되지는 않지만 뇌 안에 비정상적인 단백질이 축적되는 경우도 있다.

운동 장애의 치료

운동 요법이나 물리 치료는 운동 장애의 증상을 완화하는 데 도움이 될 수 있으며, 언어 치료나 작업 치료처럼 특정 기능을 보완하는 맞춤형 치료도 효과적이다. 규칙적으로 신체 활동을 하면 증상을 줄이고, 운동 능력을 유지하거나 신체 조절력과 균형 감각을 향상시킬 수 있다.

파킨슨병의 경우 비교적 오랜 기간 증상을 완화해 주는 여러 약물이 이미 널리 사용되고 있다. 이러한 약물은 환자들이 일상생활에 더욱 적극적으로 참여하고 삶을 즐기는 데 도움을 준다. 레보도파와 도파민 작용제는 뇌 속 도파민 수치를 높여 파킨슨병의 근본 원인에 접근하며, 느려진 움직임이나 근육 경직 같은 증상을 완화하는 데 효과적이다. 뇌심부 자극술

운동 장애

(168~169쪽 참조)은 기저핵의 활동을 조절하는 데 도움이 되는 치료법으로 움직임을 조절하는 주요 뇌 부위에 전극을 삽입하는 수술을 통해 진행된다.

떨림 증상의 치료에는 약물 외에도 손목에 착용하는 중량밴드 같은 보조 기구나 보톡스 주사가 활용되며, 수술이 필요 없는 FDA 승인 치료법인 집속초음파 치료는 본태떨림 환자에게 효과를 기대할 수 있는 선택지가 될 수 있다.

이와 함께 음악을 듣거나 노래를 부르거나 음악에 맞춰 움직이게 하는 음악 치료는 파킨슨병 환자의 떨림 증상을 완화하는 데 도움이 될 수 있다. 특히 리듬이 일정한 음악은 환자의 움직임을 유도하고 보조하는 데 효과적이다.

• **파킨슨병의 진행**

파킨슨병이 진행됨에 따라 뇌의 변화는 대체로 안쪽에서 바깥쪽으로 진행되는 양상을 보인다. 운동 기능이나 신피질이 영향을 받기 훨씬 이전부터 흑색질과 같은 핵심 부위가 먼저 퇴행을 시작한다.

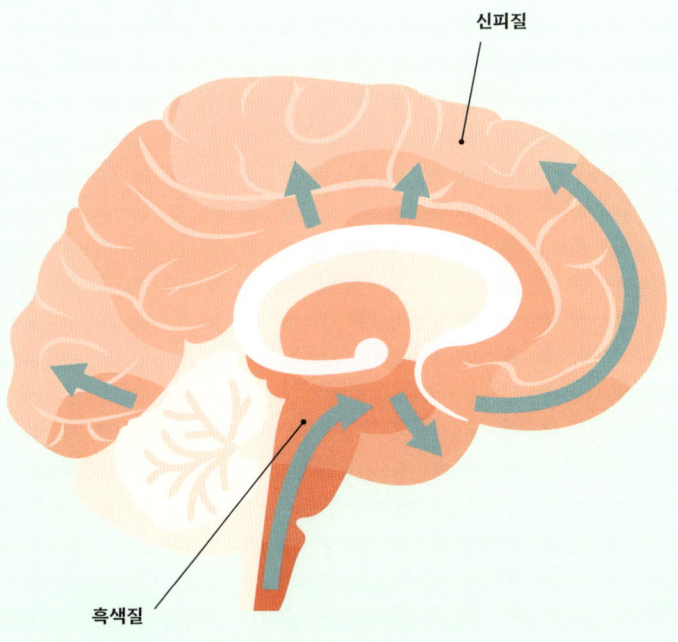

신피질

흑색질

뇌전증

전 세계적으로 약 7,000만 명이 뇌전증을 앓고 있다. 이 질환은 뇌에서 발생하는 불규칙한 전기 신호로 인해 나타나는 복합적인 신경 질환이다.

뇌전증의 증상

뇌전증은 인류의 역사만큼 오래된 질환으로 연구에 따르면 여성보다 남성에게 약간 더 많이 나타나는 것으로 알려져 있다. 증상은 매우 다양하다. 팔다리가 심하게 떨리거나 의식을 잃고 온몸에 경련이 일어나는 등 겉으로 드러나는 격렬한 형태일 수도 있고, 그렇지 않은 미묘한 형태로 나타날 수도 있다. 예를 들어 작은 근육 경련이 일어나거나 아무도 감지하지 못하는 것을 보거나 듣거나 냄새 맡는 등 감각의 왜곡을 경험하기도 한다. 어떤 사람은 갑자기 멍해지거나 정신이 혼란스럽거나 극도로 피로를 느끼기도 하며, 몸 밖에서 자신을 바라보는 듯한 이탈감을 경험한다. 이처럼 다른 사람은 감지하지 못하는 것을 느낀다는 점에서 뇌전증은 조현병 같은 정신 질환과 혼동될 수 있지만 최신 뇌 영상 기술을 통해 이들과 뚜렷하게 다른 양상을 보이는 것으로 밝혀졌다.

뇌 활동

뇌전증의 대표적인 특징인 발작은 뇌파검사(EEG, 167쪽 참조)를 통해 포착할 수 있다. 발작이 일어나면 뇌의 특정 영역에서 신경세포들의 발화 가능성이 높아진다. 많은 수의 신경세포가 동시에 발화하기 시작하면 이로 인해 비정상적인 전기 활동이 뇌 전체로 퍼지며, 기존의 정상적인 활동 패턴은 사라지고 많은 신경세포가 동시에 신호를 보내는 비정상적인 패턴으로 대체된다. 이러한 활동은 때로는 뇌 전체를 휩쓸고 때로는 국소적인 영역에만 국한되기도 한다. 뇌 전체가 영향을 받으면 전신 경련이나 격렬한 근육 떨림 같은 증상이 흔하게 나타나며, 국소적으로 발생할 경우 비교적 감지하기 힘든 증상으로 나타난다.

한편 발작을 경험하고 나면 매우 녹초가 되는 경우가 많다. 이는 뇌가 평소보다 훨씬 많은 산소와 포도당을 소비하고 평소와는 다른 신경세포 활동 패턴이 활성화되기 때문이다. 또한 발작 중에는 심박수, 호흡, 혈압, 심지어 소화 기능 등 기본적인 신체 기능에 급격한 변화가 나타날 수 있다.

• 뇌전증 발작 시 응급 대처 요령 •

뇌전증 발작이 의심되면 응급 의료 서비스를 호출한다. 환자를 옆으로 눕혀 구토물로 기도가 막히는 것을 방지하고, 억지로 환자의 움직임을 제지하지 않아야 하며, 주변의 위험한 물건을 치워 다치지 않도록 한다. 환자의 호흡 상태를 계속 관찰하고, 발작이 5분 이상 지속되거나 의식을 회복하지 못하면 즉시 응급 처치를 한다.

원인과 치료

뇌전증은 어느 연령대에서나 발생할 수 있지만 주로 어린 시절이나 60세 이후에 처음 나타나는 경우가 많다. 발병 원인은 유전적 요인, 임신·출산 과정에서 생긴 문제, 머리 외상과 같은 부상일 수 있다. 이 밖에도 감염, 뇌종양이나 뇌졸중 같은 혈관 질환(150~151쪽 참조) 등 다양한 질병도 흔한 원인으로 알려져 있다.

뇌전증 증상을 완화하기 위해 사용할 수 있는 치료법은 약물 치료나 전기 또는 자기 자극 요법, 생활 습관의 변화, 심지어 수술에 이르기까지 다양하다. 일부 항경련제는 발작을 예방하기 위해 정기적으로 복용해야 하며, 발작 직전이나 발작 중에 복용해야 하는 약도 있다. 미주신경 자극술과 뇌심부 자극술 같은 치료법은 몸 안이나 뇌에 전극을 이식해 뇌의 전기 활동을 조절하는 방식으로 진행된다.

생활습관 변화 중에서는 케톤생성 식이요법의 성공률이 비교적 높은 편이다. 탄수화물 섭취를 줄이고 지방 섭취를 늘리는 방식으로 진행되는 이 식이요법은 수십 년 전부터 소아 뇌전증 환자에게 사용되어 왔다. 수술은 일반적으로 발작을 유발하는 것으로 알려진 뇌의 특정 부위를 제거하는 방식으로 시행된다. 발작의 중심이 되는 부위를 제거하면 이후 발작이 일어나지 않을 수도 있다.

- **뇌전증 발작의 분류**

발작은 근육 경련, 환각, 의식 상실 등 매우 다양한 형태로 나타난다. 특히 실신 발작은 팔다리에 경련이 생기는 것이 아니라 멍하니 한곳을 응시한다거나 잠시 정신이 다른 데 가 있는 듯한 모습으로 나타날 때가 많다.

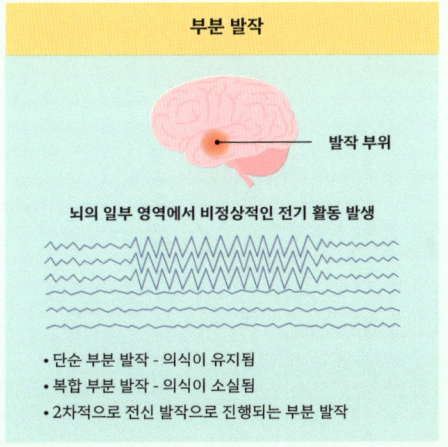

부분 발작

발작 부위

뇌의 일부 영역에서 비정상적인 전기 활동 발생

- 단순 부분 발작 - 의식이 유지됨
- 복합 부분 발작 - 의식이 소실됨
- 2차적으로 전신 발작으로 진행되는 부분 발작

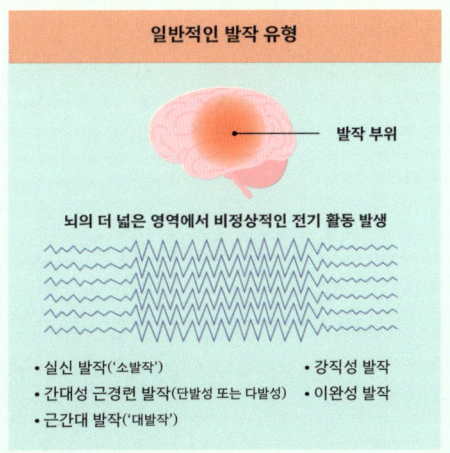

일반적인 발작 유형

발작 부위

뇌의 더 넓은 영역에서 비정상적인 전기 활동 발생

- 실신 발작('소발작')
- 간대성 근경련 발작(단발성 또는 다발성)
- 근간대 발작('대발작')
- 강직성 발작
- 이완성 발작

뇌종양

'뇌종양'이라는 말을 들으면 보통 최악의 상황을 떠올리기 마련이다.
하지만 뇌종양 진단을 받았다고 해서 항상 생명이 위독하거나
건강에 심각한 위험이 생긴 것은 아니다.

모든 뇌종양이 반드시 암이거나 생명을 위협하는 것은 아니다. 심지어 치료가 반드시 필요한 것도 아니다. 어떤 경우에는 오히려 건드리지 않고 그대로 두는 것이 최선일 수 있다. 뇌종양에 관한 또 다른 흔한 오해 중 하나는 휴대전화가 뇌종양을 유발한다는 것이다. 그러나 이를 뒷받침하는 명확한 과학적 근거는 없다. 또한 뇌종양은 어른에게만 생기는 질환이 아니다. 어린이도 뇌종양에 걸릴 수 있으며, 뇌암은 소아암 가운데 세 번째로 흔한 암이자 사망률은 가장 높은 암이다. 다만 전체적으로 볼 때 어린이는 암에 걸리는 사례가 드문 편이어서 전체 뇌암 환자 중 어린이가 차지하는 비율은 5% 미만에 불과하다.

흔한 증상들

뇌종양은 발생 위치와 크기, 유형, 그 외 다양한 요인에 따라 증상이 매우 다양하게 나타난다. 진단이 어려운 이유 중 하나는 이러한 증상들이 다른 질환과 많이 겹치기 때문이다. 대표적인 증상으로는 두통, 발작, 갑작스러운 메스꺼움이나 구토가 있으며, 때로는 균형 감각이 저하되거나 몸을 제대로 움직이기 어려울 수도 있다.

또한 학습 능력이나 기억력, 집중력과 같은 인지 기능에 변화가 나타날 수 있고 신체 한쪽에 힘이 빠지거나 감각이 둔해지거나 몸을 움직이는 데 문제가 생기는 증상도 흔하다. 이 밖에도 청각이나 시각의 변화, 성격이나 기분의 변화 등이 나타날 수 있다.

뇌는 매우 다양한 기능을 담당하고 있으며,
이들 기능은 거의 모두 종양의 영향을 받을 수 있으므로
뇌종양으로 나타날 수 있는 증상은 매우 다양하다.

진단 및 치료

뇌종양은 MRI나 CT 같은 영상 촬영을 통해 진단된다. 또한 뇌 조직의 일부를 채취해 검사하는 생검을 통해 확인되기도 하며, 종양의 위치에 따라 신경학적 검사나 신경심리 평가도 진단에 도움이 될 수 있다.

종양이 발견되면 종양을 제거하는 수술, 방사선 치료, 항암 화학 요법 등 다양한 치료법을 고려할 수 있다. 그리고 종양 세포에만 작용하도록 고안된 약물 치료나 면역 체계가 암세포를 공격하도록 돕는 면역 치료도 있다. 치료 예후는 종양의 양성·악성 여부, 성장 속도와 공격성, 발생 부위, 주변 조직 압박 여부, 유전적 특성 등 여러 요인에 따라 달라진다.

• 원발성 뇌종양의 위치

뇌종양은 유형이 100가지가 넘을 만큼 종류가 매우 다양하며, 성장 속도나 신체적·정신적 기능에 미치는 영향도 크게 다르다. 어떤 종양은 몇 달 안에 치명적인 결과를 초래할 수 있는 반면 수년 동안 특별한 문제를 일으키지 않는 종양도 있다.

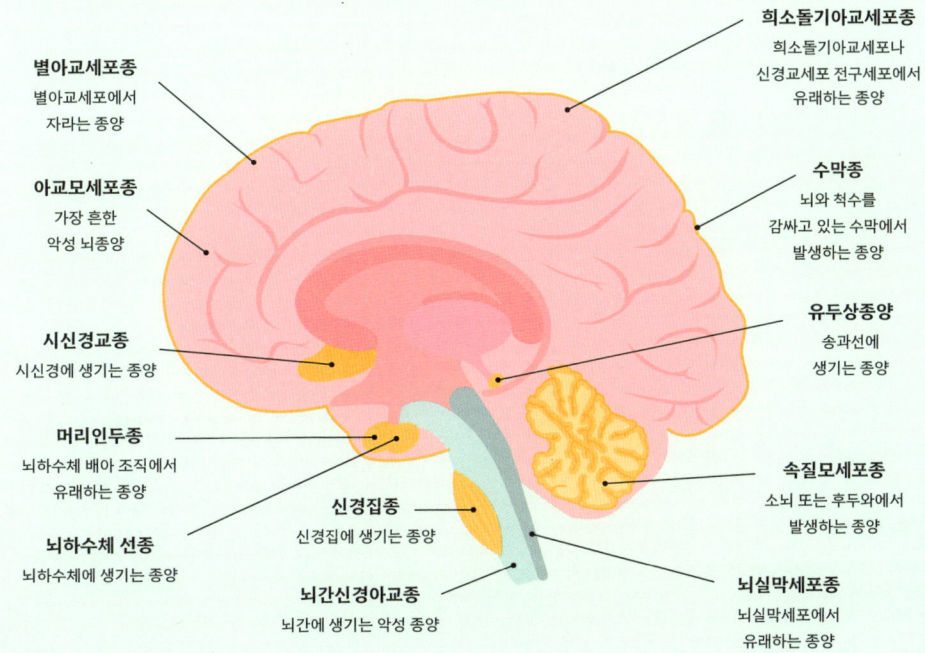

별아교세포종
별아교세포에서 자라는 종양

아교모세포종
가장 흔한 악성 뇌종양

시신경교종
시신경에 생기는 종양

머리인두종
뇌하수체 배아 조직에서 유래하는 종양

뇌하수체 선종
뇌하수체에 생기는 종양

신경집종
신경집에 생기는 종양

뇌간신경아교종
뇌간에 생기는 악성 종양

희소돌기아교세포종
희소돌기아교세포나 신경교세포 전구세포에서 유래하는 종양

수막종
뇌와 척수를 감싸고 있는 수막에서 발생하는 종양

유두상종양
송과선에 생기는 종양

속질모세포종
소뇌 또는 후두와에서 발생하는 종양

뇌실막세포종
뇌실막세포에서 유래하는 종양

뇌 손상과 뇌진탕

넘어지거나 자전거 사고를 당거나 격렬한 운동 중 다른 사람이나 물체와 충돌하는 경우 뇌진탕은 물론 더 심각한 뇌 손상을 입을 수 있다. 이런 사고가 발생했을 때 가장 중요한 것은 충격 이후에 나타날 수 있는 주의가 필요한 증상을 미리 알고 대처하는 것이다.

머리를 세게 부딪치면 충격으로 뇌가 두개골 안쪽에 부딪치면서 신경세포와 뇌 조직이 손상되고, 혈류에도 변화가 생길 수 있다. 이로 인해 신경세포 내 전기 신호의 흐름이 방해받거나 신경세포를 연결하는 섬유가 손상될 수 있으며, 흔하게는 뇌에 염증 반응이 나타나기도 한다. 이러한 변화는 뇌가 수행하던 기능이 무엇이든 예외 없이 부정적인 영향을 줄 수 있다.

뇌 손상의 징후 감지하기

머리를 부딪쳐 뇌진탕이 발생하면 목이 뻣뻣해지거나 두통, 구토 등의 증상이 나타날 수 있다. 동공의 크기가 달라지는 것처럼 주변 사람이 알아챌 수 있는 변화가 생길 수도 있고, 영향을 받은 뇌 부위에 따라 시각이나 청각 같은 감각 지각에도 변화가 생길 수 있다.

또한 몸의 균형을 잡거나 자연스럽게 움직이는 데 어려움을 겪을 수 있다. 말하기, 기억력, 주의력 등 인지 기능 전반이 영향을 받을 수 있으며 감정이나 에너지 수준에도 변화가 나타날 수 있다. 피로감, 예민함, 우울감, 감정 기복 등도 흔히 경험할 수 있는 증상이다.

뇌 손상에 가장 취약한 사람들

뇌 손상이나 뇌진탕으로 인해 크게 영향을 받는 사람들은 주로 아동과 고령층이다. 아동의 경우 뇌 발달의 경로 자체가 변화될 수 있기 때문이고, 고령층은 회복 속도가 느릴 뿐 아니라 이미 다른 질환으로 회복력이 좋지 않을 수 있기 때문이다. 중증의 뇌 손상을 경험한 사람들은 치매나 파킨슨병과 같은 신경 퇴행성 질환에 걸릴 위험이 더 높다는 연구 결과도 있다. 이와 더불어 권투 선수나 럭비 선수, 미식축구 선수처럼 머리에 반복적으로 충격을 받는 사람들은 만성 외상성 뇌병증(CTE) 발병 위험이 더 높은 것으로 알려져 있다.

> 의식을 잃지 않았어도 뇌진탕은 뇌에 부정적인 영향을 줄 수 있다.

최고의 조언 – 반복적인 충격을 피하라

물론 가장 확실한 대처는 예방이다. 자전거나 스키처럼 충격 위험이 큰 활동을 할 때는 머리를 보호할 수 있는 고품질 헬멧을 착용하는 것이 중요하다. 그러나 아무리 주의하더라도 뇌진탕이나 뇌 손상이 발생할 수 있으며, 그럴 경우 신속한 대응이 필요하다. 뇌에 출혈이 의심된다면 즉시 응급 치료를 받아야 하며 실제 출혈 여부는 뇌 영상 검사를 통해 확인할 수 있다. 경우에 따라 두개골 내부의 압력이 높아지면서 뇌 조직이 손상되기도 하는데 이때는 응급 수술을 해야 한다. 출혈 가능성이 없다고 판단되면 첫 충격을 받은 이후 일정 기간 동안에는 뇌에 또 다른 자극이 가해지지 않도록 주의하는 것이 무엇보다 중요하다. 뇌진탕이 반복되면 회복이 더디고 장기적인 문제가 생길 가능성이 커진다.

최신 연구에 따르면, 정신적·신체적 안정을 취하는 것과 더불어 의사의 지도 아래 일주일에 몇 차례, 한 번에 약 20분 정도의 중간 강도 유산소 운동을 병행하면 뇌 회복에 긍정적인 효과가 있다고 한다.

• 뇌진탕의 징후와 증상

머리를 다친 뒤에는 집중력이 떨어지거나 쉽게 피로해지고 어지러워하는지 주변 사람이 지켜보는 것이 중요하다. 의식을 잃지 않았거나 방향 감각을 잃지 않았다고 해서 뇌진탕이 아니라고 단정할 수는 없다.

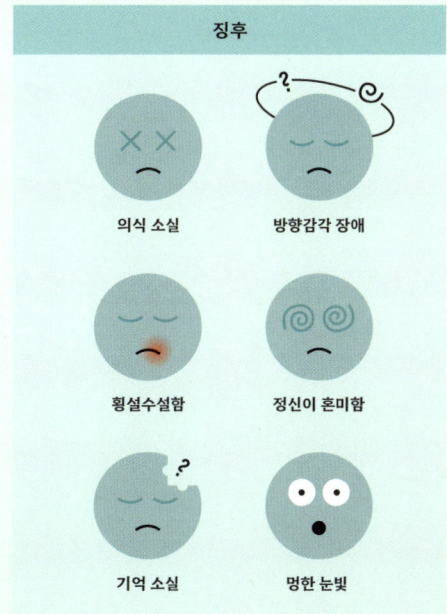

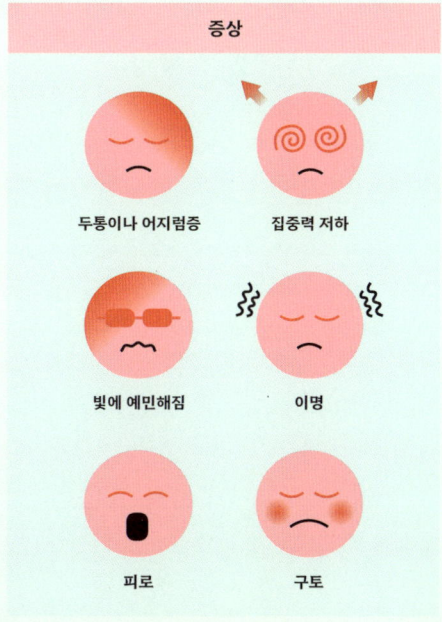

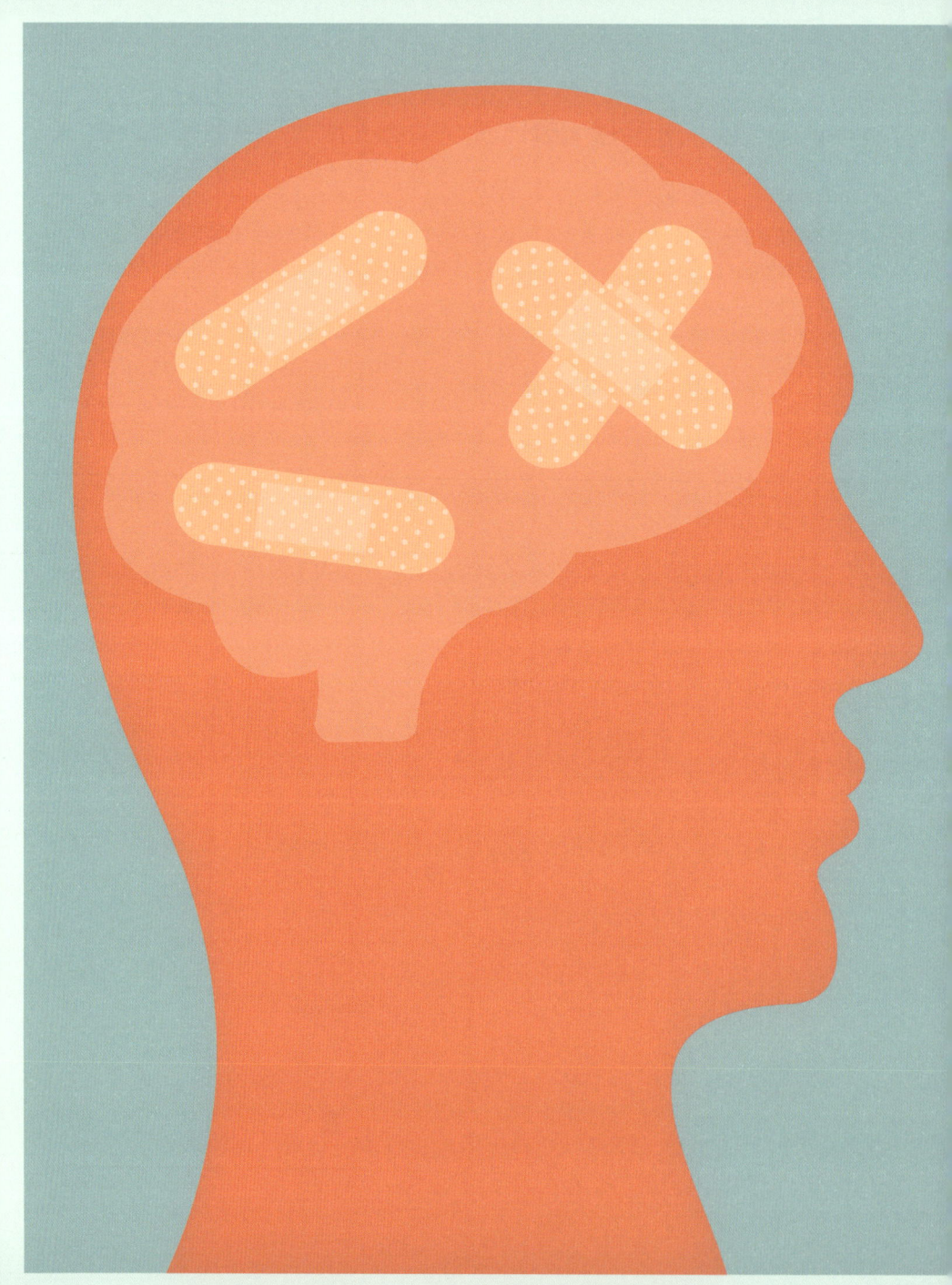

Chapter 9

이제는 나아질 시간!

올바른 치료법 찾기

아플 때는 효과적이고 안전하며, 자신에게 가장 잘 맞는 치료를 받아야 한다.
특히 뇌와 정신 건강에 관한 문제에서 이 점은 매우 중요하다.

치료 방법을 선택할 때 중요한 것 중 하나는 지금의 상태가 실제로 치료가 필요한 경우인지 아닌지 먼저 판단하는 것이다. 어떤 증상을 질병으로 보아야 할지, 아니면 인간이라면 가질 수 있는 자연스러운 다양성의 일부로 이해해야 할지, 어떻게 구분할 수 있을까? 이 질문은 오랫동안 뇌와 정신 건강의 여러 분야에서 제기되어 왔다. 어떤 사람이 정상으로 여겨질지, 혹은 일상적인 기능에 문제가 있다고 판단되는지 그 사람이 속한 문화나 사회적 맥락에 따라 크게 달라질 수 있다.

• 환자 권익 증진 활동이란? •

환자 권익 증진 활동은 효과적이고 안전한 치료를 공정하고 평등하게 받을 수 있도록 보장하는 것을 목표로 한다. 또한 환자나 의료 서비스 이용자가 충분한 정보를 바탕으로 치료에 동의할 수 있도록 올바른 정보에 접근할 수 있게 돕는 데 목적이 있다. 나아가 개인이 자신의 의사에 따라 치료를 받을 수 있도록 하고, 타인에 의해 강제로 치료를 받는 일이 없도록 하는 것도 활동의 중요한 부분이다.

뇌 기능으로 본 '질병'의 정의

장애란 일상생활 기능을 현저히 저해하거나 심각한 고통이나 불편을 유발하는 상태를 의미한다. 하지만 개인의 '일상 기능'이 무엇인지, 고통스럽거나 불편한 정도는 어떤지 어떻게 측정할 수 있을까?

뇌 건강에서 일부 영역은 비교적 명확하다. 예를 들어 두개골이 골절되거나 뇌 손상이 육안으로 확인되면 의학적 치료가 필요하다는 데 모두 동의할 것이다. 그러나 한때는 왼손잡이나 근시조차 정신 질환으로 분류된 적이 있었다. 결국 왼손잡이는 사회에서 자연스러운 현상으로 여겨지게 되었고, 근시는 렌즈를 통해 교정할 수 있게 되었다. 오늘날 자폐나 청각 장애는 의학적 질환으로 분류되지만 이러한 진단을 받은 많은 사람은 그것을 장애라기보다는 문화적 차이로 여긴다(36~37쪽 참조).

장애라는 표현을 받아들이는 사람들조차 사회적 낙인이나 배제, 수용 부족에 대해서는 강하게 반발하고 있다. 실제로 '에이블리즘(ableism)'이라는 장애인을 향한 특정한 편견을 지칭하는 용어도 존재한다.

자신에게 맞는 치료 찾기

뇌는 매우 복잡하고, 사람들의 뇌는 각기 다르므로 뇌와 정신 건강은 진단과 치료가 특히 까다로운 분야

중 하나다. 그만큼 자신에게 맞는 치료법을 찾기까지는 인내심이 필요하다. 의료진과 함께 다양한 데이터를 검토해야 하고, 시행착오를 겪어야 할 수도 있다. 이때 치료나 특정 상황이 증상에 어떤 영향을 미치는지 꼼꼼히 기록해 두는 습관은 치료 방향을 정하는 데 큰 도움이 된다. 이러한 과정을 통해 의료진과 함께 보다 빠르고 효과적으로 증상을 완화할 수 있는 방법을 찾아갈 수 있다.

근거 평가하기

치료법을 선택할 때는 해당 치료가 자신에게 실제로 효과가 있을지, 안전성을 뒷받침하는 과학적 근거가 있는지 살펴보는 것이 중요하다. 이때 가장 신뢰할 수 있는 근거는 치료가 무작위 대조시험에서 좋은 결과를 보였는가다. 무작위 대조시험에서 효과가 입증되었다는 것은 해당 치료가 단순한 위약 효과나 우연의 결과가 아니라 다른 치료법보다 효능 면에 있어 실제로 더 효과적이라는 것을 의미한다. 무작위 대조시험은 치료의 효과뿐만 아니라 흔한 부작용이나 금기 사항, 다른 약물과의 상호작용 등 안전성에 대한 정보도 제공한다. 자신이 고려 중인 치료가 무작위 대조시험을 거쳤는지 여부는 담당 의사나 전문가에게 문의하면 확인할 수 있다.

무작위 대조시험을 거치지 않은 치료라도 관찰 연구나 사례 연구를 통해 일정 수준의 근거가 확보되었을 수 있다. 메타 분석이나 체계적 문헌고찰도 중요한 근거가 될 수 있는데, 이는 다양한 방법으로 여러 연구 결과를 모두 비교 분석해 신뢰할 수 있는 결론을 도출하고자 한다. 어떤 연구든 다른 과학자들의 검토를 거친 학술지에 실렸는지는 신뢰성을 판단하는 데 도움이 된다. 특히 같은 결과가 여러 번 반복 재현되었다면 치료 효과가 우연이 아닌 '실제' 효과일 가능성이 더욱 높다.

- **무작위 대조시험(RCT)의 진행 방식**

RCT에서는 참가자들을 무작위로 나누어 한 그룹에는 새 치료법을, 다른 그룹인 '대조군'에는 기존의 표준 치료법을 적용한다. 시험이 끝난 뒤 두 그룹의 결과를 비교해 유의미한 차이가 있는지 관찰한다.

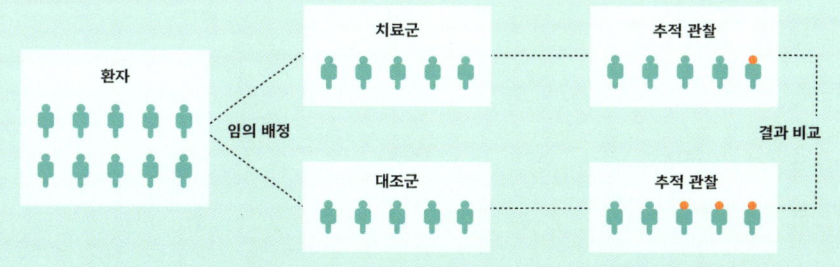

의료진 및 치료 전문가팀

우리의 뇌는 매우 복잡하며 때로는 제대로 기능하지 못할 수도 있다.
따라서 무언가 이상이 느껴진다면 다양한 분야의 전문가들에게 도움을 받아야 한다.

어디서부터 시작해야 할까?

먼저 일반의(아이의 경우 소아과 의사)와 상담해 보자. 일반의가 직접 도움을 줄 수도 있고, 필요하면 전문의를 연결해 줄 것이다. 정신 질환이나 심리적 장애의 경우 신체 질환에 비해 생물학적 지표가 뚜렷하지 않은 경우가 많다. 따라서 정신 건강 전문가들은 주로 증상과 행동을 관찰하고 이에 따라 치료를 제공한다. 이런 전문가들로는 정신과 의사, 심리학자, 심리상담사, 치료사 등이 있다.

다음 단계 – 전문의

신경과 전문의는 일반의가 환자를 자주 의뢰하는 전문 의사다. 이들은 뇌뿐 아니라 척수와 말초신경을 포함한 생물학적으로 관찰 가능한 신경계 질환이나 퇴행성 질환을 주로 진단하고 치료한다. 신경과 전문의는 진단 검사를 시행하고, 생활습관 개선을 권고하며, 약물을 처방하거나, 다른 전문의에게 환자를 의뢰하기도 한다. 의뢰 대상에는 심리치료사, 물리치료사, 언어치료사, 작업치료사뿐 아니라 영양사, 류머티즘 전문의, 감염병 전문의, 외과의 등 다양한 분야의 전문가들이 있다.

이 외에도 다양한 분야의 전문가들이 우리의 뇌 건강을 위해 함께 일하고 있다. 학습 장애가 있는 경우에는 의학적 치료보다는 교육적으로 접근해 치료하는 경우가 많다. 이때는 언어치료사, 특수교육 전문가, 코치, 기타 교육치료사들이 개인의 목표에 맞춘 맞춤형 치료를 제공한다. 중증 정신 질환이나 중독, 기타 신경학적 장애가 있는 경우에는 24시간 상시 지원이 필요할 수 있다. 이럴 때는 전담 관리자, 간호사, 돌봄 지원자, 정서 지원 인력 등의 전문가들과 입원 치료나 재활 센터 등의 도움을 받을 수 있다.

치료팀에는 대학 전공자부터 박사학위 소지자까지 여러 분야의 숙련된 전문가들이 속해 있다.

비공식적이고 자기 주도적인 접근 방식

의료기관 중심의 공식적인 치료보다 덜 형식적인 방식을 선호하거나 자기 주도적인 성향이 강한 경우에도 다양한 선택지가 있다. 온라인이나 대면 방식으로 참여할 수 있는 다양한 방법이 있으며 여기에는 환자 지원 단체나 환자 커뮤니티, 워크북이나 간행물, 앱 같은 자기 관리 도구와 기술 등이 있다. 이러한 자료와 모임은 우리가 겪고 있는 거의 모든 뇌 관련 어려움에 맞춤형 도움을 제공할 수 있다. 아울러 치료법이나 의료진 선택에 대한 조언을 얻는 공간이 되기도 한다. 다만 과학적 근거가 부족하거나 사기성 자료를 피하기 위해서나(162~163쪽 참조) 어떤 정보를 믿어야 할지 확신이 서지 않을 때는 주치의나 의료진과 상의하면 도움이 된다.

- **당신을 돕는 여러 전문가**

일반의와 같은 1차 진료의부터 신경과 전문의, 심리상담사와 같은 정신 건강 전문가에 이르기까지 여러 분야의 훈련된 전문가들이 실질적인 조언을 제공하기 위해 함께하고 있다.

검사와 선별

검사와 선별의 목적은 뇌에 있는 근본적인 문제가 무엇인지 찾아내는 것이다.
이를 확인하고 나면 그에 맞는 적절한 치료법을 훨씬 쉽게 찾을 수 있다.

몸 상태가 평소와 다르게 느껴진다면 먼저 스스로 몇 가지 기본적인 질문을 해봐야 한다. 어떤 증상이 있는가? 그 증상은 언제부터 시작되었는가? 갑작스럽게 나타났는가 아니면 서서히 진행되었는가? 어쩌면 최근 몇 주 동안 기분이 가라앉았거나 집중력이 떨어졌다고 느낄 수도 있다. 그러나 어떤 증상이 갑작스럽고 뚜렷하게 나타났다면 지체하지 말고 가까운 병원 응급실을 찾아야 한다. 예를 들어 얼굴 한쪽 근육이 갑자기 처지거나 한쪽 눈이 보이지 않는다면 반드시 응급 진료를 받아야 한다. 이런 경우 병원에 도착하면 응급의학과 의사, 일반의, 신경과 전문의 등의 진료를 받게 된다. 이들은 먼저 신체를 검진하고 혈액 검사와 뇌 영상 검사를 진행할 것이다. 이때 혈액 검사로는 뇌졸중이나 감염, 갑상선 질환 여부 등을 확인할 수 있다.

심리학자의 역할

심리학자 가운데 신경심리학자는 인지 검사와 신경심리 평가를 전문적으로 수행한다. 이러한 검사와 평가는 기억력, 주의력, 언어 능력, 문제 해결 능력, 실행 기능 등 다양한 인지 능력을 측정하며 뇌 손상이나 외상성 뇌 손상, 신경퇴행성 질환의 정도를 평가하는 데도 활용된다. 대표적인 신경심리 평가 도구로는 기억력, 주의력, 실행 기능 등 여러 인지 영역의 현재 수준을 추정할 수 있도록 설계된 케임브리지 신경심리학적 실험 자동화 배터리(CANTAB)가 있다.

- • 초기 평가 •

임상심리사, 상담심리사, 정신 건강 사회복지사 등 정신 건강 분야의 전문가들은 면담이나 설문지, 사례 기록, 관찰 등을 활용해 내담자의 상태를 평가한다. 대표적인 평가 도구로는 우울 증상을 측정하는 '벡 우울 척도(BDI)'와 불안 수준을 평가하는 '범불안 장애 7(GAD-7)' 등이 있다. 또 다른 도구로는 정신 건강 전문가들이 정신 질환을 진단하고 분류하는 데 활용하는 세계보건기구의 질병분류체계도 있다.

검사와 선별

뇌 영상 검사

뇌진탕이나 뇌 손상, 뇌종양, 신경 퇴행 등을 확인하는 데 활용된다. 대표적인 기법으로는 CT와 MRI가 있으며, 주로 뇌의 구조적 이상을 평가하는 데 사용된다. 수술 전 계획 단계에서 뇌의 부위별 기능을 더 정밀하게 파악하거나, 뇌 활동 양상을 분석해야 할 경우에는 EEG나 PET, SPECT 등의 영상 기법이 활용되며, 상황에 따라 fMRI를 시행하기도 한다. 뇌 영상에 대한 내용은 12~13쪽에서 확인할 수 있다.

- **뇌파검사의 원리**

뇌파검사(EEG)는 뇌의 활동을 기록하는 비침습적 검사 방법이다. 두피에 부착한 전극(센서)이 감지한 뇌의 미세한 전기 신호가 컴퓨터로 전송되어 분석되는 방식이다.

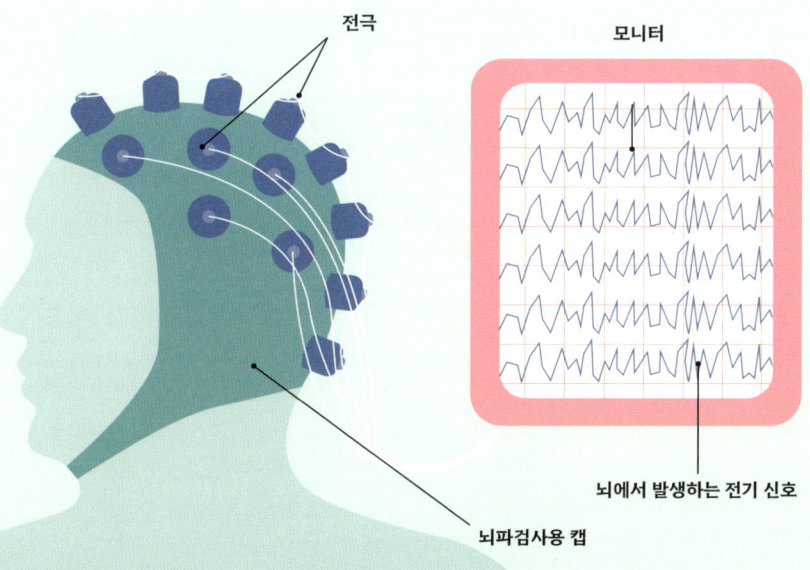

침습적 시술

일부 질환은 뇌에 외과적 수술을 시행해야 할 수도 있다. 이제 수술이나 장치 이식 같은 침습적 치료가 언제 시행되는지와 그에 따른 위험은 무엇인지 살펴보자.

침습적 시술이 필요한 경우

뇌종양이 있는 경우, 먼저 뇌 조직을 일부 떼어내 현미경 검사를 시행해야 할 수 있다. 수막종, 신경아교종 등 다양한 종류의 종양을 실제로 절제하는 수술의 성공률은 종양에 따라 50~90%까지 다양하다. 수술 후 재발 여부도 크게 달라 수술로 종양이 완전히 제거되기도 하지만 어떤 경우에는 5년 이내에 추가 수술을 해야 할 수도 있다.

수술이 필요한 또 다른 상황으로는 뇌출혈 위험이 높거나 혈전이 생겼거나 두개골이 골절되었거나 뇌가 부어 뇌압이 높아진 경우 등이 있다. 이러한 문제는 심각한 사고로 뇌진탕을 입었을 때 나타날 수 있다. 뇌혈관이 약해져 동맥류가 생긴 경우에도 수술이 필요하다. 이때는 동맥류 클립결찰술을 실시할 수 있는데 이 수술은 혈관 벽이 풍선처럼 부풀어 오른 부위를 클립으로 집어 혈액이 잘못된 부위로 유입되거나 혈관이 파열되는 것을 예방하는 수술로 근본적인 치료 효과를 기대할 수 있다.

• 뇌심부 자극술

심장박동기와 매우 유사하게 뇌심부 자극술(DBS) 역시 신체의 주요 기능을 조절하는 부위에 전기 자극을 전달하는 치료법이다. 이때 조절하는 대상은 특정 뇌 부위의 신경 활동이다.

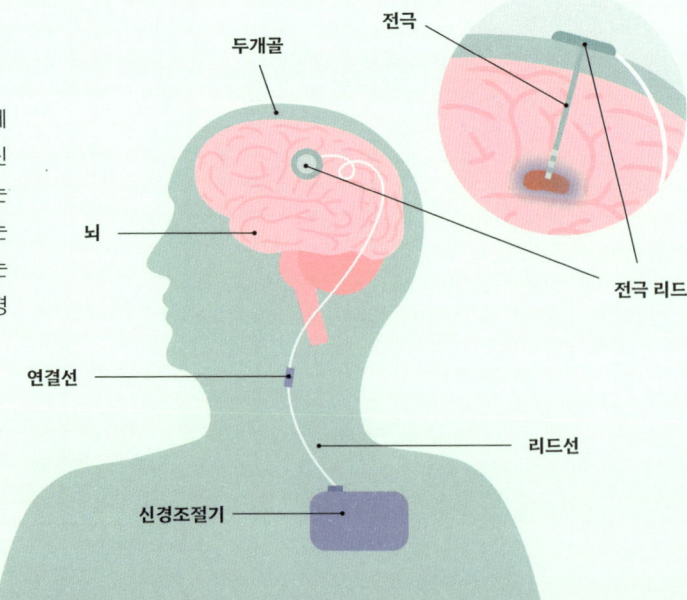

운동 장애와 우울증

파킨슨병과 같은 운동 장애도 외과적 수술이 필요하다. 이 경우에도 뇌의 특정 부위에 전극을 이식해 도파민이나 글루탐산과 같은 주요 신경전달물질의 분비를 유도하는 치료가 이루어질 수 있다(20~21쪽 참조).

근긴장이상증이나 떨림, 특정한 만성 통증이 있는 환자들 역시 뇌심부 자극술의 혜택을 볼 수 있다. 다만 뇌심부 자극술은 1차 치료로는 권장되지 않는다. 수술에 따른 위험도 있고 치료 효과도 환자마다 크게 다르기 때문이다. 파킨슨병이나 본태성 떨림이 있는 환자는 약 60~80%가 떨림이나 근육 경직, 기타 증상이 현저히 줄어드는 효과를 보지만 만성 통증 환자의 경우 약 40~50% 정도만 증상이 완화되는 효과를 경험한다. 이 외에도 치료 저항성 우울증을 비롯한 다양한 질환의 치료에서 뇌심부 자극술을 사용하는 것에 대해서도 연구가 진행 중이다.

난치성 우울증 환자의 경우 시술 후 효과는 대체로 파킨슨병 환자보다 낮고, 만성 통증 환자보다는 높은 편이다. 다만 이식 장치의 배터리 교체를 위해 3~5년마다 수술을 반복해야 할 수 있다. 수술에는 위험이 따르지만 많은 환자가 안정적인 증상 완화를 경험한다.

뇌전증의 경우(154~155쪽 참조) 발작을 유발하는 뇌 부위를 절제하는 수술이 시행되기도 한다. 이러한 수술을 통해 발작 빈도를 줄일 수 있으며, 특히 발작을 일으키는 뇌 부위가 명확히 확인된 환자는 약 60~80%가 수술에 잘 반응하고 이후 약물 복용이 필요하지 않을 수 있다.

미주신경 자극술(VNS)의 효과 역시 환자에 따라 다르게 나타난다. 뇌전증 환자의 경우 미주신경 자극술을 4년간 시행한 결과 발작 증상이 50~58% 감소한 환자가 절반 이상이라는 연구 결과가 있다. 우울증의 경우에는 약물 치료와 병행할 때 일부 환자에게 도움이 되는 것으로 나타났다.

수술의 위험성

뇌 수술처럼 침습적인 시술에는 출혈이나 감염, 수술 중 실수로 뇌의 특정 부위가 손상되어 기능에 장애가 생길 위험이 따른다. 손상된 부위에 따라 인지, 감정, 운동 기능, 심지어 성격에도 변화가 나타날 수 있으며 경우에 따라 새로운 발작이나 뇌졸중이 발생하기도 한다.

장치를 이식하는 경우에는 장치의 고장이나 의도하지 않은 뇌 부위를 자극하게 되는 등의 문제가 생길 수 있다. 특히 미주신경 자극술은 장치를 뇌가 아닌 미주신경에 삽입하는데 이 신경은 호흡과 발성에 관여하는 근육을 조절하기 때문에 삽입 위치가 부정확할 경우 호흡 곤란이나 목소리 변화 같은 부작용이 나타날 수 있다.

약물 치료하기와 중단하기

뇌에 작용하는 약물은 부위에 따라 다양한 종류가 있으며 약효 또한 서로 다르다.
비교적 효과가 뛰어난 약물이 있지만 치료 효과가 나타났다고 해도
처방약을 중단하기란 쉽지 않다.

뇌에 작용하는 약물의 종류

항우울제는 세로토닌, 노르에피네프린, 도파민 등에 작용해 우울증을 포함한 불안 및 기분 장애를 완화하는 데 도움이 된다. 항정신병 치료약은 도파민에 작용해 정신병 증상을 완화할 수 있으며, 항불안제는 주로 가바라는 신경전달물질을 표적으로 하며 불안 장애나 공황 장애에 사용된다. 여러 신경전달물질에 작용하는 기분 안정제로는 리튬 같은 무기질이 있다.

자극제는 도파민과 노르에피네프린에 작용해 ADHD 치료에 쓰이며, 항경련제는 신경세포막과 신경 신호 전달을 조절해 뇌전증이나 신경통에 효과가 있다. 이 외에도 통증 완화를 위한 오피오이드계 약물과 수면 보조제, 인지 기능 향상 보조제인 누트로픽스 등이 있다.

뇌에 작용하는 약물의 생물학적 작용 방식

뇌에 작용하는 약물은 신경전달물질에 직접 작용하거나 간접적으로 영향을 미치기도 한다. 예를 들어 암페타민은 뇌에서 도파민의 분비를 직접 증가시킨다. 반면 선택적 세로토닌 재흡수 억제제(SSRI)는 세로토닌이 방출된 후 이를 다시 흡수하는 분자의 작용을 조절함으로써 시냅스에 더 오래 머물도록 해 가용성을 높인다. 다시 말해 SSRI는 세로토닌의 총량을 늘리는 것이 아니라 작용 시간을 연장하는 방식으로 약효를 내는 것이다.

약물과 시간

작용이 빠른 약물은 대개 신경전달물질에 직접 작용하므로 복용 후 몇 분 내에 효과가 나타날 수 있다. 자극제와 오피오이드, 일부 항불안제가 여기에 해당한다. 반면 항우울제처럼 간접적으로 작용하는 약물은 체내에 일정 수준 이상 축적되려면 시간이 걸리기 때문에 효과를 느끼기까지 수 주가 걸린다. 이는 이러한 약물이 신경전달물질의 반응 문턱값을 변화시키기 때문이다. 이들 약물은 또한 신경가소성에 영향을 미치며 특정 조절 인자에 대한 민감도에도 변화를 준다.

뇌 기능에 작용하는 약물은 뇌 수용체의 민감도에 영향을 주기 때문에 복용을 중단할 때는 복용 용량과 기간 등의 요인에 따라 중단 과정에 필요한 시간이 달라질 수 있다. 특히 오피오이드와 같이 중독성 있는 약물은 뇌의 보상 체계나 조절 체계에 큰 변화를 일으키므로 복용을 중단하기가 몹시 어렵다.

• 오피오이드계 진통제의 용량-반응 곡선

일부 오피오이드는 소량만으로도 치명적일 수 있다. 펜타닐과 헤로인은 중독성이 매우 강하고 위험성도 높은 오피오이드계 약물이다. 반면 오피오이드계 약물 중독 치료에 의학적으로 사용되는 부프레노르핀은 작용이 느리고 상대적으로 위험성이 낮다.

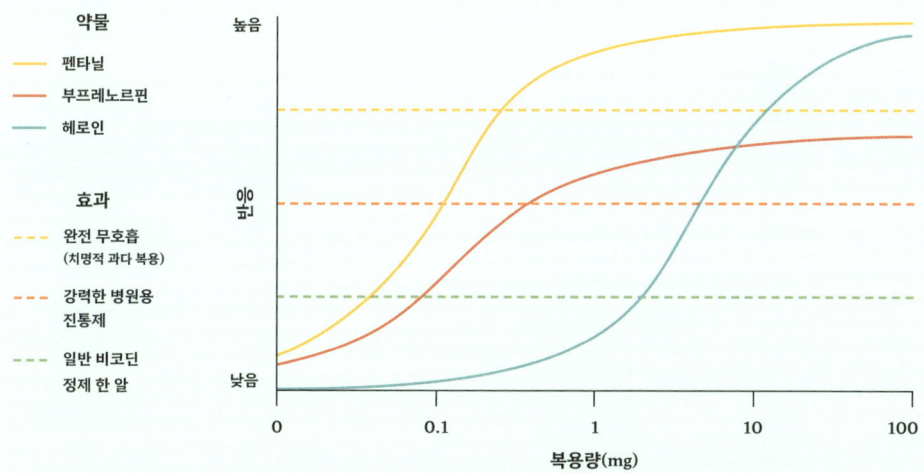

• **편두통 치료제** •

심한 두통, 메스꺼움, 시각적 전조 증상 등을 특징으로 하는 편두통은 특정 약물이나 보충제를 통해 관리할 수 있다. 편두통을 예방하는 데는 원래 다른 질환 치료에 사용되던 처방약, 예를 들어 항우울제나 항경련제, 베타 차단제, 칼슘 통로 차단제 등이 사용되기도 한다. 마그네슘, 리보플라빈, 코엔자임Q10과 같은 보충제가 효과를 보였다는 연구 결과도 있지만 일관된 효과를 보여 주지는 않는다. 최근에는 편두통 통증에 관여하는 분자인 CGRP를 표적으로 하는 새로운 약물들이 개발되어 주사제와 경구약의 형태로 제공된다. 급성 발작 시에는 통증, 메스꺼움, 구토를 완화하는 약물이 주로 사용되며 혈관을 수축시키고 세로토닌 수용체에 작용하는 트립탄계 약물과 CGRP를 차단하는 게판트계 약물은 편두통이 더 진행되지 못하게 하는 데 도움이 된다.

대화 치료

때로는 그저 '이야기를 나누는 것'이 가장 효과적인 접근일 수 있다.
정신적·정서적 어려움을 다룰 때 훈련된 전문가와의 대화를 중심으로 한
다양한 치료법들이 효과를 보여 주고 있다.

인류는 언어를 발명한 이래 서로를 위로하고 지지하려는 노력을 계속해 왔다. 그러나 현대적인 의미의 대화 치료는 지난 세기에 들어서야 본격적으로 주목받기 시작했다. 그 시작은 정신분석의 선구자인 지그문트 프로이트와 내담자 중심 치료를 주창한 칼 로저스 덕분이다. 이와 함께 뇌 영상 기술의 발전과 근거 기반 치료에 대한 관심이 높아지면서 어떤 치료가 효과적인지도 점차 명확해지고 있다.

대화 치료의 목적

대부분의 대화 치료가 주로 추구하는 목표는 처음 도움이 필요하게 된 증상을 완화하는 데 있다. 더불어 일상 속에서 겪는 어려움이나 스트레스에 보다 잘 대처할 수 있도록 돕는 것도 중요한 목표다. 나아가 관계 개선과 삶의 질 향상, 일상 기능의 회복 또한 치료의 주요한 지향점이다.

대화 치료를 어떤 방식으로 진행하든 전반적인 치료 효과를 예측하는 몇 가지 핵심 요소들이 있다. 그 중 가장 강력한 예측 요소는 치료자와 내담자 간의 신뢰와 유대감, 즉 '치료 동맹'이다. 이 기반이 약하면 이후의 치료 과정이 제대로 진행되지 않거나 실패로 이어질 수 있다. 또한 치료 목표를 치료자와 내담자가 함께 잘 설정했는지, 치료 중 피드백과 경과 모니터링이 이루어지는지, 치료자가 공감하며 적극적으로 경청하는지도 중요한 요소다.

그 밖에 내담자가 대화를 하면서 자연스럽게 자기

• 영국 국민보건서비스(NHS)의 대화 치료 서비스 •

전 세계 여러 나라에서 대화 치료가 시행되고 있다. 영국에서는 'NHS 대화 치료'라는 근거 기반 접근법이 널리 운영되고 있는데, 이 프로그램은 주로 불안과 우울 증상을 완화하는 데 초점을 맞추고 인지행동 치료, 대인관계 치료, 마음챙김 기반 인지 치료 등 다양한 방식으로 진행된다. 치료는 일대일, 그룹, 온라인, 치료사의 지도를 받는 자기 주도형 프로그램 등 여러 형태로 제공되며 NHS를 통해 이용할 수 있다. 이용을 원하면 직접 신청하거나 의사를 통해 참여하면 된다.

성찰과 내면 탐색을 할 수 있도록 이끄는 치료자의 의사소통 능력도 치료의 성패에 큰 영향을 미친다. 흥미로운 사실은 대면 상담이든 온라인 상담이든 치료 효과에는 큰 차이가 없다는 점이다.

효과적인 치료법

치료가 효과를 발휘하기 위한 조건이 갖추어졌을 때 과학적으로 효과가 입증된 대표적인 치료법들은 다음과 같다.

1. 인지행동 치료(CBT): 우울증, 불안 장애, 외상 후 스트레스 장애, 강박 장애, 섭식 장애, 불면증에 효과가 입증되었다.

2. 변증법적 행동 치료(DBT): 경계성 성격 장애, 자해 행동, 감정 조절의 어려움, 약물 사용 장애 등에 도움이 되는 것으로 나타났다.

3. 수용전념 치료(ACT): 불안 장애, 우울증, 만성 통증, 스트레스 관련 질환에 효과적인 것으로 보고되었다.

4. 노출 치료: 특정 공포증, 외상 후 스트레스 장애, 강박 장애 치료에 특히 유용하다.

5. 마음챙김 기반 치료: 스트레스, 불안, 우울, 만성 통증을 치료하는 방법으로 활용될 수 있다.

이 외에도 긍정적인 효과를 보이는 치료법이 몇 가지 더 있지만 과학적으로 체계적인 연구를 하기 다소 어려운 측면이 있다. 예를 들어 정신역동 치료는 우울증, 불안, 성격 장애, 대인관계 문제에 활용되고 있으며 대인관계 치료(IPT)는 우울증, 대인관계 문제, 이별이나 사별에 따른 상실감을 다루는 데 효과가 있는 것으로 알려져 있다.

> 대화 치료의 성공을 예측하는 가장 중요한 요소 중 하나는 치료 동맹이다. 치료자와 내담자 간의 신뢰와 유대는 치료 방식과 상관없이 핵심적인 역할을 한다.

신경 자극 치료

전기나 자기 자극을 활용해 뇌 건강을 개선하는 치료법을 신경 자극 또는 신경 조절이라고 한다. 최근에 등장한 이 방식은 우울증을 비롯해 다양한 질환의 증상을 완화하는 데 효과가 있는 것으로 알려져 있다.

몇몇 전기 자극 치료법은 우울증과 같은 정신 건강 질환을 대상으로 활용될 수 있다. 대표적인 방법으로는 전기경련 요법, 미주신경 자극술, 뇌심부 자극술, 경두개 자기 자극술, 경두개 직류 자극술, 경두개 교류 자극술 등이 있다. 이들 치료법의 장점은 치료 시간이 비교적 짧고, 경우에 따라 효과가 매우 크다는 점이다. 반면 부작용이나 합병증 위험이 크다는 점은 단점으로 지적된다.

각 치료법은 작용 원리와 임상 적용 정도, 적용 대상 질환이 서로 다르고, 부작용의 양상도 매우 다양하다. 이 외에도 통증 조절을 위해 사용되는 전기 자극 치료법으로는 척수신경 자극술과 경피전기신경 자극술 등이 있다.

신경 자극 치료법

경두개 자기 자극술(TMS)은 중증 우울증 치료에 활용되는 치료법으로, 특히 약물이나 상담 치료 등 기존 치료에 반응하지 않을 때 사용된다. 이 치료는 뇌 안에 직접 전류를 보내는 방식이 아니라 머리 바깥쪽에서 자석을 이용해 특정 뇌 부위를 자극함으로써 전기 신호가 발생하도록 유도한다. 부작용은 비교적 경미하며 주로 두피의 따끔거림이나 두통, 불편감 등이 보고된다. 경두개 자기 자극술은 강박 장애나 기타 정신 건강 문제에도 효과가 있을 가능성이 확인되고 있다.

미주신경 자극술(VNS) 역시 치료 저항성 우울증에 사용된다. 기존 방식은 쇄골 아래에 자극기를 외과적으로 이식하는 형태지만 최근에는 수술이 필요 없는 경피적 미주신경 자극술(tVNS)이 도입되었다. 여기에는 피부 자극, 두통, 비강 점막의 염증 등 비교적 가벼운 부작용이 동반될 수 있다.

난치성 우울증 치료의 최종 수단으로 전기경련 요법(ECT)이 고려되기도 한다. 이는 치료 저항성 우울증 환자 중 많은 이들에게 효과가 입증되었지만 전신 마취를 해야 하는 데다 기억력 저하 등의 심각한 부작용 가능성이 있다.

파킨슨병이나 기타 운동 장애 치료에는 뇌심부 자극술(DBS)이 효과적인 선택지가 될 수 있다. 그러나 이 방법은 전극을 뇌 깊숙이 직접 삽입해야 하므로 두개골을 열고 수술을 시행해야 한다. 이로 인해 수술 중 뇌출혈이나 감염, 기기 오작동 등의 위험이 수반된다.

비침습적 신경 자극 치료법

비교적 최근에 개발된 방식으로 아직 실험 단계에 있다고 볼 수 있다. 이에 해당하는 기법으로는 경두개 직류 자극술(tDCS), 경두개 교류 자극술(tACS), 경두개 펄스전류 자극술(tPCS) 등이 있으며 우울증 치료와 뇌졸중 후 회복, 심지어 이명 완화에 효과가 있을 가능성이 제시되고 있다.

이 치료법들은 모두 두개골을 통해 뇌에 전류를 흘려보내 뇌 활동을 조절하는 방식으로 작용한다. tDCS는 약한 직류 전류를, tACS는 특정 주파수의 교류 전류를 이용해 뇌 리듬에 영향을 주며, tPCS는 짧은 고주파 펄스전류를 사용한다.

이러한 기술들은 주로 정신 건강 증진을 목적으로 활용되지만 일부는 신체의 통증 조절에도 사용된다. 예를 들어 척수신경 자극술(SCS)은 통증 신호가 뇌에 도달하기 전에 차단해 통증을 완화하는 방식으로 작용한다. 이 치료는 척수에 소형 장치를 이식해야 하므로 다른 치료에 반응하지 않는 만성 통증의 경우에 한해 고려된다. 반면 경피전기신경 자극술(TENS)은 전기적으로 근육과 신경을 자극함으로써 해당 부위에서 통증 완화 신호를 유도한다. 부작용은 약간 따끔거리는 정도로 비교적 경미하다.

• 신경 자극 치료의 유형

다음 네 가지 신경 자극 기법은 서로 다른 뇌 부위에 작용하며 전류의 세기도 다르다. 아울러 일부는 침습적 시술이 필요하다.

	뇌심부 자극술	미주신경 자극술	경두개 자기 자극술	경두개 직류 자극술
유형				
치료 대상 질환	파킨슨병과 근긴장이상	치료 저항성 뇌전증	치료 저항성 우울증 및 기타 질환	우울증, ADHD 및 기타 질환
전류	- 1~4V - 저주파(8~30Hz) 및 고주파(50~150Hz)	- 10~30Hz - 0.5~2mA	- 1회 또는 반복 실시 - 5~20Hz	- 시술 시간: 20분 (1회 또는 반복 실시) - 1~2mA
수술 형태	침습	경미한 수준의 침습	비침습	비침습

여러 가지 새로운 치료법

뇌 건강과 정신 건강 증진을 목표로 한 흥미로운 최첨단 기술들이 속속 개발되고 있다.
현재 어떤 질환을 대상으로 이러한 치료법들이 시도되고 있는지 살펴보자.

최근 주목받는 뇌 질환 치료 기술에는 인공지능, 디지털 및 컴퓨터 기술, 약물, 유전자공학 등이 있다. 이들 기술은 다양한 뇌 질환 및 정신 건강 문제를 가진 환자들의 삶의 질 향상에 이바지할 것으로 기대된다.

인공지능(AI)

2023년 챗봇 기반 AI 앱인 챗GPT가 폭발적인 인기를 얻으면서, AI가 머지않아 우리 삶을 근본적으로 바꿔놓을 것이라는 사실을 사람들이 실감하게 되었다. 뇌와 정신 건강 분야에서도 AI는 특히 주목할 만한 가능성을 보여 주고 있다.

우선 대화 치료 분야에서는 AI 기반 챗봇이 하루 24시간 상담 서비스를 제공하는 '디지털 치료사'로서 활용되기 시작했다. 실제로 일부 치료용 챗봇은 우울감과 불안 증상을 완화하는 데 효과를 보이기도 했다. AI는 또한 맞춤형 의료를 실현할 수 있는 기술로 주목받고 있다. 인간 임상의가 평생 다룰 수 있는 것보다 훨씬 많은 방대한 데이터를 단 몇 초 만에 분석할 수 있기 때문에 환자 개개인에게 최적화된 정신 건강 및 뇌 건강 치료를 계획할 수 있는 가능성이 열리고 있다.

AI는 세상을 다르게 인식하고 처리하는 사람들을 지원하는 데도 활용될 수 있다. 예컨대 자폐 스펙트럼 장애(ASD)나 다양한 신경다양성을 지닌 사람들이 주변 환경에 더 잘 적응하고 다른 사람과 원활히 소통할 수 있도록 돕는 것이다. AI 챗봇은 실제 인간보다 인내심 있게 사회적 상호작용을 연습할 수 있는 상대가 될 수 있고, 가상 비서는 스트레스를 유발할 수 있는 상황을 미리 파악해 사용자에게 맞춤형 조언이나 알림을 제공할 수 있다. AI 알고리즘은 자폐 스펙트럼 장애를 조기에 발견하는 데도 활용될 수 있다.

조기 개입 측면에서도 AI는 인간보다 월등한 장점

> AI는 대화 치료의 방식부터 개인에게 최적화된 맞춤형 의료, 질병의 조기 개입과 예측, 나아가 새로운 약물의 발견과 개발 과정에 이르기까지 의료 분야 전반을 근본적으로 바꿔놓을 잠재력을 갖추었다.

디지털 치료법

을 지닌다. 방대한 데이터를 신속하게 처리함으로써 인간 연구자라면 수백 년이 걸렸을 복잡한 문제를 단기간에 예측할 수 있다. 이를 바탕으로 개인 맞춤형 예방 전략을 설계할 수 있으며, 이로써 복잡한 뇌 질환을 해결할 가능성도 열리고 있다.

치매를 사전에 예측하거나 예방하고 중독 환자의 재발을 방지할 수 있게 된다고 상상해 보라. AI는 화학 및 생물학적 정보를 단시간에 분석함으로써 연구자들의 막강한 연구 파트너가 될 것이다. 그 결과 인간과 AI의 협력을 통해 뇌와 정신 건강을 위한 새로운 치료법과 약물이 무수히 개발될 것이다.

다음에 소개하는 다른 최신 기술들 역시 대부분 AI와 긴밀히 연계될 가능성이 크다. 각종 기술이 생성하는 막대한 데이터는 다시 AI 알고리즘에 입력되어 AI의 예측 정확도와 추천 능력을 지속적으로 향상시킬 것이다.

약물, 침습적 시술, 대면 상담 없이도 소프트웨어를 통해 뇌와 정신 건강 문제를 다룰 수 있는 새로운 접근 방식이다. 마음챙김을 익히도록 돕는 앱뿐만 아니라 뇌의 신경가소성을 높이기 위해 뇌를 훈련하는 게임도 여기에 포함된다. 아울러 수면이나 기타 생체 신호를 추적하고 최적화할 수 있게 해주는 웨어러블 기기들도 있다.

가상현실과 증강현실 기술은 트라우마 극복과 통증 관리에 도움을 주며, 사회적 상호작용이나 일상생활에 필요한 기술을 안전하고 개인화된 디지털 환경에서 연습할 수 있게 해준다. 이렇듯 디지털 치료법은 기분 장애, 수면 장애, 인지 저하, 스트레스 등 다양한 문제의 치료 방식을 획기적으로 바꿀 수 있는 잠재력을 지니고 있다.

• **디지털 치료 도구**

최근 몇 년 사이 디지털 치료 도구는 폭발적인 가능성을 보여 주고 있다. 대표적인 것들로는 전문의와의 화상 진료, 건강한 생활습관과 사회적 습관 형성을 돕는 모바일 앱, 뇌의 학습과 성장을 자극하는 게임 및 교육 콘텐츠, 주요 생체 신호를 추적하는 웨어러블 기기, 가상현실 기술 등이 있다.

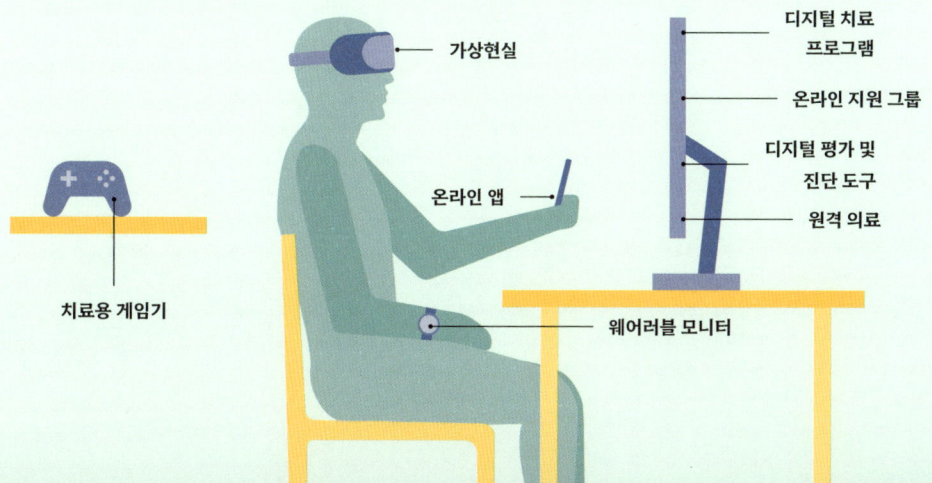

유전학, 유전체학, 유전자 편집

정신 건강과 뇌 건강에 유전자가 미치는 영향은 과연 어느 정도일까? 현재까지의 연구에 따르면, 헌팅턴병과 특정 형태의 뇌전증은 유전적 요인의 영향이 매우 큰 질환으로 알려져 있다. 파킨슨병과 알츠하이머병 역시 유전적 요인이 작용할 수 있지만 영향력은 상대적으로 낮은 편이다. 우울증의 경우 일부 유전자가 발병 위험을 높일 수는 있지만 다른 질환들에 비해 영향력은 훨씬 미미한 것으로 보인다.

어떤 질환이 유전적 요인의 영향을 더 많이 받는지에 대해 점차 많은 사실이 밝혀지고 있다. 이러한 지식을 바탕으로 앞으로는 개인 맞춤형 치료나 조기 예방 전략을 보다 정교하게 수립할 수 있을 것으로 기대된다. 나아가 유전자 치료를 활용해 질병이 발현되기 전에 문제가 되는 DNA 영역을 교체하는 것도 가능해진다. 예를 들어 최신 유전공학 기술인 크리스퍼 유전자 편집 기술은 뇌세포 내 질병 유발 돌연변이를 제거하는 데 적용될 수 있다. 그러나 유전자와 뇌 건강 사이의 연관성이 더 많이 밝혀질수록 이러한 기술을 어디까지 활용할 수 있을지에 대한 윤리적 문제 또한 본격적으로 논의되어야 할 중요한 과제가 될 것이다.

• 크리스퍼 유전자 편집 과정

크리스퍼 기술은 과학자들이 세포 안의 유전자를 정밀하게 편집할 수 있도록 해준다. 이를 통해 질병을 유발하는 DNA를 정확히 잘라낼 가능성이 열린다. 과학자들은 맞춤형 가이드를 이용해 잘라야 할 DNA 위치를 찾아내며, 절단은 특수 효소를 통해 이루어진다. 이후 세포는 자체 복구 체계를 통해 잘린 부위를 의도한 대로 복원하거나 새롭게 삽입된 DNA를 해당 위치에 통합시킨다.

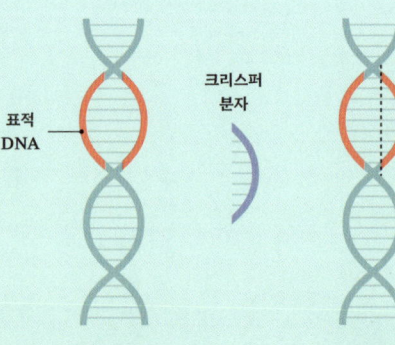

1. 위치 찾기
크리스퍼 분자(맞춤형 안내자)가 표적 DNA에서 특정 부위를 찾아낸다.

2. 절단하기
표적 DNA가 Cas9 효소에 의해 절단된다.

3. 삽입하기
새로운 DNA 서열이 절단된 부위에 삽입될 수 있다.

뇌-컴퓨터 인터페이스(BCI)

BCI는 뇌 활동을 직접 읽고 외부로 전달할 수 있는 장치로, 무의식적으로 일어나는 뇌의 활동을 의식적으로 조절할 수 있게 해준다. 이를 통해 우리는 단지 생각만으로 물체를 움직이거나 말하지 않고도 타인과 의사소통하는 등 많은 일을 할 수 있다.

최근 연구에서는 뉴로피드백이라는 형태의 BCI를 활용하면 ADHD, 불안, 우울증, 만성 통증, 중독 등의 증상을 호전시킬 수 있는 가능성이 제시되고 있다(180~181쪽 참조). 실제로 BCI는 이미 휠체어를 조작하거나 로봇 팔을 움직이는 데 활용되고 있을 뿐 아니라 근육을 사용하지 않고 타이핑과 같은 컴퓨터 작업을 수행하는 데도 사용된다.

BCI의 활용은 단순히 움직임에 제약이 있는 사람을 돕는 데 그치지 않고, 손상되었거나 사라진 감각 기능을 복원하는 데도 도움이 될 수 있다. 이는 뇌가 새로운 방식으로 감각 신호를 연결하고 해석하는 법을 학습하도록 유도하는 것으로 가능하다. 귀가 아닌 손목에 부착하는 일부 신형 보청기는 소리를 진동으로 변환해 손목에 전달하고, 뇌는 이러한 진동 패턴을 반복적으로 학습하면서 점차 소리처럼 인식하게 된다.

BCI의 가능성은 여기서 멈추지 않는다. 컴퓨터를 통해 다른 동물에는 있지만 인간에게는 없는 감각의 세계를 열 수 있다면 어떨까? 예를 들어 자외선이나 적외선을 '볼' 수 있다면? 혹은 전자기파를 '들을' 수 있다면 과연 어떤 일이 가능해질까?

향정신성 약물

본격적인 치료 목적으로 활용하려는 연구가 최근 활발히 진행되고 있다. 지금까지는 이러한 약물이 뇌 가소성을 극적으로 높이고 감정 처리 능력을 향상시키는 데 어떤 역할을 하는지를 중심으로 연구가 이루어져 왔다. 실로시빈, MDMA, 케타민 등 일부 약물은 임상 현장에서도 치료 효과를 기대할 만한 결과를 보여 주고 있다. 특히 치료 저항성 우울증, 불안 장애, 강박 장애, 중독은 가장 뚜렷한 치료 효과가 나타난 것으로 보고되고 있다.

바이오피드백

신체 여러 부위 피부에 작은 센서를 부착해 심박수와 호흡 속도, 피부 온도, 근육 긴장도 등의 생체 신호를 실시간으로 관찰할 수 있도록 하는 기술이다. 이 치료법은 미국을 포함한 여러 나라에서 임상 치료용으로 승인되었으며 스트레스 및 불안 장애, 통증 관리 등 다양한 질환에 효과적인 치료법으로 활용되고 있다.

신기술이 널리 사용될 수 있게 허용된다면 그에 따른 생물학적·사회적 부작용도 반드시 고려해야 한다.

바이오피드백의 실제 작용

우리의 다양한 내면 상태를 감지할 수 있도록 도와주는 기술이다. 예를 들어 마음이 차분해지거나 감사를 느낄 때와 같은 긍정적인 상태나 스트레스를 받거나 불안감이 드는 것처럼 부정적인 상태뿐 아니라 통증을 느낄 때나 기분이 가라앉을 때, 집중이 잘 되지 않을 때와 같은 상태까지 바이오피드백을 통해 드러날 수 있다. 이런 설명이 마치 공상과학 소설에나 나올 법한 '마음을 읽는 기술'을 이야기하는 것처럼 들릴 수 있지만 사실 이러한 방식은 수십 년간의 과학적 연구에 기반을 두고 있다.

그렇다면 실제 바이오피드백 치료는 어떻게 이루어질까? 먼저 센서를 통해 수집된 환자의 호흡이나 심박수 같은 생리적 신호가 화면에 실시간으로 표시된다. 이때 환자가 불안한 상황을 떠올리면 그 순간 호흡과 심박수가 증가하는 것이 눈으로 확인된다. 그런 다음 환자는 이러한 생리 반응을 조절하는 방법을 배우게 된다. 예를 들어 천천히 고르게 호흡하는 연습을 통해 심박수와 호흡 속도를 안정시키는 것이다. 이렇게 생리적 반응이 달라지면 환자는 불안 수준도 함께 낮아지는 경험을 하게 된다. 일부 환자는 그 변화의 폭이 커서 이 과정이 마치 마법처럼 느껴진다고도 한다.

뉴로피드백

두피에 전극 센서를 부착해 두개골을 통해 뇌의 활동을 읽는 기술이다. ADHD, 불면증, 불안 장애, 발작 질환, 외상성 뇌 손상 등 다양한 뇌 건강 문제의 임상 치료에 활용되고 있으며 우울증 치료에도 일부 적용되고 있다. 바이오피드백과 뉴로피드백은 약물이나 상담 등 기존 치료와 함께 보조 치료로 사용되는 경우가 많다. 약물 치료와 비교해 이러한 치료법이 지니는 장점은 환자가 자신의 신체와 정서 상태를 스스로 조절하면서 자율감과 통제감을 느낄 수 있다는 점이다.

바이오피드백과 뉴로피드백 기기는 소비자용과 임상용으로 나뉜다. 소비자용 뉴로피드백 기기는 품질과 정밀도에 따라 다양하며, 가격대도 수만 원에서 수십만 원에 이르기까지 폭넓다. 반면 임상 환경에서 개인 맞춤형으로 진행되는 뉴로피드백 치료는 수백만 원에 달하는 비용이 든다. 다른 보완 치료와 마찬가지로 이러한 치료 역시 국민건강보험의 적용 대상이 아닐 수 있어 많은 경우 환자가 비용을 직접 부담해야 한다.

기술 발전에 따른 잠재적 위험

기술의 발전으로 점차 더 효과적이고 저렴한 해결책들이 등장할 것이다. 그러나 기회에는 위험도 따른다. 환자의 데이터는 어떻게 보호할까? AI의 예측 결과가 사회적 약자나 소수 집단을 불공정하게 대우하는 데 활용되지 않게 하려면 어떻게 해야 할까?

앞서 언급한 기술 가운데 많은 것들이 법적 규제를 받고 있으며, 심지어 향정신성 약물은 아예 불법이다. 사람들이 이러한 기술에 공평하게 접근해 혜택을 받을 수 있도록 하는 것과 더불어 이러한 기술이 실제로 활용되기 전에 해결되어야 할 윤리적 문제들도 많다. 예컨대 유전자 조작을 통해 질병 없는 아이를 만드는 이른바 '디자이너 베이비'를 허용할 것인가? 자동화된 해결책들이 더욱 보편화되면 발전한 기술에 인간의 직관과 공감 능력을 어떻게 결합해 나갈 것인가?

• 뉴로피드백 시스템의 작동 방식

두피에 부착된 전극이 뇌파를 감지해 특수 소프트웨어로 신호를 보낸다. 이 소프트웨어는 특정 뇌파 활동에 반응해 시청각 자극을 제공하며, 원하는 뇌파 패턴이 강화되도록 유도한다. 반복적인 강화와 뇌 가소성 덕분에 시간이 지나면 결국 장비의 도움 없이도 뇌가 이러한 패턴을 스스로 따르게 될 수 있다.

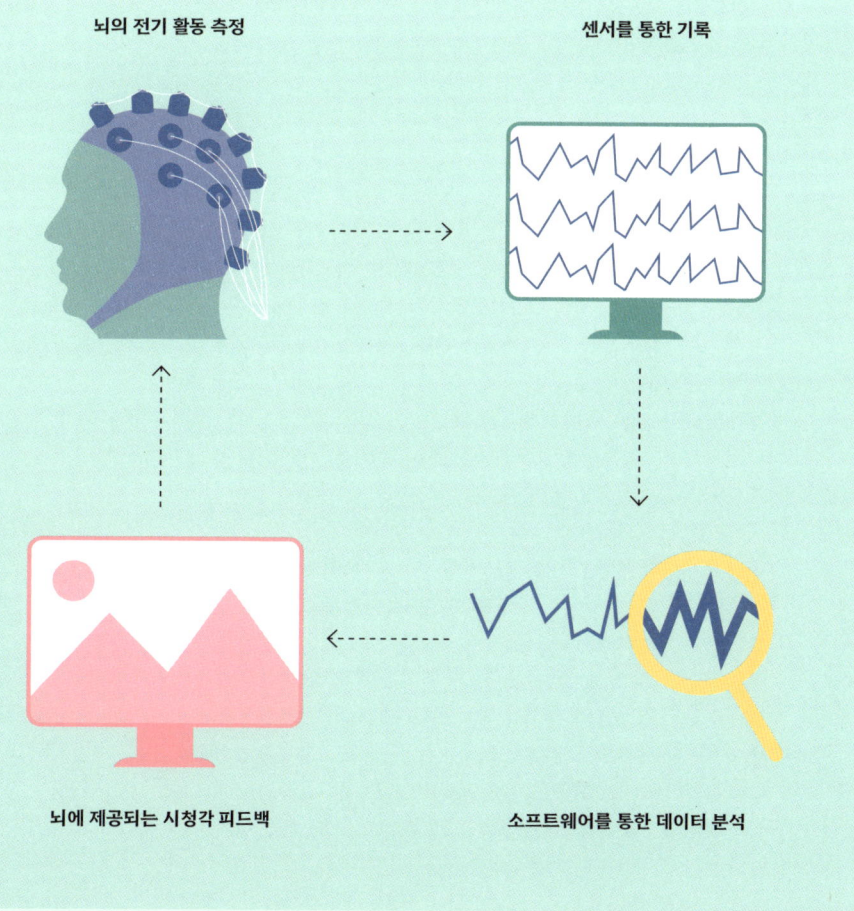

많이 하는 질문들

아이들에게도 정신 건강 문제가 생길 수 있을까?

그렇다. 2023년 영국에서는 8~16세 사이 아동의 약 20%가 섭식 장애, 불안, 우울증 등 다양한 정신 질환을 겪는 것으로 나타났다. 미국에서도 2021년 기준 5~17세 사이 아동의 약 15%가 정신 건강 문제로 치료를 받았다. 코로나19로 인한 사회적 고립은 외로움과 정신 건강 문제에 대한 언론의 관심을 불러일으켰지만 심리학자들은 이미 지난 10여 년간 절망감과 슬픔에 빠진 청소년의 수가 가파르게 증가하고 있다는 점을 눈여겨보고 있었다. 특히 최근 몇 년간 청소년의 자살률과 우울증 발병률은 지난 30년 사이 가장 높은 수준을 기록했다. 2021년의 한 연구에 따르면, 영국 아동의 약 7%가 17세가 되기 전에 자살을 시도한 경험이 있다고 한다.

•

정신 건강과 뇌 건강 문제에는 약물 치료만 효과가 있을까?

아니다. 약물은 중요한 치료 도구지만 신뢰성 있는 연구 결과들을 보면 약물과 대화 치료를 병행하는 것이 가장 효과적이라는 것을 알 수 있다. 특히 우울증이나 불안 장애 같은 질환을 치료할 때는 더욱 그렇다. 대화 치료는 새로운 대처 전략을 익히도록 돕고, 증상을 유발하는 근본적인 생각이나 행동을 다루는 데 효과적이다. 특히 효과가 입증된 대표적인 치료법으로는 인지행동 치료, 변증법적 행동 치료, 수용전념 치료, 대인관계 치료가 있다. 이들 치료법에 대한 내용은 173쪽을 참조하라.

•

정신 건강과 뇌 건강 문제를 적절한 방법으로 치료하고 있는지 어떻게 알 수 있을까?

무엇보다 스스로 챙기는 자세가 중요하다. 증상을 명확히 전달하고, 진단받은 질환에 대한 정보를 찾아보고 선택할 수 있는 다양한 치료법의 장단점을 비교해 보자. 치료를 제공하는 전문가가 해당 질환에 대해 적절한 교육과 경험을 갖추고 있는지도 확인해야 한다. 치료 경과를 기록해 의사와 공유하면 치료를 자신에게 더욱 잘 맞게 조정할 수 있다. 회복 효과를 극대화하려면 주변의 도움을 적극적으로 활용하고 생활습관이나 치료 방식에 대해서도 의료진과 충분히 상의한다.

정신 건강 문제는 흔히 발생하고 있을까?

그렇다. 세계보건기구에 따르면 전 세계 인구의 12% 이상이 정신 질환을 겪고 있으며, 특히 불안 장애와 우울증이 가장 흔한 유형으로 꼽는다. 청소년의 경우 발병률이 더 높아 영국과 미국에서는 전체 청소년의 약 20%가 정신 질환을 경험한 것으로 나타났다. 정신 건강과 뇌 건강은 정서적 안정감뿐 아니라 인간관계, 학업 및 작업 수행, 신체 건강 전반에도 깊은 영향을 미친다. 다행히 이러한 문제는 치료가 가능하며 치료가 빠를수록 회복도 빨라진다.

•

정신 질환은 의지력 부족으로 생기는 문제이므로
마음먹기에 따라 금방 벗어날 수 있지 않을까?

그렇지 않다. 부러진 다리를 의지만으로 고칠 수 없는 것처럼 정신 건강과 뇌 건강 문제 역시 단순히 '마음을 고쳐먹는 것'만으로는 해결되지 않는다. 지난 수십 년 동안 정신 질환의 원인에 대한 이해가 크게 발전해 왔고, 특히 정신 질환과 뇌 질환을 일으키는 신체적·생물학적 원인이 있다는 사실이 밝혀졌다는 점이 중요한 진전이다. 기술의 발전으로 뇌 영상, 유전학, 신경화학 분석을 통해 건강한 뇌와 병든 뇌의 차이를 명확히 볼 수 있게 되었으며, 더 나아가 환자와 건강한 사람의 삶의 이력을 비교한 연구를 통해 양육 환경과 사회적 경험도 중요한 역할을 한다는 사실이 밝혀졌다. 정신 질환과 뇌 질환도 다른 신체 질환과 마찬가지로 세심하고 전문적인 치료가 필요한 의학적 문제다. 누군가 정신 건강 문제로 어려움을 겪고 있다면 가능한 한 빨리 도움을 받는 것이 중요하다.

•

정신 질환이 회복되기까지 걸리는 시간은?

질환에 따라 크게 다르다. 공황 발작은 간단한 호흡 조절법만으로도 빠르게 증상이 완화될 수 있지만 조현병 같은 만성 질환은 조기에 진단하고 치료를 시작해야 예후가 크게 좋아진다. 따라서 치료를 미루지 않는 것이 무엇보다 중요하다. 미국에서는 정신 질환 환자가 처음 치료를 받기까지 평균 11년이 걸린다는 조사 결과도 있다. 치료가 늦어지는 주요 원인으로는 사회적 낙인, 두려움, 자가 치료 시도 등이 있다.

에필로그

마치며

이제 뇌 건강에 대한 이 글을 끝까지 읽은 당신에게 진짜 여정이 시작되려 한다. 당신은 자신과 가족의 뇌 건강 이력을 기록하는 방법을 알게 되었고(64~65쪽 참조), 자신의 뇌와 정신 건강 상태를 점검해 볼 기회도 가졌다(60~63쪽 참조). 책을 읽으며 가족이나 친구들과 더 깊이 나누고 싶은 주제를 발견했을지도 모른다. 뇌와 정신 건강에 관한 연구와 치료는 빠르게 발전하고 있으니 특별히 걱정되는 질환이 있다면 의료진과 계속 상담해 나가야 한다.

뇌 영상 촬영부터 가정용 기기와 앱에 이르기까지 진단과 치료 기술이 다양하게 발전하고 있다. 아울러 우리를 도울 수 있는 전문가들도 많다. 작업치료사, 심리학자, 정신과 의사, 신경과 전문의 등 여러 분야의 전문가와 상담하게 될 수도 있다. 시간이 얼마나 걸리든 필요한 도움을 받을 때까지 포기하지 말자. 우리의 뇌는 그만큼 소중하니까.

물론 최고의 치료는 예방이다. 정신적 수행 능력을 유지하거나 향상시키기 위해 우리가 할 수 있는 일은 생각보다 많다. 5장에서 살펴보았듯이 두뇌 건강을 최적화하기 위해 고도의 기술이 필요한 것은 아니다. 사람들과 어울리기, 운동, 명상, 균형 잡힌 식사처럼 단순하지만 일상에서 실천할 수 있는 효과적인 방법들도 많다.

가장 효과적인 뇌 건강 관리법 중 하나는 그저 다른 신체 부위의 질병을 예방하거나 치료하는 것이다. 특히 심장, 폐, 혈관 등 심혈관 건강을 잘 관리하는 것이 중요하다. 헬멧을 착용하거나 사람이나 물체와의 접촉이 많은 운동을 줄여 뇌진탕 위험을 낮추는 것도 뇌 건강에 도움이 된다. 또한 인생의 전환기처럼 스트레스가 큰 시기에는 정서적 지지와 도움을 적극적으로 구하는 것이 우울증이나 불안 장애의 위험을 줄이는 데 효과적이다. 이처럼 스트레스를 크게 유발할 수 있는 사건에는 이사, 관계의 시작 또는 종료(중요한 관계의 변화), 사랑하는 사람의 죽음, 중대한 질병의 진단, 새로운 역할의 시작(새 직장, 부모 역할, 가족 돌봄 등)이 있다.

우리 모두 함께 맞이하게 될 신경과학의 미래는 어떤 모습일까? 지능은 이제 더 이상 인간의 뇌처럼 생물학적 구조에만 의존하지 않는다. 이미 뇌파를 감지하는 헤드셋을 통해 뇌와 기계가 직접 소통할 수 있는 시대가 열렸고, 대규모 언어 모델 덕분에 챗 소프트웨어를 통해 대화형 AI와 일상적으로 소통할 수 있게 되었다. 이러한 기술은 가진 자들에게 훨씬 더 큰 혜택을 안겨 줄지도 모른다(176~181쪽 참조). 그럴수록 우리는 앞으로 펼쳐질 낯설고 새로운 세계 속에서 어떤 윤리와 가치를 기준으로 삼아야 할지 스스로에게 묻게 된다.

우리가 사는 세계는 지금 그 어느 때보다 빠른 변화를 겪고 있다. 삶은 우리가 통제할 수 없는 부분이 많지만 인지적으로 더 예리하고 정서적으로 건강한 상태를 유지하면 많은 이점이 있다는 것은 분명한 사실이다. 뇌에 대해 더 많이 배우고, 매일 작은 습관을 조금씩 조정해 나가다 보면 시간이 지날수록 그 효과가 누적된다. 그 변화는 당신의 삶을 넘어 당신이 만나는 사람들의 삶까지 긍정적으로 바꿀 수 있다. 이 책을 주변 사람들과 나누어 더 많은 사람들이 함께 배워 갈 수 있도록 하자.

당신과 당신의 뇌에 좋은 일만 가득하길 바란다.

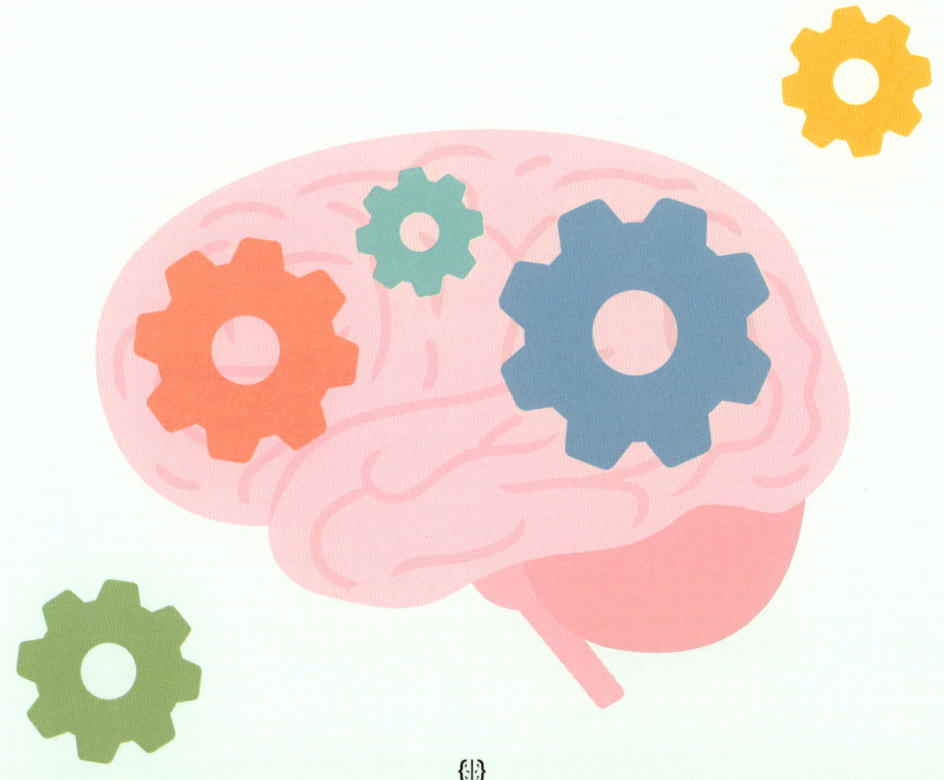

참고 자료

저자가 연구의 일환으로 언급한 출처의 전체 참고 문헌은 www.dk.com/brain-biblio에서 확인할 수 있다.

Chapter 1 뇌 속 들여다보기

[1] Pm, L., Rh, T., Jv, R., & Pb, F. (2016, August 1). *Brain Neuromodulation Techniques: A Review*. The Neuroscientist : A Review Journal Bringing Neurobiology, Neurology and Psychiatry. https://pubmed.ncbi.nlm.nih.gov/27130839/

[2] Bear, Mark. *Neuroscience: Exploring the Brain, Enhanced Edition*. 4th ed. Jones & Bartlett Learning, Llc, 2020. https://www.amazon.com/Neuroscience-Exploring-Enhanced-Mark-Bear-dp-1284211282/dp/1284211282/ref=dp_ob_title_bk.

[3] Mackey, A. P., Whitaker, K. J., & Bunge, S. A. (2012). Experience-dependent plasticity in white matter microstructure: reasoning training alters structural connectivity. *Frontiers in Neuroanatomy, 6*. https://doi.org/10.3389/fnana.2012.00032

[4] Rugnetta, M. (2018). Neuroplasticity | Different Types, Facts, & Research. In *Encyclopædia Britannica*. https://www.britannica.com/science/neuroplasticity

[5] Kondziella, Daniel. "The Top 5 Neurotransmitters from a Clinical Neurologist's Perspective." *Neurochemical Research* 42, no. 6 (November 8, 2016): 1767–71. https://doi.org/10.1007/s11064-016-2101-z.

[6] Başar, E. (2013). Brain oscillations in neuropsychiatric disease. *Dialogues in Clinical Neuroscience, 15*(3), 291–300. https://www.ncbi.nlm.nih.gov/pmc/articles/PMC3811101/

[7] *Electrical Synapse - an overview | ScienceDirect Topics*. (n.d.). Www.sciencedirect.com. Retrieved January 30, 2024, from https://www.sciencedirect.com/topics/biochemistry-genetics-and-molecular-biology/electrical-synapse#:~:text=Because%20of%20the%20complexity%20of

[8] Harvard Health Publishing. "Understanding the Stress Response ." Harvard Health, July 6, 2020. https://www.health.harvard.edu/staying-healthy/understanding-the-stress-response.

[9] Machado, Frederico Sander Mansur, Gisele Vieira Rodovalho, and Cândido Celso Coimbra. "The Time of Day Differently Influences Fatigue and Locomotor Activity: Is Body Temperature a Key Factor?" *Physiology & Behavior* 140 (March 2015): 8–14. doi.org/10.1016/j.physbeh.2014.11.069.

[10] Blumenfeld, R. S., & Ranganath, C. (2007). Prefrontal Cortex and Long-Term Memory Encoding: An Integrative Review of Findings from Neuropsychology and Neuroimaging. *The Neuroscientist, 13*(3), 280–291. https://doi.org/10.1177/1073858407299290

[11] Scott, J. G., & Schoenberg, M. R. (2010). Frontal Lobe/Executive Functioning. *The Little Black Book of Neuropsychology*, 219–248. https://doi.org/10.1007/978-0-387-76978-3_10

[12] Edwards, S. (2016). *Reading and the Brain*. Harvard Medical School. https://hms.harvard.edu/news-events/publications-archive/brain/reading-brain

[13] *Learning Disorders and Disabilities*. (n.d.). Boston Children's Hospital. https://www.childrenshospital.org/conditions/learning-disorders-and-disabilities#:~:text=No%20one%20really%20knows%20what

[14] Brody, L. E., & Mills, C. J. (n.d.). *Gifted Children with Learning Disabilities: A Review of the Issues*. LD OnLine.

https://www.ldonline.org/ld-topics/gifted-ld/gifted-children-learning-disabilities-review-issues

[15] Nahas, Kamal. "AI Re-Creates What People See by Reading Their Brain Scans." Science.org, March 7, 2023. https://www.science.org/content/article/ai-re-creates-what-people-see-reading-their-brain-scans.

Chapter 2 나이에 따른 뇌의 변화

[1] *Baby Developmental Milestones by Month.* (n.d.). Cleveland Clinic. https://my.clevelandclinic.org/health/articles/22063-baby-development-milestones-safety

[2] Harvard University. (2019). *The Science of Early Childhood Development.* Center on the Developing Child at Harvard University. https://developingchild.harvard.edu/resources/inbrief-science-of-ecd/

[3] Zero to Three. (n.d.). *Why 0-3?* ZERO to THREE. https://www.zerotothree.org/why-0-3/

[4] Kuhl, P. K. (2011). Early Language Learning and Literacy: Neuroscience Implications for Education. *Mind, Brain, and Education, 5*(3), 128–142. https://doi.org/10.1111/j.1751-228x.2011.01121.x

[5] Spratt, E. G., Friedenberg, S., LaRosa, A., Bellis, M. D. D., Macias, M. M., Summer, A. P., Hulsey, T. C., Runyan, D. K., & Brady, K. T. (2012). The Effects of Early Neglect on Cognitive, Language, and Behavioral Functioning in Childhood. *Psychology, 03*(02), 175–182. https://doi.org/10.4236/psych.2012.32026

[6] De Bellis, M. D., & Zisk, A. (2014). The Biological Effects of Childhood Trauma. *Child and Adolescent Psychiatric Clinics of North America, 23*(2), 185–222. doi.org/10.1016/j.chc.2014.01.002

[7] Yakoob, M. Y., & Lo, C. W. (2017). Nutrition (Micronutrients) in Child Growth and Development: A Systematic Review on Current Evidence, Recommendations and Opportunities for Further Research. *Journal of Developmental & Behavioral Pediatrics, 38*(8), 665–679. https://doi.org/10.1097/dbp.0000000000000482

[8] Kim, S., & Strathearn, L. (2016). Oxytocin and Maternal Brain Plasticity. *New Directions for Child and Adolescent Development, 2016*(153), 59–72. https://doi.org/10.1002/cad.20170

[9] Saxbe, D., & García, M. M. (n.d.). *Fatherhood changes men's brains, according to before-and-after MRI scans.* The Conversation. https://theconversation.com/fatherhood-changes-mens-brains-according-to-before-and-after-mri-scans-191999

[10] Swaab, D. F., Gooren, L. J. G., & Hofman, M. A. (1995). Brain Research, Gender and Sexual Orientation. *Journal of Homosexuality, 28*(3-4), 283–301. https://doi.org/10.1300/j082v28n03_07

[11] Columbia University's Mailman School of Public Health. "Changes That Occur to the Aging Brain: What Happens When We Get Older," June 10, 2021. https://www.publichealth.columbia.edu/news/changes-occur-aging-brain-what-happens-when-we-get-older.

[12] Maki, Pauline M., and Rebecca C. Thurston. "Menopause and Brain Health: Hormonal Changes Are Only Part of the Story." *Frontiers in Neurology* 11 (September 23, 2020). https://doi.org/10.3389/fneur.2020.562275.

[13] Schnabel, Jim. "Menopause Triggers Changes in Brain That May Promote Alzheimer's." Cornell Chronicle, Spring 10AD. https://news.cornell.edu/stories/2017/10/menopause-triggers-changes-brain-may-promote-alzheimers.

[14] Mayo Clinic. "Understanding Aging and Testosterone." Mayo Clinic, May 24, 2022. https://www.mayoclinic.org/healthy-lifestyle/mens-health/in-depth/male-menopause/art-20048056.

[15] Peters, R. (2006). Ageing and the brain. *Postgraduate Medical Journal, 82*(964), 84–88. doi.org/10.1136/pgmj.2005.036665

Chapter 3 나의 뇌 건강 알아보기

[1] Sapien Labs | Neuroscience | Human Brain Diversity Project. "The #MHQ – Mental Health Quotient – Sapien Labs – Mental Health," n.d. https://sapienlabs.org/mhq/.

[2] Li C, Neugroschl J, Luo X, Zhu C, Aisen P, Ferris S, Sano M. The Utility of the Cognitive Function Instrument (CFI) to Detect Cognitive Decline in Non-Demented Older Adults. J Alzheimers Dis. 2017;60(2):427-437. doi: 10.3233/JAD-161294. PMID: 28854503; PMCID: PMC6417419.

[3] Possin, Katherine L., Tacie Moskowitz, Sabrina J. Erlhoff, Kirsten Rogers, Erica T. Johnson, Natasha Z.R. Steele, Joseph J. Higgins, et al. "The Brain Health Assessment for Detecting and Diagnosing Neurocognitive Disorders." *Journal of the American Geriatrics Society* 66, no. 1 (January 1, 2018): 150–56. https://doi.org/10.1111/jgs.15208.

[4] Ducci, F., & Goldman, D. (2012). The Genetic Basis of Addictive Disorders. *Psychiatric Clinics of North America*, 35(2), 495–519. https://doi.org/10.1016/j.psc.2012.03.010

[5] Halpern-Manners, A., Schnabel, L., Hernandez, E. M., Silberg, J. L., & Eaves, L. J. (2016). The Relationship between Education and Mental Health: New Evidence from a Discordant Twin Study. *Social Forces, 95*(1), 107-131. https://doi.org/10.1093/sf/sow035

Chapter 4 건강한 뇌를 위한 습관

[1] Mayo Clinic. "Water: How Much Should You Drink Every Day?" Mayo Clinic, October 14, 2020. https://www.mayoclinic.org/healthy-lifestyle/nutrition-and-healthy-eating/in-depth/water/art-20044256#:~:text=So%20how%20much%20fluid%20does .

[2] Centers for Disease Control and Prevention. "How Much Sleep Do I Need? – Sleep and Sleep Disorders." CDC, September 14, 2022. https://www.cdc.gov/sleep/about/?CDC_AAref_Val=https://www.cdc.gov/sleep/about_sleep/how_much_sleep.html .

[3] Craig, Michael. "Seasonal Affective Disorder: Bring on the Light – Harvard Health Blog." Harvard Health Blog, December 21, 2012. https://www.health.harvard.edu/blog/seasonal-affective-disorder-bring-on-the-light-201212215663.

[4] Block, M. L., & Calderón-Garcidueñas, L. (2009). Air pollution: mechanisms of neuroinflammation and CNS disease. *Trends in Neurosciences, 32*(9), 506–516. https://doi.org/10.1016/j.tins.2009.05.009

[5] Lieberman, Harris R. *Amino Acid and Protein Requirements: Cognitive Performance, Stress, and Brain Function.* Www.ncbi.nlm.nih.gov. National Academies Press (US), 1999. https://www.ncbi.nlm.nih.gov/books/NBK224629/.

[6] Killam, K. (2024). *The art and science of connection: Why social health is the missing key to living longer, healthier, and happier.* HarperOne.

[7] Offord, C. (2020, July 13). *How Social Isolation Affects the Brain | Department of Psychiatry and Behavioral Neuroscience | The University of Chicago.* Psychiatry.uchicago.edu. https://psychiatry.uchicago.edu/news/how-social-isolation-affects-brain

[8] *Working out boosts brain health.* (2021). American Psychological Association. https://www.apa.org/topics/exercise-fitness/stress#:~:text=One%20theory%20is%20that%20physical

[9] Haglund, M. E. M., Nestadt, P. S., Cooper, N. S., Southwick, S. M., & Charney, D. S. (2007). Psychobiological mechanisms of resilience: Relevance to prevention and treatment of stress-related psychopathology. *Development and Psychopathology, 19*(3), 889–920. https://doi.org/10.1017/s0954579407000430

[10] *Relaxation techniques: Try these steps to reduce stress.* (n.d.). Mayo Clinic. https://www.mayoclinic.org/healthy-lifestyle/stress-management/in-depth/relaxation-technique/art-20045368#:~:text=Progressive%20muscle%20relaxation.

[11] *Deliberate Practice - an overview.* (2011). ScienceDirect. https://www.sciencedirect.com/topics/psychology/

참고 자료

deliberate-practice

[12] Cornell Health. "Study Breaks & Stress-Busters | Cornell Health." health.cornell.edu, n.d. https://health.cornell.edu/about/news/study-breaks-stress-busters.

[13] Feng, Kanyin, Xiao Zhao, Jing Liu, Ying Cai, Zhifang Ye, Chuansheng Chen, and Gui Xue. "Spaced Learning Enhances Episodic Memory by Increasing Neural Pattern Similarity across Repetitions." *The Journal of Neuroscience* 39, no. 27 (April 29, 2019): 5351–60. https://doi.org/10.1523/jneurosci.2741-18.2019.

[14] Wallis, J. D. (2007). Orbitofrontal Cortex and Its Contribution to Decision-Making. *Annual Review of Neuroscience, 30*(1), 31–56. https://doi.org/10.1146/annurev.neuro.30.051606.094334

[15] Zhang, Weitao, Zsuzsika Sjoerds, and Bernhard Hommel. "Metacontrol of Human Creativity: The Neurocognitive Mechanisms of Convergent and Divergent Thinking." *NeuroImage* 210, no. 116572 (April 2020): 116572. https://doi.org/10.1016/j.neuroimage.2020.116572.

[16] Winters, Ken C, and Amelia Arria. "Adolescent Brain Development and Drugs." *The Prevention Researcher* 18, no. 2 (2011): 21–24. https://www.ncbi.nlm.nih.gov/pmc/articles/PMC3399589/.

Chapter 6 우리를 괴롭히는 것들

[1] Cleveland Clinic. "Headaches: Types, Symptoms, Causes, Diagnosis & Treatment." Cleveland Clinic, 2020. https://my.clevelandclinic.org/health/diseases/9639-headaches.

[2] Cunff, Anne-Laure Le. "How Stress and Anxiety Impact Your Ability to Focus." Ness Labs, June 12, 2019. https://nesslabs.com/stress-anxiety-impact-focus#:~:text=While%20it%20is%20possible%20to.

[3] *Migraine, Brain Fog and Memory Loss: How They Affect You.* (2022, April 21). American Migraine Foundation. https://americanmigrainefoundation.org/resource-library/migraine-brain-fog/#:~:text=It

[4] Targum, S. D., & Fava, M. (2011). Fatigue as a residual symptom of depression. *Innovations in Clinical Neuroscience, 8*(10), 40–43. https://www.ncbi.nlm.nih.gov/pmc/articles/PMC3225130/#:~:text=The%20cognitive%20symptoms%20include%20decreased

[5] Bilodeau, K. (2021a, October 1). *Managing intrusive thoughts.* Harvard Health. https://www.health.harvard.edu/mind-and-mood/managing-intrusive-thoughts#:~:text=Intrusive%20thoughts%20are%20often%20triggered

[6] *Gene expression signatures of Alzheimer's disease.* (2019, May 28). National Institute on Aging. https://www.nia.nih.gov/news/gene-expression-signatures-alzheimers-disease

[7] Cleveland Clinic. "Mood Disorders: What They Are, Symptoms & Treatment," n.d. https://my.clevelandclinic.org/health/diseases/17843-mood-disorders#:~:text=Mood%20disorders%20typically%20have%20symptoms.

Chapter 7 심리학적 질환과 차이

[1] Filip, R., Gheorghita Puscaselu, R., Anchidin-Norocel, L., Dimian, M., & Savage, W. K. (2022). Global Challenges to Public Health Care Systems during the COVID-19 Pandemic: a Review of Pandemic Measures and Problems. *Journal of Personalized Medicine, 12*(8), 1295. https://doi.org/10.3390/jpm12081295

[2] Koob, G. F., & Volkow, N. D. (2016). Neurobiology of addiction: a neurocircuitry analysis. *The Lancet Psychiatry, 3*(8), 760–773. https://doi.org/10.1016/s2215-0366(16)00104-8

[3] Gnanavel, S., Sharma, P., Kaushal, P., & Hussain, S. (2019). Attention deficit hyperactivity disorder and comorbidity: A review of literature. *World Journal of Clinical Cases, 7*(17), 2420–2426. https://doi.org/10.12998/wjcc.v7.i17.2420

[4] *De Novo Classification Request for Neuropsychiatric EEG-Based Assessment for ADHD (NEBA) System.* (n.d.). Food and Drug Administration. https://www.accessdata.fda.gov/cdrh_docs/reviews/K112711.pdf

[5] Autism Spectrum Disorder. (n.d.-a). National Institute of Neurological Disorders and Stroke. https://www.ninds.nih.gov/health-information/disorders/autism-spectrum-disorder#:~:text=A%20diagnosis%20of%20ASD%20includes

[6] Mayo Clinic. "Anxiety Disorders - Symptoms and Causes." Mayo Clinic. Mayo Foundation for Medical Education and Research, May 4, 2018. https://www.mayoclinic.org/diseases-conditions/anxiety/symptoms-causes/syc-20350961.

[7] John Hopkins Medicine. "Mental Health Disorder Statistics." John Hopkins Medicine, 2019. https://www.hopkinsmedicine.org/health/wellness-and-prevention/mental-health-disorder-statistics.

[8] National Institute of Mental Health. (2020). *Schizophrenia.* National Institute of Mental Health (NIMH). https://www.nimh.nih.gov/health/topics/schizophrenia#:~:text=Schizophrenia%20is%20a%20serious%20mental

[9] American Psychiatric Association. (2013). Diagnostic and Statistical Manual of Mental Disorders. *Diagnostic and Statistical Manual of Mental Disorders, 5*(5). https://doi.org/10.1176/appi.books.9780890425596

[10] Complex PTSD - Post-traumatic stress disorder. (2021, February 17). National Health Service. https://www.nhs.uk/mental-health/conditions/post-traumatic-stress-disorder-ptsd/complex/

Chapter 8 신경학적 질환과 차이

[1] Alzheimer's Society. "Types of Dementia." Alzheimer's Society, 2018. https://www.alzheimers.org.uk/about-dementia/types-dementia.

[2] Stroke Risk. (2019). Centers for Disease Control and Prevention. https://www.cdc.gov/stroke/risk_factors.htm

[3] Movement Disorder Diagnosis & Treatment | Mount Sinai - New York. (n.d.). Mount Sinai Health System. https://www.mountsinai.org/care/neurology/services/movement-disorders

[4] Epilepsy. (2023). Nationwide Children's. https://www.nationwidechildrens.org/conditions/epilepsy

[5] Brain Tumors and Brain Cancer. (n.d.). Johns Hopkins Medicine. https://www.hopkinsmedicine.org/health/conditions-and-diseases/brain-tumor#treatment

[6] Tator, C. (2013). Concussions and their consequences: current diagnosis, management and prevention. *Canadian Medical Association Journal, 185*(11), 975-979. https://doi.org/10.1503/cmaj.120039

Chapter 9 이제는 나아질 시간!

[1] Spitzer, R. L., Endicott, J., & Micoulaud Franchi, J.-A. (2018). Medical and mental disorder: Proposed definition and criteria. *Annales Médico-Psychologiques, Revue Psychiatrique, 176*(7), 656-665. https://doi.org/10.1016/j.amp.2018.07.004

[2] Cleveland Clinic. "Brain MRI: What It Is, Purpose, Procedure & Results." Cleveland Clinic, May 9, 2022. https://my.clevelandclinic.org/health/diagnostics/22966-brain-mri.

[3] What are mood stabilisers? (n.d.). Mind. https://www.mind.org.uk/information-support/drugs-and-treatments/lithium-and-other-mood-stabilisers/about-mood-stabilisers/#:~:text=Lithium%2C%20anticonvulsants%20and%20antipsychotics%20are

[4] Mayo Clinic. "Cognitive Behavioral Therapy." Mayoclinic.org. Mayo Clinic, March 16, 2019. https://www.mayoclinic.org/tests-procedures/cognitive-behavioral-therapy/about/pac-20384610.

[5] Mount Sinai Health System. "Biofeedback Information | Mount Sinai - New York," n.d. https://www.mountsinai.org/health-library/treatment/biofeedback#:~:text=Biofeedback%20is%20an%20effective%20therapy.

이미지 출처

다음과 같이 이미지 사용을 흔쾌히 허락해 주신 모든 분께 깊은 감사를 전한다.
(Key: a-above; b-below/bottom; c-centre; f-far; l-left; r-right; t-top)

17 MDPI: Adapted from figure 1 Colavitta, M.F.; Barrantes, F.J. Therapeutic Strategies Aimed at Improving Neuroplasticity in Alzheimer Disease. Pharmaceutics 2023, 15, 2052. https://doi.org/10.3390/pharmaceutics15082052 (t). **29 Edward H. Adelson:** Adapted from concept by ©1995, Edward H. Adelson (b). **49 Copyright Clearance Center – Rightslink:** Sage Publications / Adapted from Hartshorne, J. K., & Germine, L. T. (2015). When Does Cognitive Functioning Peak? The Asynchronous Rise and Fall of Different Cognitive Abilities Across the Life Span. Psychological Science. https://doi.org/10.1177/0956797614567339 (b). **Daphna Joel:** Figure Adapted with permission from Authors of the article– D. Joel, Z. Berman, I. Tavor, N. Wexler, O. Gaber, Y. Stein, N. Shefi, J. Pool, S. Urchs, D.S. Margulies, F. Liem, J. Hänggi, L. Jäncke, Y. Assaf, Sex beyond the genitalia: The human brain mosaic, Proc. Natl. Acad. Sci. U.S.A.; 112 (50) 15468-15473,; ; https://doi.org/10.1073/pnas.1509654112 (2015). **50-51 PLOS ONE:** Figures Adapted from– Mosconi, L., Rahman, A., Diaz, I., Wu, X., Scheyer, O., Hristov, H. W., Vallabhajosula, S., Isaacson, R. S., & Brinton, R. D. (2018). Increased Alzheimer's risk during the menopause transition: A 3-year longitudinal brain imaging study. PLOS ONE, 13(12), e0207885. https://doi.org/10.1371/journal.pone.0207885 (b). **54 Springer Nature:** http://creativecommons.org/licenses/by/4.0 / Figure adapted from– Cole, J.H., Marioni, R.E., Harris, S.E. et al. Brain age and other bodily 'ages': implications for neuropsychiatry. Mol Psychiatry 24, 266–281 (2019). https://doi.org/10.1038/s41380-018-0098-1 (b). **71 American Society of Neuroradiology:** Adapted from Responses of the Human Brain to Mild Dehydration and Rehydration Explored In Vivo by 1H-MR Imaging and Spectroscopy; A. Biller, M. Reuter, B. Patenaude, G.A. Homola, F. Breuer, M. Bendszus, A.J. Bartsch; American Journal of Neuroradiology Dec 2015, 36 (12) 2277-2284; DOI: 10.3174/ajnr.A4508 (b). **91 PNAS:** Adapted From Bratman, G. N., Hamilton, J. P., Hahn, K. S., Daily, G. C., & Gross, J. J. (2015). Nature experience reduces rumination and subgenual prefrontal cortex activation. Proceedings of the National Academy of Sciences, 112(28), 8567–8572. https://doi.org/10.1073/pnas.1510459112 (b). **97 Csikszentmihalyi:** Adapted from Flow Theory 1990. **99 SAGE Publications:** Adapted From Vossel S, Geng JJ, Fink GR. Dorsal and ventral attention systems: distinct neural circuits but collaborative roles. Neuroscientist. 2014 Apr;20(2):150-9. doi: 10.1177/1073858413494269. Epub 2013 Jul 8. PMID: 23835449; PMCID: PMC4107817. (b). **106 Society for Neuroscience:** Adapted from Dynamic Shifts in Large-Scale Brain Network Balance As a Function of Arousal; Christina B. Young, Gal Raz, Daphne Everaerd, Christian F. Beckmann, Indira Tendolkar, Talma Hendler, Guillén Fernández, Erno J. Hermans; Journal of Neuroscience 11 January 2017, 37 (2) 281-290; DOI: 10.1523/JNEUROSCI.1759-16.2016 (b). **127 Organisation for Economic Co-operation and Development (OECD):** Adapted from OECD (2021), "Tackling the mental health impact of the COVID-19 crisis: An integrated, whole-of-society response, OECD Policy Responses to Coronavirus (COVID-19), OECD Publishing, Paris, https://doi.org/10.1787/0ccafa0b-en. **131 Springer Nature:** http://creativecommons.org/licenses/by/4.0 / Adapted from Michelini, G., Jurgiel, J., Bakolis, I., Cheung, C. H., Asherson, P., Loo, S. K., & Kuntsi, J. (2019). Atypical functional connectivity in adolescents and adults with persistent and remitted ADHD during a cognitive control task. Translational Psychiatry, 9(1), 1-15. https://doi.org/10.1038/s41398-019-0469-7 (t). **139 Copyright Clearance Center – Rightslink:** IEEE / Adapted From V. Vasu and M. Indiramma, "A Survey on Bipolar Disorder Classification Methodologies using Machine Learning," 2020 International Conference on Smart Electronics and Communication (ICOSEC), Trichy, India, 2020, pp. 335-340, doi: 10.1109/ICOSEC49089.2020.9215334 (b). **145 Dr. Mary Beth Holt, PhD, LISWS:** Adapted with permission Menker, E. And Holt, M.B. (2014). Using PBIS to Support Trauma Informed Care in Schools (conference presentation). Annual Conference on Advancing Mental Health, Pittsburgh, PA, United States (c). **171 Frontiers Media S.A:** Adapted From Zebala, J. A., Schuler, A. D., Kahn, S. J., & Maeda, D. Y. (2020). Desmetramadol Is Identified as a G-Protein Biased μ Opioid Receptor Agonist. Frontiers in Pharmacology, 10, 506112. https://doi.org/10.3389/fphar.2019.01680 (c)

찾아보기

ㄱ

가로등 효과 *104*
가바(GABA) *20~21, 128, 136, 170*
가상현실 *177*
가지돌기 *17~19, 46*
각성 *20~21, 32, 74~75, 115, 144*
간격반복 학습 *92, 101*
갈망 *128~129*
감각 *28~29, 62*
감정 *22~23, 46, 48, 63, 100, 102~103, 114, 122*
강박 장애(OCD) *117, 123, 136~137, 174, 179*
강박성 성격 장애 *143*
갱년기 *50~51, 57*
걱정 *117*
건강한 사회적 관계 *80~81, 92*
건망증 *121, 123*
걷기 *90~91*
검사와 선별 *166~167*
결정지능 *54, 57*
경계성 성격 장애(BPD) *142~143, 173*
경두개 교류 자극술(tACS) *174~175*
경두개 자기 자극술(TMS) *174~175*
경두개 직류 자극술(tDCS) *174~175*
경두개 펄스전류 자극술(tPCS) *175*
경련 *152, 154~155, 170~171, 174*
경로 *22~23*
경피전기신경 자극술(TENS) *174~175*
계산하는 뇌 *35*
계절성 정동 장애(SAD) *75, 139*
고강도 인터벌 트레이닝(HIIT) *82*
고랑(홈) *14~15*
고립 *77, 80, 126, 182*
고혈압 *78, 151*

공감각 *36~37*
공포증 *136, 173*
공황 발작 *86, 136, 183*
과도한 생각 *117*
과부하 *116*
과잉 확신 *103*
과집중 *130*
괴롭힘 *67*
괴짜 같은 성격 *142~143*
교감신경계(SNS) *24~25*
교뇌 *15*
교육 *45, 108, 126, 132~133*
군발 두통 *112~113*
그림 우월성 효과 *100*
근긴장이상증 *152, 169*
근력 운동 *82*
근시 *162*
근육 *62, 82~83, 86*
글 쓰는 뇌 *35*
글 읽는 뇌 *34*
글루탐산 *20~21, 119, 128, 137, 139, 169*
글루텐 제한 식단 *79*
긍정적 스트레스(유스트레스) *67, 84*
기능적 근적외선 분광법(fNIRS) *12~13*
기능적 자기공명영상(fMRI) *12~13, 167*
기본 모드 네트워크(DMN) *80, 86, 106*
기분 문제 *114*
기분 장애 *114, 120~122, 138~139, 170*
기분 조절 *63*
기분과 주의력 *114~115, 122*
기술 갈고닦기 *97*
기억 *32~33, 100~101*
기억력 *101, 118~119, 123*
기저핵 *32~33, 85, 129, 137, 152~153*

기준점 편향 103
긴장성 두통 112~113
꿈 73

ㄴ

나트륨-칼륨 펌프 18
난독증 34~36, 39, 132~133
난산증 35, 132~133
난서증 35, 132~133
남성 갱년기 52~53
남성의 뇌 46~47, 57
낮잠 93
내면세계 36~37
내집단-외집단 편향 105
내향인 36~37
노년의 뇌 54~55, 57
노르에피네프린(노르아드레날린) 20~21, 24, 84, 114, 136, 138, 170
노출 치료 173
노화 50, 54~55, 57
농약 70, 76
뇌 건강 이력 64~65
뇌 건강 자가 진단 60~63
뇌 매핑(연결체학) 13
뇌 발달 단계 44~45
뇌 성장을 위한 음식 45
뇌 속의 화학 작용 20~21
뇌 손상 148, 158~159, 162, 166~167, 180
뇌 영상 12~13, 38~39, 47, 50~51, 56~57, 71, 116, 144, 166~167
뇌간 15, 152
뇌간신경아교종 157
뇌섬엽 23
뇌실 141
뇌실막세포종 157
뇌심부 자극술(DBS) 152~153, 155, 168~169, 174~175
뇌안개 50, 57, 116, 123
뇌전증 154~155, 169~170, 178

뇌유래 신경영양인자(BDNF) 17, 82~83, 90, 119
뇌의 구조 14~15
뇌의 전기 활동 18~19
뇌의 착각 29
뇌졸중 17, 80, 150~151, 155, 175
뇌종양 156~157
뇌진탕 77, 158~159, 168, 186
뇌척수액(CSF) 14
뇌-컴퓨터 인터페이스(BCI) 13, 19, 86, 179
뇌파 19, 131, 181
뇌파검사(EEG) 12~13, 154, 167
뇌하수체 23~26, 46
뇌하수체 선종 157
누트로픽스 170
뉴로피드백 99, 179~181

ㄷ

단백질 17, 78~79
단일광자방출 컴퓨터 단층촬영(SPECT) 12~13, 167
당뇨병 55, 151
대기 오염 76
대뇌 14~15
대뇌이랑 14~15
대뇌피질 15, 71
대사 경로 20
대인관계 치료 172~173, 182
대화 치료 172~173, 182
더닝-크루거 효과 105
도널드 헤브 16
도파민 20~23, 131, 152, 170
도파민 중독 128~129
동기 부여 23, 63, 120~121
동맥류 클립결찰술 169
동물 12, 14, 16
두 배로 예외적인 133
두정엽 28~29, 32~35, 133
두정엽내고랑 35

두정엽피질 106
두통 112~113, 122, 171
디지털 치료 176~177
떨림 150, 153~154, 169

ㄹ

루이소체 치매 148
리튬 170

ㅁ

마음 읽기 39, 49
마음과 몸의 연결 20, 23~25
마음챙김 87, 93, 99, 107, 116, 177
마음챙김 기반 치료 117, 126, 172~173
마인드맵 101, 107
만성 외상성 뇌병증(CTE) 158
말초신경계 30
망각 곡선 101
망상 140~141
망상 활성계(RAS) 32~33
머리인두종 157
먹이찾기 반사 42
멘탈 모델 96
멜라닌 색소 75
멜라토닌 20, 26~27, 74
면역 체계 24~25, 30, 84, 86, 140
명상 81, 86~87, 93, 99, 116
모로 반사 42
몰입 상태(플로) 84, 96~97
무작위 대조시험(RCT) 163
문제 해결 전략 106~107
미각 29
미각피질 29
미네랄 45, 70, 78, 109
미주신경 자극술(VNS) 155, 169, 174~175

ㅂ

바이오피드백 86, 179~180
바이오피드백 기반 명상 99
반동성 두통 113
반복적인 생각 123
반사 42
반사회성 성격 장애 142~143
발산적 사고 106
발작 154~155, 169, 180
번아웃 98, 116
범불안 장애(GAD) 136, 166
베르니케 영역 28
베타파 19, 131
벡 우울 척도(BDI) 166
벼락 두통 113
변연계 22~23, 38, 45, 85, 102, 106, 128, 137
변증법적 행동 치료(DBT) 142, 145, 173, 182
별아교세포종 157
보상 시스템 22~23, 88, 128~129
보충제 79, 109, 171
복측선조체 88
복측피개 영역(VTA) 22~23, 28, 129
복합 외상 후 스트레스 장애(CPTSD) 144~145
부교감 신경계(PSNS) 24~25, 91
부비동성 두통 112~113
부신 24~25
부정적인 감정 48, 66~67, 90~91, 114, 122
부정적인 생각 117
부프레노르핀 171
불안 89, 92, 97, 114~115, 118, 130, 136~137, 142~143, 166
불안이 중심이 되는 성격 143
불안정한 감정과 충동적인 성격 143
브레인스토밍 90, 107
브로카 영역 28
블루라이트 74~75
비디오 게임 88~89, 177
비타민 45, 56, 75, 78~79, 109
빛 74~75

빨기 반사 42

ㅅ

사이토카인 20
사춘기 44, 46, 72, 108
사회불안 장애 120, 136
사회적 보상 회로 135
산화 스트레스 45, 78, 82
새로운 자극 노출 107
새로운 치료법 176~181
생산성 98~99
생식과 뇌 46~47
생식샘 46
생체 리듬 26~27
생활습관 51, 53, 55, 57, 64~67, 99, 101, 112, 116~117
선택적 세로토닌 재흡수 억제제(SSRI) 170
성격 장애 142~143
성기능 장애 53
성전환자의 뇌 57
세계보건기구(WHO) 22, 80, 126, 166, 183
세로토닌 20~21, 30, 81, 83, 90, 112, 136~138, 170~171
세타파 19, 131
셈하기 34~35, 48~49
소뇌 15, 23, 32~33, 43
소셜 미디어 88~89
속질모세포종 157
송과선 74
수렴적 사고 106
수막종 157, 168
수면 26~27, 43, 46, 72~75, 92~93
수면 부족 77
수면 장애 50, 79, 115~116, 120, 144, 177
수면-각성 주기 26, 74
수분 섭취 61, 70~71, 93
수술 168~169
수용전념 치료(ACT) 117, 173, 182
수질 70~71

수초(미엘린) 42~43, 45, 55
스마트 푸드 109
스트레스 30, 63, 67, 84~85
스트레스 관리 63, 116
스트레스 반응 20, 84
스트레스 호르몬 24~25, 45, 80, 84
시각 28, 75
시각피질 28, 32~34, 73, 99
시간 차단 98
시교차 상핵(SCN) 26, 74
시냅스 16~20, 44~45, 55
시냅스 단백질 17
시상 15, 23, 28~29, 32~33, 116, 129, 137, 141
시상하부 15, 22~26, 46, 112, 137
시상하부-뇌하수체-부신(HPA) 축 24~25, 84, 86
시상하부-뇌하수체-생식샘(HPG) 축 46
시신경교종 157
신경 발생 17
신경 자극 치료 174~175
신경 펩티드 112
신경가소성 16~17, 38, 45, 177
신경계 91
신경과 전문의 164~165
신경과학자 12
신경관 결손 56, 78
신경다양성 36~37, 133, 135, 141~142, 176
신경세포와 시냅스 18
신경심리 평가 12~13, 118, 157, 166
신경심리학자 166~167
신경심리학적 평가 12~13
신경아교종 168
신경약리학 13
신경영양인자 46
신경전달물질 13, 16~17, 19~21, 138~139, 170
신경집군 157
신경퇴행성 질환 75, 78~79, 158
신체 리듬의 유형 26
신피질 14~15
심리 치료 17

심리학자 166, 182
심장병 55, 79~80, 151
심혈관 질환 55, 77
심혈관계 30, 91

ㅇ

아교모세포종 157
아기 42~47, 56, 70, 78
아동과 청소년의 뇌 45~46
아세틸콜린 20~21, 25, 119
아스퍼거 증후군 134~135
아침형 인간 27, 72
안구 운동 둔감화 및 재처리 요법(EMDR) 145
안와전두피질(OFC) 102
알츠하이머병 50~51, 75, 118~119, 148~149, 178
알코올 23, 77, 148, 151
암 91, 156~157
암페타민 170
애착 기반 치료 145
야행성 인간 72~73
약물 170~171, 179, 182
양극성 장애 36, 75, 114, 120, 138~139
양육 46~47, 142
양전자방출 단층촬영(PET) 12~13, 167
어린 시절의 부정적 경험(ACEs) 77
어린이의 뇌 44~45, 76
어휘력 48~49
언어 32, 34~35, 38, 44~45, 48~49, 62, 108, 132
에너지 수준 저하 120~121, 123
에스트로겐 46, 50
에피네프린(아드레날린) 20~21, 25, 136
엔도르핀 84
여성의 뇌 46~47, 50~51, 57
연극성 성격 장애 143
연합 학습 16
염증 45, 76, 81~82, 91, 108, 158
엽산 45, 56, 78

영양 45, 56~57, 78~79, 109
영양 결핍 78~79
영재 36, 133
예르케스-도드슨 법칙 115
오른손잡이 39
오메가-3 지방산 45, 56, 78~79
오염 71, 76
오피오이드 22, 170~171
오피오이드 중독 22
오피오이드 체계 128
옥시토신 46~47, 80~81
외로움 66~67, 80~81, 126, 182
외상 중심 치료(TFT) 145
외상 후 두통 113
외상 후 성장(PTG) 67
외상 후 스트레스 장애(PTSD) 117, 123, 144~145, 173
외상성 뇌 손상(TBI) 17, 30, 54~55, 67, 77, 113, 117, 130, 144~145, 148, 155, 158, 166, 180
외상성 뇌병증(CTE) 158
외향인 37
왼손잡이 39, 162
요가 86~87
우뇌형 인간 38
우울증 75, 89, 114, 120~124, 127, 138~139, 169, 173~175, 178~179, 182~183
운동 55, 81~83, 93, 98, 151, 159
운동 장애 152~153, 169, 174
웃음 87
원발성 뇌종양 157
원시인 식단 79
월경전 불쾌 장애(PMDD) 139
유대감 46~47
유동지능 57
유두상종양 157
유산소 운동 57, 82, 159
유전자 치료 178
유전자 편집 13, 178
유전학 13, 178
음악 치료 153

응용행동 분석(ABA) 135
의도적 연습 96~97
의료진 164~165
의사 결정 능력 44, 48, 56, 60, 102~105
의존성 성격 장애 143
의지력 183
이동 방법 57, 62~63
이식 155, 168~169, 174~175
이완 86~87, 91, 117
이중 언어 사용 108
이탈감 154
인간면역결핍바이러스(HIV) 148
인공광 74~75
인공지능(AI) 39, 109, 126, 176~177, 180
인슐린 26
인지 기능 60, 92
인지 기능의 변화 121
인지 편향 103~105
인지 편향 목록 104~105
인지처리 치료(CPT) 145
인지행동 치료(CBT) 81, 117, 128, 137~138, 145, 172~173, 182
일과성 허혈 발작(TIA) 150
일일주기 리듬 26
임신 42~43, 46~47, 70, 78

ㅈ

자가면역 가설 140
자기 뇌파검사(MEG) 12~13
자기공명영상(MRI) 12~13, 167
자기애성 성격 장애 43
자살 충동 121, 141, 182
자연 실험 12
자연광 74~75
자연이 주는 혜택 90~91
자유 연상 기법 107
자율신경계 61, 86
자폐 스펙트럼 36, 134~135, 162, 176

작은 사람 14~15
장기 강화작용(LTP) 17, 33
장-뇌 연결 30
장-뇌 축 30~31
장소법 100
장애 162
장주기 리듬 26
저녁형 인간 27
저탄수화물 식단 79
전극 155, 167~169, 174, 180~181
전기경련 요법(ECT) 174
전뇌 15, 43
전대상피질(ACC) 102
전두엽 12, 28~29, 32~35, 76~77, 134, 141
전두엽피질 17, 108, 129
전두측두엽 치매 148
전전두피질 22, 32~33, 35, 44~45, 47, 55, 80, 85~86, 88, 96, 102, 106, 114, 117, 128~129, 131, 134, 144
젊은 뇌 45, 56
정신 건강 88~89, 122~123, 126, 182~183
정신병적 장애 120
정신분석 172
정점-종결 효과 104
제2의 뇌 101
조증 75, 138~139
조현병 120, 140~141, 143, 183
종양 156~157, 168
좌뇌형 인간 38
주의 산만 100, 130
주의 전환 네트워크 106
주의력 32
주의력 문제 114~115, 122
주의력결핍 과잉행동 장애(ADHD) 36, 130~132, 170, 179~180
줄기세포 연구 13
중년의 뇌 48~49
중뇌 14~15, 43, 80
중뇌 기저핵 15
중독 22~23, 88, 128~129, 179
중앙 집행 네트워크 106

중추신경계 *21, 30*
중피질 경로 *22~23*
지각 *28~29, 62*
지그문트 프로이트 *30, 172*
지능지수(IQ) *76, 108*
지속노출 치료(PE) *145*
지속성 반두통 *113*
지중해 식단 *78*
집요한 생각 *117*
집중력과 생산성 *98~99*

ㅊ

착시 현상 *29*
창의성 *90, 106~107*
채널 단백질 *20*
채식주의 식단 *79*
척수 *14~15*
척수신경 자극술(SCS) *174~175*
척추 *31*
척추마취 두통 *113*
청각 *28*
청각 장애 *162, 179*
청각피질 *28, 32~33*
청소년의 뇌 *44~45, 72, 88~89*
체성감각계 *28*
촉각 *28~29*
최고의 성과를 위한 기술 *96~97*
최면 *92*
축삭 *17~19, 46*
측두엽 *28, 32, 34~35, 106*
측좌핵 *22~23, 88, 128~129*
치료법 *162~163, 168~169, 174~175*
치료팀 *164~165*
치매 *80, 120~121, 148~149*
침습적 시술 *168~169*

ㅋ

카페인 *74, 93*
카페인 두통 *113*
칼 로저스 *172*
커피 *93*
컴퓨터 단층촬영(CT) *12~13, 157, 167*
케톤생성 식이요법 *155*
코로나19 *80, 116, 126~127, 182*
코르티솔 *24~25, 84, 90*
콜레스테롤 *151*
크로노타입 *26~27, 72*
크리스퍼 유전자 편집 *178*

ㅌ

탄수화물 *78~79, 155*
탈수 *70~71, 93*
태아의 뇌 *42~43, 46*
테스토스테론 *27, 46, 52~53*
통증 *30, 112~113, 128, 169, 171, 174~175*
통증 관리 *169~171*
투레트 증후군 *152*
투쟁-도피 반응 *21, 24~25, 84*
틱 *152*

ㅍ

파킨슨병 *67, 148, 152~153, 169, 174~175*
판단력 *48, 56, 72*
펜타닐 *22, 171*
편도체 *22~23, 32~33, 46~47, 80, 84, 86, 117, 128~129, 136~137, 144*
편두통 *112~113, 171*
편집성 성격 장애 *142~143*
폐경 *50~51, 113, 118, 149*
폐경 전후기 *50*

포도당 20, 154
포모도로 기법 98
프로게스테론 50
프로락틴 46~47
플래시카드 101
피니어스 게이지 12
피로 116
피부분절 30~31
피부와 뇌의 연결 30~31
피-타우(p-tau) 119

ㅎ

하루주기 리듬 26~27, 74~75, 139
하반신 마비 환자 19
학교 64, 67, 72~73, 108
학대 76~77, 136, 144
학습 32~33, 100~101
학습 차이 34~36, 64~65, 132~133
학습과 기억 22, 32~33, 100~101
항경련제 155, 170~171
항불안제 170
항산화제 78
항우울제 170~171
항정신병 치료제 141, 170
해마 22~23, 32~33, 46~47, 117, 129, 136~137
햇빛 26, 74~75
행동과 동기 120~121
향정신성 약물 179
헌팅턴병 148, 152
헤로인 22, 171
헬멧 77, 159
혈관계 77
혈관성 치매 148
혈뇌장벽 14
호르몬 20, 24~25, 44~46, 48, 52~53, 80, 84, 86, 90, 112~113, 148~149
호르몬 대체 요법(HRT) 51, 57
호르몬성 두통 113
호먼큘러스 14~15
호흡 26, 86, 90, 180, 183
화학 구조 21
확증 편향 103
환각 140~141
환자 권익 증진 활동 162
활동 전위 18~20
회피성 성격 장애 142~143
후각 29
후각피질 29
후뇌 14~15, 38
후두엽 28, 34
후두측두피질 132
후생유전학 20, 139
흡연 76, 112, 151
희소돌기아교세포종 157

기타

1차성 두통 112
2차성 두통 112
3차 신경 112
DASH 식단 78
DNA 20, 178
FAST 원칙 150
MIND 식단 78
NHS 대화 치료 서비스 172
SIGECAPS 우울증 선별 도구 120~121
SMART 목표 98

감사의 글

무엇보다도 베키 알렉산더에게 깊은 감사를 전한다. 이 책을 처음 구상하고 영광스럽게도 나를 이 길로 이끌어 준 사람이 바로 당신이다. 유능한 자라 안바리와 함께 일하게 해준 것도 감사할 일이다. 늘 그렇듯 나의 문학 에이전트 하워드 윤도 고마운 사람이다. 결정적인 순간마다 당신이 보여 준 통찰력은 큰 힘이 되었다. 윌리엄 모리스 엔데버에 당신이 있다는 것은 행운이며, 나 역시 당신과 함께할 수 있어 영광이다. 펭귄 랜덤하우스 DK 편집팀 모두에게도 감사의 마음을 전한다. 당신들은 출판이라는 정교한 시스템을 완벽하게 운영하는 전문가들이며 따뜻하고 친절한 사람들이다. 특히 필 헌트 당신은 통찰력 있는 질문과 사려 깊은 조언, 유쾌한 유머로 이 작업을 더없이 즐겁고 의미 있게 만들어 주었다. 디자인과 아트팀에도 큰 감사를 전한다. 정말 멋진 팀이었다. 마지막으로 이 책이 세상에 나올 수 있도록 아낌없이 도와준 마리사 비질란테와 리틀, 브라운 스파크/아셰트 북 그룹에도 깊이 감사드린다.

과학 및 임상 관련 사실 검토를 맡아 준 팀에도 진심으로 감사의 마음을 전한다. 잔시 파텔, 당신의 지성과 부지런함과 실행력은 나이에 비해 놀라울 만큼 뛰어났다. 함께 일한 시간은 큰 기쁨이자 매우 신선한 경험이었다. 수많은 부분을 꼼꼼히 검토해 준 조너선 챈 박사와 이리나 스카일러스콧 박사의 노고, 폴라 아두엔 박사의 세심함에도 깊이 감사드린다. 캐슬리 킬럼, 루이 아리야팔라 박사, 바룬 가나파티 박사, 카밀라 록펠러, 해나 쿠슈닉, 이 책에 전문성과 깊이를 더해 준 여러분의 노고는 그 자체로 큰 자산이 되었다.

2024년은 '가족'의 의미를 다시금 깊이 새기게 된 한 해였다. 아름답고 다정하며 품위가 넘치셨던 시어머님 라타는 함께 해주셨던 하루하루가 모두 소중한 기억으로 남아 있다. 어머님이 떠나신 후 남은 빈자리는 지금도 너무나 크게 느껴진다. 다른 우주에서는 이 책을 읽으시며 새로 태어난 손주들과 함께하고 계시리라 믿어요. 시아버님 GP, 매번 들려주시는 놀라운 경험담은 제게 큰 영감을 주었습니다. 올해는 특히 아버님의 헌신과 의연함에 진심으로 감탄했어요. 그리고 언제나 생기 넘치고 즐거운 여동생 린지, 우리가 가족의 병으로 여러 차례 위기를 겪는 동안 한결같이 헌신하며 곁을 지켜준 너에게 고맙단 말을 꼭 하고 싶구나. 그리고 어머니, 늘 저에게 등대 같은 존재가 되어 주셔서 감사합니다. 올해는 어느 해보다 더 그랬지만 믿어 주셔서 감사해요. 아버지, 우리가 나눈 폭넓은 대화, 우주에 대한 아버지의 끝없는 호기심, 굳건한 낙관주의와 따뜻한 포옹에 깊이 감사드립니다. 그리고 가족 모두에게 이 험난한 한 해를 함께 견뎌 주어서 고맙다는 말을 전하고 싶다.

우리 가족의 든든한 버팀목이 되어 준 우리 동네 사람들 젠시아, 올리비아, 노라, 아드리아나, 실비아, 미리암, 정말로 고맙습니다. 마지막으로 말로는 다 할 수 없는 감사의 마음을 우리 집 첫 번째 꼬마와 이 책을 쓰는 동안 내 배 속에서 자라 준 작은 두 꼬마, 그리고 내 인생의 가장 특별한 사람 바룬에게 전한다. 여러분은 내게 공기이자 물이며, 살아가는 이유다. 매일 여러분 때문에 웃고, 생각하고, 또 한 번 크게 웃고만다. 이 책을 여러분과 함께 볼 날이 벌써 기다려진다.

감사의 글

사진: 린지-룬 리커

DK의 감사 인사

컨설턴트로서 논문을 검토해 주신 신경과 전문의 조너선 챈 박사를 비롯해 항상 최선을 다해 준 필 헌트와 로지 애트킨, 교정을 맡은 존 프렌드, 색인을 작업한 힐러리 버드, 자료 사용 허가를 조율해 준 아디트야 카이탈에게 감사를 전한다.

지은이 엘리자베스 R. 리커

MIT와 하버드대학교에서 공부한 뇌과학자이자 『최강의 브레인 해킹: 디지털 시대, 산만한 뇌를 최적화하는 법』의 저자다. 신경과학 기반의 조직인 리커 랩스와 뉴로에듀케이트를 운영하고 있으며, 리커의 연구와 활동은 〈월스트리트 저널〉, 〈패스트 컴퍼니〉, 〈사이콜로지 투데이〉, 인도의 〈힌두〉, 영국의 〈스타일리스트〉와 〈레드〉를 비롯해 유럽의 공영방송 등 다양한 매체에 소개된 바 있다.

첫 저서인 『최강의 브레인 해킹: 디지털 시대, 산만한 뇌를 최적화하는 법』은 2022년 국제 노틸러스 북 어워드에서 과학 및 우주론 부문 수상작으로 선정되었고, 〈월스트리트 저널〉이 후원하는 넥스트 빅 아이디어 클럽에서 올해 최고의 신간 중 하나로 선정되었다. 또한 오디 어워즈 후보에도 올랐으며 한국어, 일본어, 루마니아어, 중국어, 러시아어로 번역되었다. 뇌과학에 관련된 실험이나 도구, 이야기 등 더 많은 정보는 저자의 공식 웹사이트 www.ericker.com에서 확인할 수 있다.

옮긴이 김영정

서강대학교 영어영문학과를 졸업했으며, 다년간 로컬리제이션 회사에서 번역 업무를 담당했다. 현재 번역 에이전시 엔터스코리아에서 전문 번역가로 활동하고 있다. 옮긴 책으로는 『움직임 습관의 힘』, 『처음 읽는 식물의 세계사』, 『아이도 부모도 기분 좋은 원칙 연결 육아』, 『조 바이든: 약속해 주세요, 아버지』, 『단숨에 읽는 여성 아티스트』 외 다수가 있다.

바디 사이언스: 뇌

발행일	2025년 9월 30일 초판 1쇄 발행
지은이	엘리자베스 R. 리커
옮긴이	김영정
발행인	강학경
발행처	시그마북스
마케팅	정제용
에디터	신영선, 양수진, 최연정, 최윤정
디자인	강서형, 김문배, 정민애, 강경희
등록번호	제10-965호
주소	서울특별시 영등포구 양평로 22길 21 선유도코오롱디지털타워 A402호
전자우편	sigmabooks@spress.co.kr
홈페이지	http://www.sigmabooks.co.kr
전화	(02) 2062-5288~9
팩시밀리	(02) 323-4197
ISBN	979-11-6862-411-5 (03510)

Original Title: Brain: An Owner's Guide
Text © Elizabeth R. Ricker 2025
Elizabeth R. Ricker has asserted her right to be
identified as the author of this work.
Copyright © 2025 Dorling Kindersley Limited
A Penguin Random House Company
Korean translation copyright © 2025 by SIGMA BOOKS

www.dk.com

이 책은 저작권법에 의해 한국 내에서 보호를 받는
저작물이므로 무단 전재와 무단 복제를 금합니다.

파본은 구매하신 서점에서 바꾸어드립니다.

* 시그마북스는 ㈜시그마프레스의 단행본 브랜드입니다.

면책 조항

출판사와 저자는 개별 독자에게 전문적인 조언이나 서비스를 제공하지 않습니다. 이 책에 포함된 아이디어, 절차 및 제안은 의사 또는 전문가와의 상담을 대신할 수 없습니다. 건강과 관련된 모든 문제는 전문가의 지도가 필요합니다. 저자와 출판사는 이 책에 포함된 정보의 사용 또는 오용으로 인해 직간접적으로 발생하는 모든 책임을 부인합니다.

성 정체성에 관한 참고 사항

출판사는 모든 성 정체성을 인정하며, 출생 시 성기를 기준으로 지정된 성별이 본인의 성 정체성과 일치하지 않을 수 있음을 인정합니다. 사람들은 자신을 어떤 성별로든, 어떤 성별도 아닌 것으로든 규정할 수 있습니다. 젠더 언어와 그 사용 방식이 우리 사회에서 진화함에 따라 과학 및 의료계는 지속적으로 자체 표현 방식을 재평가하고 있습니다. 이 책에 언급된 대부분의 연구에서는 출생 시 여성으로 지정된 사람을 '여성', 남성으로 지정된 사람을 '남성'으로 지칭합니다.